MORTE NO BURACO NEGRO

E OUTROS DILEMAS CÓSMICOS

Neil deGrasse Tyson

MORTE NO
BURACO NEGRO
E OUTROS DILEMAS CÓSMICOS

Tradução
Rosaura Eichenberg

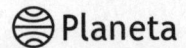

Planeta

Copyright © Neil deGrasse Tyson, 2007
Copyright © Editora Planeta do Brasil, 2016
Todos os direitos reservados.
Título original: *Death by black hole*

Preparação: Iracy Borges
Revisão: Ceci Meira, Ana Paula Felippe e Luiz Pereira
Revisão técnica: Cássio Barbosa
Diagramação e projeto gráfico: Futura
Capa: Marcos Gubiotti
Imagem de capa: © Hallowedland/Shutterstock
© Desiree Navarro/Getty Images

Dados Internacionais de Catalogação na Publicação (CIP)
Angélica Ilacqua CRB-8/7057

T988m Tyson, Neil Degrasse
Morte no buraco negro : e outros dilemas cósmicos / Neil Degrasse Tyson ; [tradução Rosaura Eichenberg]. - 1. ed. - São Paulo : Planeta, 2016.
432 p.

Tradução de: Death by black hole
ISBN 978-85-422-0753-8

1. Astronomia. I. Eichenberg, Rosaura. II. Título.

16-33906   CDD: 520
                                                            CDU: 52

2016
Todos os direitos desta edição reservados à
EDITORA PLANETA DO BRASIL LTDA.
Rua Padre João Manuel, 100 — 21º andar
Edifício Horsa II — Cerqueira César
01411-000 — São Paulo — SP
www.planetadelivros.com.br
atendimento@editoraplaneta.com.br

Minha suspeita é de que o universo não seja apenas mais estranho do que supomos, porém mais estranho do que podemos supor.

– J. B. S. HALDANE
Possible Worlds (1927)

SUMÁRIO

PREFÁCIO..11
AGRADECIMENTOS..13
PRÓLOGO..15

SEÇÃO 1 A NATUREZA DO CONHECIMENTO

UM – Recobrando nossos sentidos 25
DOIS – Na terra como no céu..32
TRÊS – Ver não é crer 40
QUATRO – A cilada das informações.................................51
CINCO – A velha ciência da vareta.....................................64

SEÇÃO 2 O CONHECIMENTO DA NATUREZA

SEIS – Viagem a partir do centro do Sol..............................75
SETE – Desfile dos planetas..82
OITO – Os vagabundos do sistema solar............................93
NOVE – Os cinco pontos de Lagrange..............................105
DEZ – A antimatéria importa..113

SEÇÃO 3 MANEIRAS E MEIOS DA NATUREZA

ONZE – A importância de ser constante 121
DOZE – Limites de velocidade 130
TREZE – Movimento balístico – saindo de órbita 138
CATORZE – Sobre ser denso 148
QUINZE – Além do arco-íris 158
DEZESSEIS – Janelas cósmicas 167
DEZESSETE – As cores do cosmos 177
DEZOITO – Plasma cósmico 186
DEZENOVE – Fogo e gelo 194

SEÇÃO 4 O SIGNIFICADO DA VIDA

VINTE – Da poeira à poeira 205
VINTE E UM – Forjados nas estrelas 213
VINTE E DOIS – Enviar pelas nuvens 220
VINTE E TRÊS – Cachinhos de Ouro e os três planetas 229
VINTE E QUATRO – Água, água 236
VINTE E CINCO – Espaço de vida 245
VINTE E SEIS – Vida no universo 254
VINTE E SETE – Nossa bolha de rádio 265

SEÇÃO 5 QUANDO O UNIVERSO SE TORNA VILÃO

VINTE E OITO – Caos no sistema solar 277
VINTE E NOVE – Futuras atrações 283
TRINTA – Fins do mundo 294
TRINTA E UM – Máquinas galácticas 300
TRINTA E DOIS – Matar todos 308
TRINTA E TRÊS – Morte no buraco negro 317

SEÇÃO 6 CIÊNCIA E CULTURA

TRINTA E QUATRO – Coisas que as pessoas dizem 327
TRINTA E CINCO – Medo de números 336
TRINTA E SEIS – Sobre ficar perplexo 343
TRINTA E SETE – Pegadas nas areias da ciência 350
TRINTA E OITO – Que se faça a escuridão 362
TRINTA E NOVE – Noites de Hollywood 370

SEÇÃO 7 CIÊNCIA E DEUS

QUARENTA – No início 383
QUARENTA E UM – Guerras santas 394
QUARENTA E DOIS – O perímetro da ignorância 402

REFERÊNCIAS 413
ÍNDICE DE NOMES 419
ÍNDICE DE ASSUNTOS 421

PREFÁCIO

Não vejo o universo como uma coletânea de objetos, teorias e fenômenos, mas como um imenso palco de atores impulsionados por intrincadas reviravoltas da linha narrativa e do enredo. Assim, ao escrever sobre o cosmos, parece natural conduzir os leitores para dentro do teatro, até os bastidores, a fim de esclarecer aos seus olhos como são os cenários, como os roteiros foram escritos e para onde as histórias se dirigirão a seguir. A minha meta de sempre é transmitir a essência do funcionamento do universo, o que é mais difícil que a simples condução dos fatos. Ao longo do caminho surgem, como para a própria representação dramática, momentos de sorrir ou de franzir as sobrancelhas, quando o cosmos assim o exige. Surgem também momentos de ficar apavorado, quando o cosmos requer essa reação. Por isso, penso em *Morte no buraco negro* como um portal do leitor para tudo o que nos comove, ilumina e aterroriza no universo.

Cada capítulo apareceu pela primeira vez, de uma ou outra forma, nas páginas da revista *Natural History* sob o título "Universo", e eles compreendem um período de onze anos, de 1995 até 2005. *Morte no buraco negro* forma uma espécie de "o melhor do universo" e inclui alguns dos ensaios mais requisitados que escrevi, com um mínimo de edição para fins de continuidade e para refletir as tendências emergentes na ciência.

Apresento esta coletânea a você, leitor, como o que poderia ser uma diversão bem-vinda na sua rotina cotidiana.

Neil deGrasse Tyson
Cidade de Nova York

AGRADECIMENTOS

Meu conhecimento formal do universo concerne a estrelas, evolução estelar e estrutura galáctica. E, assim, eu não poderia escrever com autoridade sobre a amplitude de tópicos desta coletânea sem o olhar cuidadoso de colegas cujos comentários a respeito de meus manuscritos mensais frequentemente fizeram a diferença entre uma simples ideia descrita e uma ideia nuançada com significados retirados das fronteiras da descoberta cósmica. Sobre temas relativos ao sistema solar, sou grato a Rick Binzel, meu antigo colega na pós-graduação e agora professor de ciências planetárias no MIT. Ele recebeu muitos telefonemas meus devido a minha busca desesperada de checar a realidade dos fatos a respeito do que eu tinha escrito ou planejado escrever sobre os planetas e seus meios ambientes.

Entre outros que desempenharam esse papel, estão os professores de astrofísica de Princeton Bruce Draine, Michael Strauss e David Spergel, cujo saber coletivo em cosmoquímica, galáxias e cosmologia me permitiu ir mais fundo nesse arsenal de lugares cósmicos do que seria possível sem a sua contribuição. Entre meus colegas, aqueles mais próximos destes ensaios incluem Robert Lupton, de Princeton, que, tendo sido apropriadamente educado na Inglaterra, gera em mim a expectativa de que sabe tudo sobre tudo. Na maioria dos ensaios deste volume, a atenção extraordinária de Robert aos detalhes, tanto científicos como literários, conferiu um relevo mensal confiável a tudo o que eu tinha escrito. Outro colega que vela pelo meu trabalho é Steven Soter. Meus escritos ficam de certa maneira incompletos se não passam primeiro pelo seu olhar atento.

Do mundo literário, Ellen Goldensohn, que foi minha primeira editora na revista *Natural History*, me convidou a escrever uma coluna em 1995, depois de escutar o programa em que fui entrevistado na Rádio Pública Nacional. Aceitei na hora. E essa tarefa mensal continua a ser uma das coisas mais exaustivas e estimulantes que faço. Avis Lang, minha editora atual, continua o trabalho iniciado por Ellen, assegurando que, sem transigências, eu diga o que quero dizer e queira dizer o que digo. Sou grato a ambas pelo tempo que investiram para me tornar um escritor melhor. Outros que me ajudaram a aperfeiçoar ou então reforçar o conteúdo de um ou mais ensaios incluem Phillip Branford, Bobby Fogel, Ed Jenkins, Ann Rae Jonas, Betsy Lerner, Mordecai Mark Mac-Low, Steve Napear, Michael Richmond, Bruce Stutz, Frank Summers e Ryan Wyatt. Trabalhando como voluntária no Planetário Hayden, Kyrie Bohin-Tinch deu um primeiro passo heroico para me ajudar a organizar o universo deste livro. E agradeço ainda a Peter Brown, redator-chefe da revista *Natural History*, por seu total apoio a meu empenho de escrita e por permitir a reprodução dos ensaios que selecionei para esta coletânea.

Esta página seria incompleta sem uma breve expressão de gratidão a Stephen Jay Gould, cuja coluna em *Natural History*, "Esta visão da vida", atingiu trezentos ensaios. Nossas colunas se imbricaram na revista durante sete anos, de 1995 a 2001, e não se passou nem um mês sem que eu sentisse sua presença. Stephen praticamente inventou a forma do ensaio moderno, e sua influência sobre meu trabalho é manifesta. Sempre que me vejo compelido a me aprofundar na história da ciência, procuro e folheio as páginas frágeis de livros raros de séculos passados, como Gould tantas vezes fazia, extraindo delas uma rica amostragem de como aqueles que vieram antes de nós tentaram compreender as operações do mundo natural. Sua morte prematura aos 60 anos, assim como a de Carl Sagan aos 62, deixou um vazio no mundo da comunicação da ciência que continua não preenchido até nossos dias.

PRÓLOGO

O início da ciência

O sucesso das leis físicas conhecidas em explicar o mundo ao nosso redor tem gerado consistentemente algumas atitudes seguras e petulantes em relação ao estado do conhecimento humano, sobretudo quando as lacunas em nosso conhecimento de objetos e fenômenos são consideradas pequenas e insignificantes. Laureados com o Nobel e outros estimados cientistas não estão livres dessa postura, e em alguns casos se viram constrangidos.

Uma famosa predição do fim da ciência apareceu em 1894, durante o discurso proferido pelo futuro laureado do Nobel Albert A. Michelson na inauguração do Ryerson Physics Lab, na Universidade de Chicago:

> As leis fundamentais e os fatos da ciência física mais importantes foram todos descobertos, e estão agora tão firmemente estabelecidos que a possibilidade de serem algum dia suplantados em consequência de novas descobertas é excessivamente remota... As descobertas futuras devem ser procuradas na sexta casa decimal. (Barrow, 1988, p. 173)

Um dos mais brilhantes astrônomos da época, Simon Newcomb, que foi também cofundador da Sociedade Astronômica Americana, compartilhava das opiniões de Michelson em 1888, quando observou: "Estamos chegando provavelmente perto do limite de tudo o que podemos conhecer sobre astronomia" (1888, p. 65). Até mesmo o grande físico Lorde Kelvin, que, como veremos na Seção 3, teve seu nome atribuído à escala absoluta de temperatura, foi vítima de sua autoconfiança em 1901, com a afirmação: "Não há nada novo a ser descoberto na física atual. Resta apenas uma medição mais e mais precisa" (1901, p. 1). Esses comentários foram emitidos numa época em que o éter luminífero ainda era o suposto meio em que a luz se propagava pelo espaço, e quando a pequena diferença entre o caminho observado e o percurso predito de Mercúrio ao redor do Sol era real e não solucionada. À época julgavam-se esses enigmas como pequenos, requerendo talvez apenas ajustes suaves nas leis físicas conhecidas para serem explicados.

Felizmente, Max Planck, um dos fundadores da mecânica quântica, tinha mais antevisão que seu mentor. A seguir, numa palestra de 1924, ele reflete sobre o conselho que lhe foi dado em 1874:

> Quando comecei meus estudos físicos e busquei um aconselhamento com meu venerável professor Philipp Von Jolly [...] ele retratou a física para mim como uma ciência altamente desenvolvida, quase plenamente maturada [...] Possivelmente em um ou outro canto talvez houvesse uma partícula de poeira ou uma pequena bolha a ser examinada e classificada, mas o sistema como um todo estava bastante consolidado, e a física teórica aproximava-se visivelmente daquele grau de perfeição que, por exemplo, a geometria já possuía há séculos. (1996, p. 10)

Inicialmente, Planck não viu razões para duvidar das opiniões de seu professor. Mas, quando nossa compreensão clássica de como a matéria irradia energia não pôde ser conciliada com os experimentos,

Planck tornou-se um revolucionário relutante em 1900, ao sugerir a existência do *quantum,* uma unidade indivisível de energia que anunciou a era da nova física. Os trinta anos seguintes veriam a descoberta das teorias da relatividade especial e geral, da mecânica quântica e do universo em expansão.

Com todos esses precedentes de miopia, seria de pensar que o brilhante e prolífico físico Richard Feynman saberia ser mais prudente. Em seu encantador livro de 1965, *Sobre as leis da física,* ele declara:

> Temos sorte de viver numa era em que ainda estamos fazendo descobertas [...] A era em que vivemos é a era em que estamos descobrindo as leis fundamentais da natureza, e esse dia jamais se repetirá. É muito emocionante, é maravilhoso, mas essa emoção está fadada a desaparecer. (Feynman, 1994, p. 166)

Não afirmo ter nenhum conhecimento especial sobre quando virá o fim da ciência, nem onde se poderia encontrar esse fim, nem se existe realmente um fim. O que sei é que nossa espécie é mais pateta do que normalmente admitimos para nós mesmos. Esse limite de nossas faculdades mentais, e não necessariamente da própria ciência, me assegura que mal começamos a decifrar o universo.

Vamos asseverar, por enquanto, que os seres humanos são a espécie mais inteligente sobre a Terra. Se, para fins de discussão, definimos "inteligente" como a capacidade de uma espécie de realizar cálculos abstratos, então ainda se poderia pressupor que os seres humanos são a única espécie inteligente que já existiu.

Quais são as chances de que essa primeira e única espécie inteligente na história da vida sobre a Terra tenha suficiente capacidade para decifrar completamente como o universo funciona? A distância entre os chimpanzés e nós em termos evolutivos é do tamanho de um fio de cabelo, mas concordamos que nenhuma quantidade de instrução tornará um chimpanzé fluente em trigonometria. Agora imaginemos uma espécie sobre a Terra, ou em qualquer outro lugar, tão inteligente comparada com os humanos quanto os humanos em comparação com os chimpanzés. Quanto do universo ela poderia decifrar?

Os fãs do jogo da velha sabem que as regras do jogo são suficientemente simples para ganhar ou empatar todo e qualquer jogo – se o jogador conhecer quais os primeiros passos a dar. Mas as crianças pequenas brincam com esse jogo como se o resultado fosse remoto e inalcançável. As regras de engajamento são também claras e simples para o xadrez, mas o desafio de predizer a futura sequência de lances do oponente cresce exponencialmente a medida que o jogo avança. Assim, os adultos – mesmo os inteligentes e talentosos – sentem-se desafiados pelo xadrez e jogam-no como se o fim fosse um mistério.

Vamos nos voltar para Isaac Newton, que lidera minha lista das pessoas mais inteligentes que já existiram. (Não estou sozinho nesse ponto. Uma inscrição memorial num busto dele no Trinity College, na Inglaterra, proclama *Qui genus humanum ingenio superavit*, que numa tradução livre do latim significa "dentre todos os humanos, não há maior intelecto".) O que Newton observou sobre seu conhecimento?

> Não sei que impressão passo para o mundo; mas para mim mesmo pareço ter sido apenas um menino brincando numa praia, divertindo-se em encontrar de vez em quando um seixo mais liso ou uma concha mais bonita do que o comum, enquanto o grande oceano da verdade continuava não descoberto diante de mim. (Brewster, 1860, p. 331)

O tabuleiro de xadrez que é o nosso universo tem revelado algumas de suas regras, mas grande parte do cosmos ainda se comporta misteriosamente – como se houvesse regulamentos secretos e ocultos a que ele se submete. Essas seriam regras não encontradas no livro de normas até agora redigido.

A distinção entre o conhecimento de objetos e fenômenos, que operam dentro dos parâmetros das leis físicas conhecidas, e o conhecimento das próprias leis físicas é fundamental para qualquer percepção de que a ciência poderia estar chegando a um fim. A descoberta de vida no planeta Marte ou embaixo dos lençóis de gelo flutuantes de uma das luas de Júpiter, Europa, seria a maior descoberta de todos os tempos. Podem apostar, entretanto, que a física e a química dos átomos desses fenômenos serão a mesma física e química de átomos aqui da Terra. Não há necessidade de novas leis.

Mas vamos espiar alguns problemas não resolvidos da zona vulnerável da astrofísica moderna, que deixam a descoberto a amplitude e a profundidade de nossa ignorância contemporânea, e cujas soluções, por tudo o que sabemos, aguardam a descoberta de ramos inteiramente novos da física.

Embora nossa confiança na descrição do *big bang* como origem do universo seja muito alta, só podemos especular o que existe além de nosso horizonte cósmico, a 13,7 bilhões de anos-luz de distância. Só podemos conjecturar o que aconteceu antes do *big bang* ou por que teria ocorrido um *big bang* em primeiro lugar. Algumas predições, vindas dos limites da mecânica quântica, admitem que nosso universo em expansão seja o resultado de uma única flutuação de uma espuma de espaço-tempo primordial, com inúmeras outras flutuações gerando inúmeros outros universos.

Pouco depois do *big bang*, quando tentamos fazer com que nossos computadores gerem 100 bilhões de galáxias, encontramos dificuldades em combinar simultaneamente os dados da observação dos tempos remotos e os dos tempos recentes no universo. Uma descrição coerente da formação e evolução da estrutura em grande escala do universo continua a nos escapar. Parece que nos faltam algumas peças importantes do quebra-cabeça.

As leis do movimento e da gravidade de Newton pareceram boas por centenas de anos, até que precisaram ser modificadas pelas teorias do movimento e da gravidade de Einstein – as teorias da relatividade. A relatividade agora reina suprema. A mecânica quântica, a descrição de nosso universo atômico e nuclear, também reina suprema. Exceto pelo fato de que, conforme são concebidas, a teoria da gravidade de Einstein é inconciliável com a mecânica quântica. Cada uma prediz fenômenos diferentes para o domínio em que poderiam se sobrepor. Alguma coisa tem de ceder. Ou falta à gravidade de Einstein uma parte que a torne capaz de aceitar os princípios da mecânica quântica ou falta à mecânica quântica uma parte que a torne capaz de aceitar a gravidade de Einstein.

Talvez haja uma terceira opção: a necessidade de uma teoria inclusiva, mais ampla, que suplante as duas. Na verdade, foi inventada a teoria das cordas, a que se tem recorrido para alcançar exatamente esse intuito. Ela tenta reduzir a existência de toda a matéria, da energia e de suas interações à simples existência de cordas de energia que vibram em dimensões mais elevadas. Os diferentes modos de vibração se revelariam em nossas miseráveis dimensões de espaço e tempo como diferentes partículas e forças. Embora a teoria das cordas tenha mantido adeptos por mais de vinte anos, suas afirmações continuam fora do alcance de nossa presente capacidade experimental para verificar seus formalismos. O ceticismo é desenfreado, mas muitos, apesar de tudo, nutrem esperanças.

Ainda não sabemos que circunstâncias ou forças tornaram a matéria inanimada capaz de se agregar para gerar a vida assim como a conhecemos. Há algum mecanismo ou lei de auto-organização química que foge à nossa percepção por não termos nada com que comparar nossa biologia baseada na Terra, e assim não podemos avaliar o que é essencial e o que é irrelevante para a formação da vida?

Desde o trabalho seminal de Edwin Hubble durante a década de 1920, sabemos que o universo está em expansão, mas só recentemente fomos informados de que o universo está também em aceleração, por alguma pressão antigravidade chamada "energia escura", para a qual ainda não temos nenhuma hipótese de trabalho elucidativa.

Ao final do dia, por maior que seja nossa confiança em nossas observações, nossos experimentos, nossos dados ou nossas teorias, devemos voltar para casa sabendo que 85 por cento de toda a gravidade no cosmos provém de uma fonte misteriosa, desconhecida, que permanece completamente indetectada por todos os meios que já planejamos para observar o universo. Pelo que podemos afirmar, ela não é feita de material comum como elétrons, prótons e nêutrons, ou qualquer forma de matéria ou energia que interaja com eles. Damos a essa substância fantasmagórica e perturbadora o nome de "matéria escura", e ela continua a figurar entre os maiores de todos os enigmas.

Isso soa como o fim da ciência? Isso soa como se dominássemos a situação? Isso soa como se fosse o momento de nos congratularmos? Para mim, soa como se fôssemos todos idiotas indefesos, não de todo diferentes de nosso primo próximo, o chimpanzé, tentando aprender o teorema de Pitágoras.

Talvez eu esteja sendo um pouco duro com o *Homo sapiens* e tenha levado longe demais a analogia com o chimpanzé. Talvez a questão não seja o grau de inteligência de um indivíduo de uma espécie, mas o grau da capacidade intelectual coletiva da espécie inteira. Por meio de conferências, livros, outros veículos de comunicação e, claro, a Internet, os humanos compartilham rotineiramente suas descobertas com outros. Enquanto a seleção natural impulsiona a evolução darwiniana, o crescimento da cultura humana é em grande parte lamarckiano, com as novas gerações de humanos que herdam as descobertas adquiridas das gerações passadas, o que permite que o conhecimento cósmico se acumule sem limites.

Portanto, cada descoberta da ciência acrescenta um degrau numa escada de conhecimento cujo fim não está à vista, porque construímos a escada à medida que avançamos. Pelo que posso afirmar, montando e subindo essa escada, estaremos para sempre desvendando os segredos do universo – um a um.

SEÇÃO 1

A NATUREZA DO CONHECIMENTO

OS DESAFIOS DE CONHECER O QUE É COGNOSCÍVEL NO UNIVERSO

UM

RECOBRANDO NOSSOS SENTIDOS

*Equipado com seus cinco sentidos,
o homem explora o universo ao seu
redor e chama a aventura de ciência.*

– EDWIN P. HUBBLE (1889-1953), *The Nature of Science*

Entre nossos cinco sentidos, a visão é o mais especial para nós. Nossos olhos nos permitem registrar informações não só do outro lado do quarto, mas também de todo o universo. Sem a visão, a ciência da astronomia nunca teria nascido, e nossa capacidade de medir nosso lugar no espaço teria sido irremediavelmente tolhida. Pense nos morcegos. Quaisquer que sejam os segredos dos morcegos transmitidos de uma geração a outra, você pode apostar que nenhum deles se baseia no surgimento do céu noturno.

Quando pensados como um conjunto de ferramentas experimentais, nossos sentidos desfrutam de uma acuidade e de um alcance de sensibilidade espantosos. Nossos ouvidos podem registrar o lançamento estrondoso de mais uma missão espacial, mas conseguem também escutar um mosquito zumbindo a uns 30 centímetros de nossa cabeça.

O nosso sentido do tato nos permite sentir a magnitude de uma bola de boliche que caiu sobre o dedão do pé, assim como sabemos quando um inseto de 1 miligrama rasteja ao longo de nosso braço. Algumas pessoas gostam de mascar pimentas *habanero*, enquanto línguas sensíveis podem identificar a presença de sabores na comida ao nível de partes por milhão. Nossos olhos conseguem registrar o terreno arenoso brilhante numa praia ensolarada, e esses mesmos olhos não têm dificuldade em reconhecer um fósforo solitário, recém-aceso, centenas de metros além num auditório escuro.

Mas, antes de sermos arrebatados por esse elogio a nós mesmos, note que o que ganhamos em amplitude perdemos em precisão: registramos os estímulos do mundo em incrementos logarítmicos em vez de lineares. Por exemplo, se aumentamos a energia do volume de um som pelo fator 10, nossos ouvidos julgarão que essa mudança é bastante pequena. Aumentando-a por um fator 2, mal a notaremos. O mesmo vale para nossa capacidade de medir a luz. Se você já assistiu a um eclipse solar total, talvez tenha notado que o disco do Sol deve estar ao menos 90 por cento coberto pela Lua antes que alguém comente que o céu escureceu. A escala de magnitude estelar do brilho, a escala acústica em decibéis e a escala sísmica da intensidade de um terremoto são todas logarítmicas, em parte por causa de nossa tendência biológica para ver, ouvir e sentir o mundo dessa maneira.

O que existe além de nossos sentidos, se é que existe alguma coisa? Haverá um modo de conhecer que transcenda nossas interfaces biológicas com o meio ambiente?

Considere que a máquina humana, embora seja boa em decodificar os elementos básicos de nosso ambiente imediato – tais como se é dia ou noite ou se uma criatura está prestes a nos devorar –, tem muito pouco talento para decodificar como o resto da natureza funciona sem as ferramentas da ciência. Se quisermos saber o que existe lá fora, precisamos de outros detectores além daqueles com os quais nascemos. Em quase todo caso, a tarefa de um aparelho científico é transcender a amplitude e a profundidade de nossos sentidos.

Algumas pessoas se vangloriam de possuir um sexto sentido quando professam saber ou ver coisas que os outros não conseguem. Adivinhos, telepatas e místicos estão no topo da lista daqueles que alegam possuir poderes misteriosos. Ao fazê-lo, insuflam um fascínio muito difundido em outros, especialmente editores e produtores de televisão. O campo questionável da parapsicologia é fundado na expectativa de que ao menos algumas pessoas possuam realmente tais talentos. Para mim, o maior mistério de todos é por que tantos médiuns videntes optam por trabalhar por telefone em linhas diretas da TV em vez de se tornarem loucamente ricos negociando contratos futuros em Wall Street. Eis uma manchete que nenhum de nós jamais viu: "Médium ganha na loteria".

Independentemente desse mistério, os fracassos persistentes de experimentos controlados pelo método duplo-cego para sustentar as afirmações da parapsicologia indicam que se trata antes de disparate que de sexto sentido.

Por outro lado, a ciência moderna maneja dúzias de sentidos. E os cientistas não alegam que eles sejam a expressão de poderes especiais, apenas *hardware* especial. No final, é claro, o *hardware* converte as informações colhidas desses sentidos extras em simples tabelas, gráficos, diagramas ou imagens que nossos sentidos inatos podem interpretar. Na série original de ficção científica *Jornada nas Estrelas*, a tripulação que se teletransportava da espaçonave para o planeta inexplorado sempre levava um tricórder – um dispositivo manual que podia analisar qualquer coisa que encontrassem, viva ou inanimada, e determinar suas propriedades básicas. Quando balançado sobre o objeto em questão, o tricórder produzia um som etéreo audível que era interpretado pelo usuário.

Vamos supor que uma bolha brilhante de alguma substância desconhecida estivesse parada bem à nossa frente. Sem uma ferramenta de diagnóstico como um tricórder para ajudar, estaríamos sem pistas quanto à composição química ou nuclear da bolha. Tampouco poderíamos saber se ela tem um campo eletromagnético ou se emite fortemente em raios gama, raios X, ultravioleta, micro-ondas ou ondas de rádio. Nem poderíamos determinar a estrutura cristalina ou celular da bolha. Se a bolha estivesse bem distante no espaço, parecendo um ponto de luz não resolvido no céu, nossos cinco sentidos não nos dariam nenhum *insight* quanto à sua distância, sua velocidade através do espaço ou sua taxa de rotação. Além disso, não teríamos a capacidade de ver o espectro de cores que compõe a luz emitida por ela, nem poderíamos saber se essa luz é polarizada.

Sem o *hardware* para ajudar nossa análise e sem um motivo particular para destruir a substância, só o que podemos relatar de volta à espaçonave é: "Capitão, trata-se de uma bolha". Peço desculpas a Edwin P. Hubble, mas a citação que abre este capítulo, embora aguda e poética, deveria ser:

> Equipados com nossos cinco sentidos, junto com telescópios, microscópios, espectrômetros de massa, sismógrafos, magnetômetros, aceleradores de partículas e detectores através do espectro eletromagnético, exploramos o universo ao nosso redor e chamamos a aventura de ciência.

Pense em como o mundo nos pareceria mais rico e em como a natureza do universo teria sido descoberta mais cedo, se tivéssemos nascido com globos oculares de alta precisão e ajustáveis. Sintonize a parte onda de rádio do espectro, e o céu durante o dia se torna tão escuro quanto a noite. Pontilhando esse céu estariam fontes brilhantes e famosas de ondas de rádio, como o centro da Via Láctea, localizado atrás de algumas das principais estrelas da constelação de Sagitário. Sintonize as micro-ondas, e o cosmos inteiro brilha com um resquício do universo primitivo, uma parede de luz erguida 380 mil anos depois do *big bang*. Sintonize os raios X, e imediatamente reconhecerá as localizações dos buracos negros, com a matéria espiralando para dentro deles. Sintonize os raios gama, e avistará explosões titânicas espalhadas por todo o universo a uma taxa de aproximadamente uma por dia. Observe o efeito da explosão sobre o material circundante, enquanto ele aquece e brilha em outras faixas de luz.

Se tivéssemos nascido com detectores magnéticos, a bússola nunca teria sido inventada, porque jamais precisaríamos do instrumento. Bastaria sintonizar as linhas do campo magnético da Terra, e a direção do norte magnético se revelaria como Oz além do horizonte. Se tivéssemos analisadores de espectro dentro de nossas retinas, não teríamos de nos perguntar o que estamos respirando. Bastaria olhar para o registro e saber se o ar contém oxigênio suficiente para sustentar a vida humana. E teríamos aprendido há milhares de anos que as estrelas e as nebulosas na galáxia da Via Láctea contêm os mesmos elementos químicos encontrados aqui na Terra.

E se tivéssemos nascido com olhos grandes e detectores de movimento Doppler embutidos neles, teríamos visto imediatamente, mesmo como trogloditas a grunhir, que o universo inteiro está em expansão – com todas as galáxias distantes afastando-se de nós.

Se nossos olhos tivessem a resolução de microscópios de alto desempenho, ninguém teria atribuído a culpa de pragas e outras doenças à ira divina. As bactérias e os vírus que causaram essas doenças estariam bem à vista, rastejando sobre nosso alimento ou escorregando pelas feridas abertas em nossa pele. Com experimentos simples, poderíamos dizer facilmente quais desses micróbios são ruins e quais são bons. E, claro, problemas de infecção pós-operatória teriam sido identificados e resolvidos há centenas de anos.

Se pudéssemos detectar partículas de alta energia, localizaríamos substâncias radiativas a partir de grandes distâncias. Sem necessidade de contadores Geiger. Poderíamos até observar o gás radônio infiltrar-se pelo piso do porão de nossas casas sem precisar de alguém para nos dar essa informação.

Aprimorar os nossos sentidos desde o nascimento e na infância nos permite que, como adultos, avaliemos eventos e fenômenos em nossas vidas, declarando se eles "fazem sentido". O problema é que quase nenhuma das descobertas científicas do século passado resultou da aplicação direta de nossos cinco sentidos. Resultaram da aplicação direta de *hardware* e cálculos que transcendem os sentidos. Esse simples fato é inteiramente responsável pela razão de a relatividade, a física de partículas e a teoria das cordas com dez dimensões não fazerem sentido para a pessoa comum. Inclua na lista os buracos negros, os buracos de minhoca e o *big bang*. Na realidade, essas ideias tampouco fazem muito sentido para os cientistas, ou pelo menos enquanto não tivermos explorado o universo por um longo tempo, com todos os sentidos tecnologicamente disponíveis. O que acaba surgindo é um nível mais novo e mais elevado de "senso comum", que torna um cientista capaz de pensar criativamente e julgar o submundo não familiar do átomo ou o domínio alucinante do espaço em dimensões mais elevadas. Max Planck, físico alemão do século XX, fez uma observação semelhante sobre a descoberta da mecânica quântica:

> A Física Moderna nos impressiona particularmente com a verdade da antiga doutrina que ensina haver realidades existentes fora da percepção de nossos sentidos, e haver problemas e conflitos em que essas realidades são de mais valia para nós do que os tesouros mais ricos do mundo da experiência. (1931, p. 107)

Nossos cinco sentidos até interferem com respostas sensatas a perguntas metafísicas estúpidas como: "Se uma árvore tomba na floresta, e ninguém está por perto para escutar, ela faz barulho?". Minha melhor resposta é: "Como você sabe que ela tombou?". Mas isso apenas deixa as pessoas zangadas. Assim, apresento uma analogia sem sentido: "P: Se você não é capaz de sentir o cheiro do monóxido de carbono, como sabe que ele está ali? R: Você cai morto". Nos tempos modernos, se a única medida do que existe lá fora provém de seus cinco sentidos, então uma vida precária o aguarda.

Descobrir novas formas de conhecimento sempre prenunciou novas janelas sobre o universo que tiram proveito de nossa crescente lista de sentidos não biológicos. Sempre que isso acontece, um novo nível de grandeza e complexidade no universo se revela para nós, como se estivéssemos evoluindo tecnologicamente para nos tornar seres supersencientes, sempre recobrando nossos sentidos.

DOIS

NA TERRA COMO NO CÉU

Até Isaac Newton redigir a lei da gravitação universal, havia pouca razão para presumir que as leis da física sobre a Terra fossem as mesmas em qualquer outro lugar do universo. A Terra tinha coisas terrenas acontecendo por aqui, e os céus tinham coisas celestes acontecendo por lá. Na verdade, segundo muitos eruditos da época, os céus eram incognoscíveis para nossas mentes mortais e débeis. Conforme está mais detalhado na Seção 7, quando Newton rompeu essa barreira filosófica, tornando todo movimento compreensível e previsível, alguns teólogos o criticaram por não deixar nada para o Criador fazer. Newton tinha compreendido que a força da gravidade que arranca as maçãs maduras de seus galhos orienta os objetos arremessados ao longo de suas trajetórias curvadas e controla a Lua na sua órbita ao redor da Terra. A lei da gravidade de Newton também orienta os planetas, os asteroides e os cometas nas suas órbitas ao redor do Sol e mantém centenas de bilhões de estrelas em órbita dentro de nossa galáxia da Via Láctea.

Essa universalidade das leis físicas impele a descoberta científica como nada mais consegue fazer. E a gravidade era apenas o início. Imagine a emoção entre os astrônomos do século XIX quando os prismas do laboratório, que rompem os raios de luz num espectro de cores, foram voltados pela primeira vez para o Sol. Os espectros não são apenas belos, mas também contêm uma grande quantidade de informações sobre o objeto que emite a luz, inclusive sua temperatura e composição. Os elementos químicos se revelam pelos seus padrões únicos de luz ou de faixas escuras que atravessam o espectro. Para deleite e espanto das pessoas, as assinaturas químicas no Sol eram idênticas às existentes no laboratório. Deixando de ser a ferramenta exclusiva dos químicos, o prisma mostrava que, por mais diferente que o Sol fosse da Terra em tamanho, massa, temperatura, localização e aparência, ambos continham os mesmos ingredientes – hidrogênio, carbono, oxigênio, nitrogênio, cálcio, ferro, e assim por diante. Entretanto, mais importante que uma lista de lavanderia de ingredientes partilhados foi o reconhecimento de que, quaisquer que fossem as leis da física a prescrever a formação dessas assinaturas espectrais no Sol, as mesmas leis operavam na Terra, a uma distância de aproximadamente 150 milhões de quilômetros.

Tão fértil era esse conceito de universalidade que foi aplicado com sucesso em sentido inverso. Outras análises do espectro do Sol revelaram a assinatura de um elemento que não tinha contrapartida conhecida na Terra. Sendo do Sol, foi dado à nova substância um nome derivado da palavra grega *hélios* (o Sol). Só mais tarde é que ele foi descoberto no laboratório. Assim, "hélio" se tornou o primeiro e único elemento na tabela periódica dos químicos a ser descoberto em algum outro lugar que não a Terra.

O.k., as leis da física funcionam no sistema solar, mas elas funcionam por toda a galáxia? Em todo o universo? Através do próprio tempo? Passo a passo, as leis foram testadas. As estrelas próximas também revelaram elementos químicos familiares. As estrelas binárias distantes, unidas em órbita mútua, parecem saber tudo sobre as leis da gravidade de Newton. Pela mesma razão, as galáxias binárias também as conhecem.

E, como acontece com os sedimentos estratificados do geólogo, quanto mais longe levamos nosso olhar, mais vemos o tempo recuar para o passado. Os espectros dos objetos mais distantes no universo mostram as mesmas assinaturas químicas que encontramos em todos os outros lugares do universo. É verdade que os elementos pesados eram menos abundantes no passado – eles são produzidos principalmente em gerações subsequentes à explosão de estrelas –, mas as leis que descrevem o processo atômico e molecular que criou essas assinaturas espectrais permanecem intactas.

Claro, nem todas as coisas e fenômenos no cosmos têm contrapartidas sobre a Terra. Você provavelmente nunca atravessou uma nuvem brilhante de um plasma de milhões de graus, e você possivelmente nunca tropeçou num buraco negro na rua. O que importa é a universalidade das leis da física que os descrevem. Quando a análise espectral foi dirigida pela primeira vez para a luz emitida pelas nebulosas interestelares, apareceu um elemento que, mais uma vez, não tinha contrapartida sobre a Terra. Mas a tabela periódica dos elementos não estava com falta de quadradinhos; quando o hélio foi descoberto, havia vários. Assim, os astrofísicos inventaram o nome "nebúlio" como uma vaga reservada até que conseguissem decifrar o que estava acontecendo. Revelou-se que no espaço as nebulosas gasosas são tão rarefeitas que os átomos percorrem longas trajetórias sem colidir uns com os outros. Nessas condições, os elétrons podem fazer coisas dentro dos átomos que jamais tinham sido vistas nos laboratórios da Terra. O nebúlio era simplesmente a assinatura do oxigênio comum fazendo coisas extraordinárias.

Essa universalidade das leis físicas nos diz que, se aterrissarmos num outro planeta que tenha uma civilização alienígena florescente, ela estará funcionando com base nas mesmas leis que descobrimos e testamos aqui na Terra – ainda que os alienígenas nutram diferentes crenças sociais e políticas. Além disso, caso você queira falar com os alienígenas, pode apostar que eles não falam inglês, nem francês, nem mesmo mandarim. Você nem sequer sabe se apertar as suas mãos – se é que possuem mãos para apertar – seria considerado um ato de guerra ou de paz. Sua melhor esperança é encontrar um modo de se comunicar usando a linguagem da ciência.

Essa tentativa foi realizada nos anos 1970 com as naves espaciais *Pioneer 10* e *11* e *Voyager 1* e *2*, as primeiras às quais foi dada velocidade suficiente para escapar do puxão gravitacional do sistema solar. As *Pioneer* envergavam uma placa de ouro gravada que mostrava, em pictogramas, o traçado de nosso sistema solar, nossa localização na galáxia da Via Láctea e a estrutura do átomo de hidrogênio. As *Voyager* foram além e incluíram diversos sons da mãe Terra, inclusive a batida de um coração humano, "canções" de baleias e seleções de música que iam desde as obras de Beethoven até Chuck Berry. Embora isso humanizasse a mensagem, não está claro se os ouvidos alienígenas teriam uma ideia do que estariam escutando – supondo-se que tivessem ouvidos em primeiro lugar. Minha paródia favorita desse gesto foi um esquete em *Saturday Night Live*, pouco depois do lançamento de uma *Voyager*. A NASA recebe uma resposta dos alienígenas que resgataram a espaçonave. A nota simplesmente pede: "Mandem mais Chuck Berry".

Como veremos com grande detalhamento na Seção 3, a ciência não prospera apenas com a universalidade das leis físicas, mas também com a existência e a persistência das constantes físicas. A constante da gravitação, conhecida pela maioria dos cientistas como "G maiúsculo", supre a equação da gravidade de Newton com a medida da intensidade da futura força, e tem sido implicitamente testada ao longo de éons quanto a qualquer variação. Se fizermos os cálculos, podemos determinar que a luminosidade de uma estrela é exorbitantemente dependente do G maiúsculo. Em outras palavras, se o G maiúsculo tivesse sido até ligeiramente diferente no passado, a produção de energia do Sol teria sido muito mais variável que o indicado pelos registros biológicos, climatológicos ou geológicos. De fato, não se conhecem constantes fundamentais dependentes do tempo ou dependentes da localização – elas parecem ser verdadeiramente constantes.

Essa é a maneira de ser do nosso universo.

Entre todas as constantes, a velocidade da luz é certamente a mais famosa. Não importa quão depressa nos movamos, nunca alcançaremos um raio de luz. Por que não? Nenhum experimento realizado jamais revelou um objeto de qualquer forma que alcance a velocidade da luz. Isso é previsto e explicado por leis da física bem testadas. Essas afirmações soam como tendo vindo de alguém de mente fechada. Verdade, algumas das mais constrangedoras proclamações baseadas na ciência têm subestimado a engenhosidade de inventores e engenheiros: "Nunca voaremos". "Voar nunca será exequível comercialmente". "Nunca voaremos mais rápido que o som". "Nunca dividiremos o átomo". "Jamais iremos à Lua". Você já as escutou. O que elas têm em comum é que nenhuma lei estabelecida da física se interpunha no seu caminho.

A afirmação "Nunca ultrapassaremos um raio de luz" é uma predição qualitativamente diferente. Deriva de princípios físicos básicos testados pelo tempo. Nenhuma dúvida a esse respeito. A sinalização do trânsito para os viajantes interestelares do futuro será certamente:

**A VELOCIDADE DA LUZ:
NÃO É APENAS UMA BOA IDEIA.
É A LEI.**

A coisa boa sobre as leis da física é que elas não requerem agentes que as imponham para que sejam mantidas, embora eu certa vez tenha usado uma camiseta *nerd* que proclamava aos gritos: "OBEDEÇA À GRAVIDADE".

Muitos fenômenos naturais refletem a interação de diversas leis físicas que operam ao mesmo tempo. Esse fato frequentemente complica a análise e, na maioria dos casos, requer supercomputadores para fazer os cálculos sem perder de vista os parâmetros importantes. Quando o cometa Shoemaker-Levy 9 mergulhou e explodiu na atmosfera rica em gás de Júpiter em 1994, o modelo de computador mais acurado do que aconteceria combinava as leis da mecânica dos fluidos, da termodinâmica, da cinemática e da gravitação. O clima e as condições meteorológicas representam outros exemplos importantes de fenômenos complicados (e difíceis de predizer). Mas as leis básicas que os regem ainda estão em funcionamento. A Grande Mancha Vermelha de Júpiter, um anticiclone violento que se manifesta com força ao menos há 350 anos, é impelida por processos físicos idênticos aos que geram tempestades sobre a Terra e em outras partes do sistema solar.

As leis da conservação, pelas quais o montante de alguma quantidade medida permanece inalterado *não importa o que quer que seja*, constituem outra classe de verdades universais. As três mais importantes são a conservação da massa e energia, a conservação do *momentum* ou momento linear e angular e a conservação da carga elétrica. Essas leis estão em evidência na Terra e em todos os lugares que tivemos a ideia de examinar no universo – desde o domínio da física de partículas até a estrutura em grande escala do universo.

Apesar de todas essas bravatas, nem tudo é perfeito no paraíso. Como já observado, não podemos ver, tocar ou degustar a fonte de 85 por cento da gravidade do universo. Essa misteriosa matéria escura, que permanece indetectada exceto por seu puxão gravitacional sobre a matéria visível, pode ser composta de partículas exóticas, que ainda temos de descobrir ou identificar. Um pequeno subconjunto de astrofísicos, entretanto, continua cético e tem sugerido que a matéria escura não existe – basta modificar a lei da gravidade de Newton. Acrescente apenas alguns componentes às equações, e tudo estará bem.

Talvez um dia venhamos a saber que a gravidade de Newton precisa realmente de ajuste. Tudo bem. Já aconteceu antes. Em 1916, Albert

Einstein publicou sua teoria da relatividade geral, que reformulava os princípios da gravidade de um modo que se aplicasse a objetos de massa extremamente elevada, um domínio desconhecido para Newton, e no qual sua lei da gravidade entra em colapso. A lição? Nossa confiança flui pela gama de condições em que uma lei foi testada e verificada. Quanto mais ampla essa gama, mais poderosa se torna a lei em descrever o cosmos. Para a gravidade doméstica comum, a lei de Newton funciona muito bem. Para os buracos negros e a estrutura em grande escala do universo, precisamos da relatividade geral. Cada uma delas funciona sem falhas em seu próprio domínio, onde quer que esse domínio se encontre no universo.

Para o cientista, a universalidade das leis físicas torna o cosmos um lugar maravilhosamente simples. Em comparação, a natureza humana – a esfera do psicólogo – é infinitamente mais desanimadora. Nos Estados Unidos, os conselhos diretores das escolas votam sobre as disciplinas a serem ensinadas nas salas de aula, e em alguns casos esses votos são dados segundo os caprichos de tendências sociais e políticas ou filosofias religiosas. Ao redor do mundo, sistemas de crenças variáveis conduzem a diferenças políticas que nem sempre são resolvidas de forma pacífica. E algumas pessoas falam com postes nos pontos de ônibus. A característica extraordinária das leis físicas é que se aplicam em toda parte, quer você opte por acreditar nelas, quer não. Depois das leis da física, tudo mais é opinião.

Não que os cientistas não discutam. Discutimos. Muito. Quando discutimos, entretanto, estamos em geral emitindo opiniões sobre a interpretação de dados imperfeitos na fronteira de nosso conhecimento. Onde quer que – e sempre que – uma lei física possa ser invocada na discussão, é garantido que o debate será breve: não, sua ideia de uma máquina de movimento contínuo não vai funcionar nunca – viola as leis da termodinâmica. Não, você não pode construir uma máquina do tempo que o torne capaz de voltar ao passado e matar sua mãe antes que você nasça – viola as leis da causalidade. E, sem violar as leis do *momentum*, você não pode espontaneamente levitar e pairar acima do chão, quer esteja sentado na posição de lótus, quer não. Embora, em princípio, você pudesse realizar essa proeza se conseguisse soltar uma poderosa e prolongada descarga de flatulência.

Em alguns casos, o conhecimento das leis físicas pode lhe dar confiança para confrontar pessoas rabugentas. Há alguns anos, antes de ir dormir, eu estava tomando um chocolate quente numa confeitaria de Pasadena, na Califórnia. Tinha pedido chocolate com chantili, é claro. Quando chegou à minha mesa, vi que não havia sinal do chantili. Depois de informar ao garçom que meu chocolate estava sem o creme, ele me disse que eu não podia ver o chantili porque ele estava no fundo da xícara. Como o chantili tem uma densidade muito baixa e flutua em todos os líquidos que os humanos consomem, apresentei ao garçom duas explicações possíveis: ou alguém tinha se esquecido de acrescentar o creme chantili ao meu chocolate quente ou as leis universais da física eram diferentes no seu restaurante. Não convencido, ele trouxe uma colherada de chantili para fazer ele próprio o teste. Depois de sacudido uma ou duas vezes na minha xícara, o creme chantili assentou-se sobre o chocolate, bem aprumado e flutuante.

Que melhor prova precisamos da universalidade das leis físicas?

TRÊS

VER NÃO É CRER

Uma parte tão grande do universo parece ser de uma maneira mas na realidade é de outra, que me pergunto, às vezes, se não há uma conspiração em andamento com o intuito de desconcertar os astrofísicos. São muitos os exemplos dessas tolices cósmicas.

Nos tempos modernos, aceitamos como natural o fato de que vivemos em um planeta esférico. Mas a evidência de uma Terra chata pareceu bastante clara aos pensadores durante milhares de anos. Basta olhar ao redor. Sem as imagens dos satélites, é difícil convencer-se de que a Terra é tudo menos chata, mesmo quando se olha para fora de uma janela de avião. O que é verdade sobre a Terra é verdade sobre todas as superfícies lisas na geometria não euclidiana: uma região suficientemente pequena de qualquer superfície curva é indistinguível de um plano chato. Há muito tempo, quando as pessoas não viajavam para longe de seu local de nascimento, uma Terra chata sustentava a visão, lisonjeadora para seus egos, de que sua cidade natal ocupava o centro exato da superfície da Terra, e de que todos os pontos ao longo do horizonte (a beirada de seu mundo) estavam igualmente distantes delas. Como se poderia esperar, quase todo mapa de uma Terra chata traça a civilização que desenha o mapa como seu centro.

Agora levante os olhos. Sem um telescópio, você não consegue dizer a que distância se encontram as estrelas. Elas mantêm seus lugares, nascendo e pondo-se como se estivessem coladas na superfície interna de uma tigela de cereais escura virada de cabeça para baixo. Assim, por que não pressupor que todas as estrelas estejam à mesma distância da Terra, qualquer que seja essa distância?

Mas elas não estão todas igualmente distantes. E, claro, não existe nenhuma tigela. Vamos admitir que as estrelas estejam espalhadas pelo espaço, aqui e acolá. Mas quão perto aqui e quão longe acolá? A olho nu, as estrelas mais brilhantes são mais de cem vezes mais brilhantes que as mais pálidas. Assim as pálidas estão obviamente cem vezes mais longe da Terra, não?

Nada disso!

Esse simples argumento pressupõe audaciosamente que todas as estrelas têm intrinsecamente uma luminosidade igual, o que, por conseguinte, torna as estrelas próximas mais brilhantes que as longínquas. As estrelas, entretanto, apresentam uma gama espantosa de luminosidades, que abarca dez ordens de magnitude – dez potências de 10. Assim as estrelas mais brilhantes não são necessariamente as mais próximas da Terra. De fato, a maioria das estrelas que vemos no céu noturno é de uma variedade altamente luminosa, e encontra-se extraordinariamente distante.

Se em sua maioria as estrelas que vemos são altamente luminosas, então por certo essas estrelas são comuns por toda a galáxia.

De novo, nada disso!

As estrelas de alta luminosidade são as mais raras de todas. Em qualquer volume considerado de espaço, elas são menos numerosas que as estrelas de baixa luminosidade numa base de uma em mil. A produção prodigiosa de energia das estrelas de alta luminosidade é o que nos torna capazes de vê-las através de tão grandes volumes de espaço.

Vamos supor que duas estrelas emitam luz à mesma taxa (o que significa que possuem a mesma luminosidade), mas uma está cem vezes mais distante de nós que a outra. Seria de esperar que tivesse um centésimo do brilho da outra. Não. Isso seria fácil demais. O fato é que a intensidade da luz diminui em proporção ao quadrado da distância. Assim, nesse caso a estrela distante parece dez mil vezes (100^2) mais fraca do que a estrela próxima. O efeito dessa "lei do inverso do quadrado" é puramente geométrico. Quando a luz da estrela se espalha em todas as direções, ela se dilui a partir da crescente concha esférica do espaço pelo qual se move. A área de superfície dessa esfera aumenta em proporção ao quadrado de seu raio (você talvez se lembre da fórmula: Área = $4\pi r^2$), o que força a intensidade da luz a diminuir na mesma proporção.

Tudo bem: nem todas as estrelas estão à mesma distância de nós; nem todas são igualmente luminosas; aquelas que vemos são altamente pouco representativas. Mas estão, sem dúvida, estacionárias no espaço. Por milênios, as pessoas compreensivelmente consideraram as estrelas "fixas", um conceito evidente em fontes tão influentes como a Bíblia ("E Deus as colocou no firmamento do céu", Gênesis 1:17) e o *Almagesto*, de Cláudio Ptolomeu, publicado por volta de 150 d.C., em que ele argumenta sólida e persuasivamente que não existe movimento.

Em suma, se você admite que os corpos celestes se movem individualmente, então suas distâncias, medidas a partir da Terra para o alto, devem variar. Isso forçará que os tamanhos, os brilhos e as separações relativas entre as estrelas também variem de ano para ano. Mas nenhuma dessas variações é aparente. Por quê? Você apenas não esperou o tempo suficiente. Edmond Halley (famoso pelo cometa de mesmo nome) foi o primeiro a compreender que as estrelas se moviam. Em 1718, ele comparou as posições "modernas" de estrelas com as mapeadas pelo astrônomo grego do século II a.C. Hiparco. Halley confiava na acuidade dos mapas de Hiparco, mas também se beneficiou de uma base de referência estabelecida há mais de dezoito séculos como ponto de partida para comparar as posições antigas e modernas das estrelas. Ele logo observou que a estrela Arcturo não estava onde se encontrava outrora. A estrela tinha realmente se deslocado, mas não o bastante dentro do período de vida de um ser humano para que o movimento fosse observado sem a ajuda de um telescópio.

Entre todos os objetos no céu, sete não tiveram a pretensão de estar fixos; pareciam errar contra o céu estrelado e, assim, foram chamados *planetes*, ou "errantes", pelos gregos. Você conhece todos os sete (os nomes para os dias da semana, em vários idiomas de origem latina, podem remontar a eles): Mercúrio, Vênus, Marte, Júpiter, Saturno, o Sol e a Lua. Desde os tempos antigos, considerava-se corretamente que esses errantes se encontravam mais próximos da Terra do que estavam as estrelas, mas cada um deles girando ao redor da Terra, que estava no centro de tudo.

Aristarco de Samos foi o primeiro a propor um universo centrado no Sol, no século III a.C. Mas àquela época era óbvio para qualquer pessoa atenta que, independentemente dos movimentos complicados dos planetas, eles e todas as estrelas no pano de fundo giravam ao redor da Terra. Se a Terra se movia, nós certamente sentiríamos. Argumentos comuns da época incluíam:

- Se a Terra girasse sobre um eixo ou se movesse pelo espaço, as nuvens no céu e os pássaros em voo não ficariam para trás? (Eles não ficam para trás.)
- Se desse um salto vertical, você não aterrissaria num lugar muito diferente com a Terra se movendo rapidamente embaixo de seus pés? (Você não aterrissa num lugar diferente.)
- E se a Terra se movesse ao redor do Sol, o ângulo em que vemos as estrelas não mudaria continuamente, criando um deslocamento visível nas posições das estrelas no céu? (O ângulo não muda. Ao menos não visivelmente.)

A evidência dos pessimistas era convincente. Quanto aos dois primeiros casos, a obra de Galileu Galilei demonstraria mais tarde que, ao sermos transportados pelo ar, nós, a atmosfera e tudo mais ao nosso redor somos levados adiante com a Terra que gira e percorre sua órbita. Pela mesma razão, se você está no corredor de um avião em voo e pula, você não é catapultado para além dos assentos traseiros, nem fica pregado contra as portas do banheiro. No terceiro caso, não há nada de errado com o raciocínio – exceto que as estrelas se acham tão distantes que é preciso um telescópio poderoso para ver as mudanças sazonais. Esse efeito só seria medido em 1838, pelo astrônomo alemão Friedrich Wilhelm Bessel.

O universo geocêntrico tornou-se um pilar do *Almagesto* de Ptolomeu, e a ideia preocupou a consciência científica, cultural e religiosa até a publicação, em 1543, de *De Revolutionibus*, em que Nicolau Copérnico colocou o Sol, em vez da Terra, no centro do universo conhecido. Por mais assustador que tenha sido o efeito angustiante dessa obra herética sobre o *establishment* da época, Andreas Osiander, um teólogo protestante que supervisionou os últimos estágios da impressão, escreveu um prefácio não autorizado e não assinado para a obra, em que alega:

> Não tenho dúvidas de que certos eruditos, agora que a novidade da hipótese desta obra tem sido amplamente divulgada – pois ela estabelece que a Terra se move e que o Sol está parado no meio do universo –, estão extremamente chocados... [Mas não é] necessário que essas hipóteses sejam verdadeiras, nem mesmo prováveis, basta que elas produzam cálculos que concordem com as observações. (1999, p. 22)

O próprio Copérnico tinha consciência da encrenca que estava prestes a causar. Na dedicatória do livro, dirigida ao papa Paulo III, Copérnico observa:

> Estou bem consciente, Santo Padre, de que, assim que certas pessoas compreenderem que, nestes livros que escrevi sobre as revoluções das

esferas do universo, atribuo certos movimentos ao globo da Terra, elas vão imediatamente clamar para que eu seja expulso sob vaias do palco por causa dessa opinião. (1999, p. 23)

Mas logo depois que o fabricante de óculos holandês Hans Lippershey inventou o telescópio em 1608, Galileu, usando um telescópio de sua própria lavra, viu Vênus passar por fases, e quatro luas que orbitavam Júpiter, e não a Terra. Essas e outras observações foram pregos no caixão geocêntrico, tornando o universo heliocêntrico de Copérnico um conceito cada vez mais convincente. Como a Terra já não ocupava um lugar único no cosmos, a revolução copernicana, baseada no princípio de que não somos especiais, tinha oficialmente começado.

Agora que a Terra estava na órbita solar, assim como seus irmãos planetários, onde é que essa mudança colocava o Sol? No centro do universo? Não havia como. Ninguém iria cair nessa cilada de novo; violaria o princípio copernicano recém-cunhado. Mas vamos investigar para ter certeza.

Se o sistema solar estivesse no centro do universo, então, para onde quer que olhássemos no céu, veríamos aproximadamente o mesmo número de estrelas. Mas se o sistema solar estivesse mais para o lado de algum lugar, veríamos presumivelmente uma grande concentração de estrelas numa direção – a direção do centro do universo.

Em 1785, tendo contado as estrelas por toda parte no céu e estimado grosseiramente suas distâncias, o astrônomo inglês Sir William Herschel concluiu que o sistema solar estava realmente no centro dos cosmos. Pouco mais de um século mais tarde, o astrônomo holandês Jacobus Cornelius Kapteyn – usando os melhores métodos existentes para calcular a distância – procurou verificar de uma vez por todas a localização do sistema solar na galáxia. Quando vista por um telescópio, a faixa de luz chamada Via Láctea se converte em concentrações densas de estrelas. Contagens cuidadosas de suas posições e distâncias produzem números semelhantes de estrelas em toda direção ao longo da própria faixa. Acima e abaixo dela, a concentração de estrelas cai simetricamente. Não importa para onde você olhar no céu, os números vêm a ser mais ou menos os mesmos que surgem na direção oposta, a 180 graus de distância. Kapteyn dedicou uns vinte anos para preparar seu mapa do céu, que, sem dúvida, mostrava o sistema solar localizado dentro do 1 por cento central do universo. Não estávamos no centro exato, mas bastante perto para recuperar nosso legítimo lugar no espaço.

Mas a crueldade cósmica continuou.

Pouco se sabia à época, especialmente Kapteyn não sabia, que a maioria das linhas de visão para a Via Láctea não percorre todo o caminho até o fim do universo. A Via Láctea é rica em grandes nuvens de gás e poeira que absorvem a luz emitida por objetos atrás delas. Quando olhamos na direção da Via Láctea, mais de 99 por cento de todas as estrelas que deveriam ser visíveis para nós estão bloqueadas para a visão por nuvens de gás dentro da própria Via Láctea. Presumir que a Terra estivesse perto do centro da Via Láctea (o universo então conhecido) era como andar numa grande e densa floresta e, depois de uma dúzia de passos, afirmar ter chegado ao centro simplesmente porque se vê o mesmo número de árvores em toda e qualquer direção.

Em 1920 – mas antes que o problema da absorção da luz fosse bem compreendido –, Harlow Shapley, que deveria se tornar diretor do Observatório do Harvard College, estudou o traçado espacial de aglomerados globulares na Via Láctea. Os aglomerados globulares são concentrações comprimidas de até 1 milhão de estrelas e são vistos facilmente em regiões acima e abaixo da Via Láctea, onde o mínimo de luz é absorvido. Shapley raciocinava que esses aglomerados titânicos deveriam torná-lo capaz de determinar o centro do universo – um lugar que, afinal, teria certamente a concentração mais elevada de massa e a gravidade mais forte. Os dados de Shapley mostravam que o sistema solar não está em nenhum lugar próximo ao centro da distribuição dos aglomerados globulares, e, assim, em nenhum lugar perto do centro do universo conhecido. Onde estava esse lugar especial que ele encontrou? A 60 mil anos-luz de distância, aproximadamente na mesma direção – porém muito mais além – das estrelas que compõem a constelação de Sagitário.

As distâncias de Shapley eram demasiado grandes por mais que um fator 2, mas ele estava certo a respeito do centro do sistema de aglomerados globulares. Coincide com o que foi mais tarde considerado como a fonte mais poderosa de ondas de rádio no céu noturno (as ondas de rádio não são atenuadas por gás e poeira interpostos). Os astrofísicos acabaram identificando o local de pico das emissões de rádio como o centro exato da Via Láctea, mas não antes que mais um ou dois episódios de "ver não é crer" tivessem ocorrido.

Mais uma vez o princípio copernicano tinha triunfado. O sistema solar não estava no centro do universo conhecido, mas bem longe nos subúrbios. Para egos sensíveis, ainda estava o.k. Sem dúvida, o vasto sistema de estrelas e nebulosas a que pertencemos compreendia o universo inteiro. Certamente estávamos onde se dava a ação.

Nada disso!

Em sua maioria as nebulosas no céu noturno são como universos--ilha, assim como foi proposto prescientemente no século XVIII por várias pessoas, como o filósofo sueco Emanuel Swedenborg, o astrônomo inglês Thomas Wright e o filósofo alemão Immanuel Kant. Em *An Original Theory of the Universe* [Uma teoria original do universo] (1750), por exemplo, Wright especula sobre a infinitude do espaço, preenchida com sistemas estelares afins à nossa própria Via Láctea:

> Podemos concluir [...] que como a Criação visível deve estar cheia de Sistemas siderais e Mundos planetários [...] a Imensidão sem fim é uma ilimitada Plenitude de Criações não dessemelhante do Universo

conhecido. [...] Que isso com toda a Probabilidade seja o Caso real, torna-se em algum grau evidente pelos muitos Lugares enevoados, mal perceptíveis por nós, até o momento sem nossas Regiões estreladas, nos quais, embora existam Espaços visivelmente luminosos, nenhuma Estrela ou Corpo constituinte pode ser possivelmente distinguido; esses com toda a probabilidade talvez sejam Criação exterior, formando fronteira com a conhecida, remotos demais até para o alcance de nossos Telescópios. (p. 177)

Os "Lugares enevoados" de Wright são de fato conjuntos de centenas de bilhões de estrelas, situados muito longe no espaço e visíveis principalmente acima e abaixo da Via Láctea. As nebulosas restantes revelam-se relativamente pequenas, nuvens de gás próximas, encontradas sobretudo dentro da faixa da Via Láctea.

Que a Via Láctea é apenas uma das multidões de galáxias que compreendem o universo foi uma das descobertas mais importantes na história da ciência, ainda que nos tenha feito sentir diminutos de novo. O astrônomo subversivo foi Edwin Hubble, em homenagem ao qual o *Telescópio Espacial Hubble* foi nomeado. A evidência subversiva veio na forma de uma chapa fotográfica tirada na noite de 5 de outubro de 1923. O instrumento subversivo foi o telescópio de 2,5 metros do Observatório Mount Wilson, à época o mais potente do mundo. O objeto cósmico subversivo foi a nebulosa de Andrômeda, uma das maiores no céu noturno.

Hubble descobriu um tipo altamente luminoso de estrela dentro de Andrômeda, que já era familiar aos astrônomos por levantamentos de estrelas muito mais perto de casa. As distâncias até as estrelas próximas eram conhecidas, e seu brilho variava apenas com a distância. Aplicando a lei do inverso do quadrado para o brilho da luz estelar, Hubble deduziu uma distância para a estrela em Andrômeda, situando a nebulosa muito além de qualquer estrela conhecida dentro de nosso próprio sistema estelar. Andrômeda era na realidade uma galáxia inteira, cuja penugem podia ser determinada em bilhões de estrelas, todas situadas a mais de 2 milhões de anos-luz de distância. Não só não estávamos no centro das coisas, mas da noite para o dia a galáxia inteira da Via Láctea, a última medida de nossa autoestima, foi reduzida a uma mancha insignificante num universo multibilionário de manchas que era imensamente maior do que qualquer um tinha antes imaginado.

Embora a Via Láctea tenha se revelado apenas uma entre incontáveis galáxias, não poderíamos ainda estar no centro do universo? Apenas seis anos depois que Hubble nos rebaixou de *status*, ele reuniu todos os dados disponíveis sobre os movimentos das galáxias. Descobriu-se que quase todas as galáxias estão recuando, afastando-se da Via Láctea a velocidades diretamente proporcionais às suas distâncias de nós.

Finalmente estávamos no meio de algo grande: o universo estava em expansão, e éramos o seu centro.

Não, não íamos ser enganados de novo. Só porque parece que estamos no centro do cosmos, isso não significa que estamos. Na realidade, uma teoria do universo estivera à espera nos bastidores desde 1916, quando Albert Einstein publicou seu artigo sobre a relatividade geral – a moderna teoria da gravidade. No universo de Einstein, o tecido do espaço e tempo se deforma na presença da massa. Essa deformação, e o movimento dos objetos em reação a ela, é o que interpretamos como a força da gravidade. Quando aplicada ao cosmos, a relatividade geral permite que o espaço do universo se expanda, levando suas galáxias constituintes com ele para o passeio.

Uma consequência extraordinária dessa nova realidade é que o universo parece a todos os observadores de toda e qualquer galáxia como se estivesse se expandindo em torno delas. É a última ilusão da autoimportância, quando a natureza engana não só seres humanos sencientes na Terra, mas todas as formas de vida que já existiram em todo o espaço e tempo.

Mas certamente há um único cosmos – aquele em que vivemos num delírio feliz. No momento, os cosmólogos não têm evidências de mais de um universo. Mas, estendendo várias leis bem testadas da física a seus extremos (ou mais além), podemos descrever o nascimento quente, denso e pequeno do universo como uma espuma fervilhante de espaço-tempo emaranhado propensa a flutuações quânticas, qualquer uma das quais poderia gerar um universo inteiro próprio. Nesse cosmos extraordinário talvez ocupemos apenas um universo num "multiverso" que abrange incontáveis outros universos que estão sempre vindo a ser e deixando de ser. A ideia nos relega a uma parte embaraçosamente diminuta da totalidade, muito menor do que jamais imaginamos. O que pensaria o papa Paulo III?

Nossa situação aflitiva persiste, mas em escalas cada vez maiores. Hubble resumiu as questões na sua obra de 1936, *Realm of the Nebulae* [O reino das nebulosas], mas estas palavras poderiam ser aplicadas a todos os estágios de nosso mergulho nas trevas:

> Assim a exploração do espaço finda numa nota de incerteza... Conhecemos nossa vizinhança imediata um tanto intimamente. Com a distância crescente, nosso conhecimento esmaece, e esmaece rapidamente. Por fim, atingimos o limite indistinto – os limites máximos de nossos telescópios. Ali, medimos sombras, e procuramos entre erros de medição fantasmagóricos marcos que não são mais substanciais. (p. 201)

Quais são as lições a serem aprendidas com essa viagem mental? Que os humanos são os mestres emocionalmente frágeis, perenemente bobos, irremediavelmente ignorantes de um ponto insignificantemente pequeno no cosmos.

Tenha um bom-dia!

QUATRO

A CILADA DAS INFORMAÇÕES

A maioria das pessoas pressupõe que, quanto mais informações temos sobre alguma coisa, mais a compreendemos. Até certo ponto, é geralmente verdade. Quando se olha para esta página a partir do outro lado da sala, pode-se ver que ela está num livro, mas provavelmente não dá para distinguir as palavras. Chegando perto o bastante, será possível ler o capítulo. Entretanto, se você coloca o nariz bem contra a página, sua compreensão do conteúdo do capítulo não melhora. Talvez veja mais detalhes, mas vai sacrificar informações cruciais – palavras inteiras, frases, parágrafos completos. A velha história sobre os cegos e o elefante afirma a mesma coisa: se você está a alguns centímetros de distância e fixado nas projeções duras e pontiagudas, ou na longa mangueira elástica, ou nos postes grossos e enrugados, ou na corda pendente com uma borla na ponta que rapidamente aprende a não puxar, você não será capaz de dizer muito sobre o animal como um todo.

Um dos desafios da pesquisa científica é saber quando recuar – e quantos passos para trás deve dar – e quando chegar perto. Em alguns contextos, a aproximação traz clareza; em outros, conduz a uma simplificação exagerada. Uma grande quantidade de complicações às vezes aponta para uma verdadeira complexidade, e às vezes apenas atravanca o quadro. Se você quiser conhecer as propriedades globais de um conjunto de moléculas sob vários estados de pressão e temperatura, por exemplo, é irrelevante e às vezes totalmente desorientador prestar atenção ao que as moléculas individuais estão fazendo. Como veremos na Seção 3, uma única partícula não pode ter temperatura, porque o próprio conceito de temperatura remete ao movimento comum de todas as moléculas no grupo. Na bioquímica, em contraste, não dá para compreender quase nada, a menos que se preste atenção em como uma molécula interage com outra.

Assim, quando é que uma medição, uma observação ou simplesmente um mapa tem a quantidade correta de detalhes?

Em 1967, Benoit B. Mandelbrot, um matemático agora no Centro de Pesquisa Thomas J. Watson da IBM em Yorktown Heights, em Nova York, e também na Universidade de Yale, propôs uma questão na revista *Science*: "Qual é o comprimento da costa da Grã-Bretanha?". Uma pergunta simples com uma resposta simples – seria de se esperar. Mas a resposta é mais profunda do que se tinha imaginado.

Os exploradores e os cartógrafos mapeiam costas há séculos. Os desenhos mais antigos traçam os continentes com fronteiras grosseiras e de aparência engraçada; os mapas de alta resolução de nossos dias, tornados possíveis pelos satélites, estão a mundos de distância deles em termos de precisão. Para começar a responder à questão de Mandelbrot, entretanto, você precisa apenas de um atlas mundial de fácil manejo e um carretel de barbante. Desenrole o barbante ao longo do perímetro da Grã-Bretanha, de Dunnet Head até Lizard Point, assegurando-se de entrar em todas as baías e cabos. Depois estenda o barbante, compare o seu comprimento à escala no mapa e, *voilà*!, você mediu o litoral da ilha.

Querendo dar uma conferida em seu trabalho, você arruma um mapa cartográfico mais detalhado, numa escala de, digamos, 2,5 polegadas por milha [6,3 centímetros por quilômetro], em lugar do tipo de mapa que mostra toda a Grã-Bretanha num único painel. Agora há enseadas, línguas de terra e promontórios que você vai ter de traçar com seu barbante; as variações são pequenas, mas há muitas delas. Você descobre que o levantamento topográfico mostra que o litoral é mais longo do que o resultado apontado pelo atlas.

Assim, que medição está correta? Sem dúvida, é a baseada no mapa mais detalhado. Mas você poderia ter escolhido um mapa que tem até mais detalhes – um que mostra cada penedo que existe na base de cada penhasco. Mas os cartógrafos em geral ignoram as pedras num mapa, a não ser que sejam do tamanho de Gibraltar. Assim, imagino que você vai ter de caminhar pelo litoral da Grã-Bretanha, se quiser realmente medi-la com acuidade – e seria melhor levar um barbante bem longo, que você possa passar ao redor de cada canto e greta. Mas você ainda estará deixando de lado alguns seixos, sem falar nos fios de água que escorrem entre os grãos de areia.

Em que ponto tudo isso vai terminar? Cada vez que você a mede, a costa se torna mais e mais longa. Se você leva em consideração as fronteiras das moléculas, átomos, partículas subatômicas, a costa se revelará infinitamente longa? Não exatamente. Mandelbrot diria "indefinível". Talvez precisemos da ajuda de outra dimensão para repensar o problema. Talvez o conceito de comprimento unidimensional seja simplesmente inadequado para litorais intrincados.

Levar a cabo o exercício mental de Mandelbrot envolveu um campo recém-sintetizado da matemática, baseado em dimensões fracionárias – ou fractais (do latim *fractus*, "quebrado") – em vez de uma, duas e três dimensões da geometria euclidiana clássica. Os conceitos comuns de dimensão, argumentava Mandelbrot, são apenas demasiado simplistas para caracterizar a complexidade das costas. Revela-se que fractais são ideais para descrever padrões "autossimilares", que parecem quase idênticos em diferentes escalas. Brócolis, samambaias e flocos de neve são bons exemplos disso no mundo natural, mas apenas certas estruturas indefinidamente repetitivas geradas pelo computador podem produzir o fractal ideal, em que a forma do macro-objeto é composta de versões menores da mesma forma ou padrão, que são por sua vez formadas de versões ainda mais miniaturais da mesma coisa, e assim indefinidamente.

Ao descer até um fractal puro, entretanto, ainda que seus componentes se multipliquem, não se encontra nenhuma informação nova – porque o padrão continua a parecer o mesmo. Em contraste, se você vai cada vez mais fundo no exame do corpo humano, acaba encontrando uma célula, uma estrutura enormemente complexa, dotada de atributos diferentes e que opera sob regras diferentes dos atributos e regras que dominam nos níveis macros do corpo. Cruzar o limite e entrar na célula revela um novo universo de informações.

E o que dizer da própria Terra? Uma das representações mais antigas do mundo, preservada num tablete de argila babilônico de 2.600 anos, traça a Terra como um disco circundado por oceanos. O fato é que, quando você fica em pé no meio de uma planície larga (o vale dos rios Tigre e Eufrates, por exemplo) e observa a vista em todas as direções, a Terra parece realmente um disco chato.

Ao notar alguns problemas com o conceito de uma Terra chata, os gregos antigos – inclusive pensadores como Pitágoras e Heródoto – ponderaram a possibilidade de que a Terra talvez fosse uma esfera. No século IV a.C., Aristóteles, o grande sistematizador do conhecimento, resumiu vários argumentos em apoio a essa visão. Um deles se baseava nos eclipses lunares. De vez em quando a Lua, na sua órbita ao redor da Terra, intercepta a sombra em forma de cone que a Terra lança no espaço. Ao longo de décadas desses espetáculos, Aristóteles observou que a sombra da Terra sobre a Lua era sempre circular. Para que isso fosse verdade, a Terra tinha de ser uma esfera, porque apenas as esferas lançam sombras circulares diante de todas as fontes de luz, a partir de todos os ângulos e em todos os tempos. Se a Terra fosse um disco chato, a sombra seria às vezes oval. E em algumas outras vezes, quando a borda da Terra ficasse de frente para o Sol, a sombra seria uma linha fina. Apenas quando a Terra ficasse de cara para o Sol é que sua sombra formaria um círculo.

Dada a força desse único argumento, poder-se-ia pensar que os cartógrafos teriam feito um modelo esférico da Terra nos séculos seguintes. Mas não. O globo terrestre mais antigo de que se tem conhecimento teve de esperar até 1490-92, às vésperas das viagens oceânicas europeias de descoberta e colonização.

De forma que, sim, a Terra é uma esfera. Mas o diabo, como sempre, se esconde nos detalhes. Em *Principia*, de Newton, de 1687, ele propôs que, como os objetos esféricos giratórios empurram sua substância para fora ao rodar, o nosso planeta (bem como os outros) será um pouco achatado nos polos e um pouco abaulado no equador – uma forma conhecida como um esferoide oblato. Para testar a hipótese de Newton, meio século mais tarde, a Academia de Ciências Francesa, de Paris, enviou matemáticos em duas expedições – uma para o Círculo Polar Ártico e outra para o Equador –, ambas com a missão de medir o comprimento de um grau de latitude na superfície da Terra ao longo da mesma linha de longitude. O grau foi um pouco mais longo no Círculo Polar Ártico, o que só poderia ser verdade se a Terra fosse um pouco achatada. Newton tinha razão.

Quanto mais rapidamente um planeta gira, mais pronunciado esperamos que seja seu abaulamento equatorial. Um único dia em Júpiter de rápida rotação, o planeta mais massivo do sistema solar, dura dez horas terrestres; Júpiter é 7 por cento mais largo no seu equador que em seus polos. Nossa Terra, muito menor, com seu dia de 24 horas, é apenas 0,3 por cento mais larga no equador – 43,45 quilômetros num diâmetro pouco abaixo de 12.874,75 quilômetros. É quase nada.

Uma consequência fascinante desse leve aspecto oblato é que, se você estiver ao nível do mar em qualquer lugar no equador, estará mais longe do centro da Terra do que estaria em quase qualquer outro lugar da Terra. E se você quer realmente fazer as coisas direito, suba o

Monte Chimborazo, no Equador central, perto do equador. O cume do Chimborazo está 6,44 quilômetros acima do nível do mar, porém o mais importante é que está 2,14 quilômetros mais longe do centro da Terra do que o cume do Monte Everest.

Os satélites conseguiram complicar ainda mais as coisas. Em 1958, o pequeno orbitador da Terra *Vanguard I* enviou a notícia de que o abaulamento equatorial ao sul do Equador é um pouco maior do que o abaulamento ao norte do Equador. Não apenas isso, o nível do mar no Polo Sul revelou-se um pouco mais perto do centro da Terra do que o nível do mar no Polo Norte. Em outras palavras, o planeta é uma pera.

O próximo dado a aparecer é o fato desconcertante de que a Terra não é rígida. A sua superfície sobe e desce diariamente, à medida que os oceanos espirram para dentro e para fora das plataformas continentais, puxados pela Lua e, um pouco menos, pelo Sol. As forças de maré distorcem as águas do mundo, tornando sua superfície oval. É um fenômeno bem conhecido. Mas as forças de maré também esticam a terra sólida, e, assim, o raio equatorial flutua diária e mensalmente, ao compasso das marés oceânicas e das fases da Lua.

Assim, a Terra é um bambolê esferoide oblato semelhante a uma pera.

Os refinamentos de informação nunca terão fim? Talvez não. Avançando rapidamente para 2002. Uma missão espacial americano-alemã chamada GRACE (Gravity Recovery and Climate Experiment – Experimento da Recuperação da Gravidade e do Clima) enviou ao espaço um par de satélites para cartografar o geoide da Terra, que é a forma que a Terra teria se o nível do mar não fosse afetado pelas correntes oceânicas, pelas marés ou pelo clima – em outras palavras, uma superfície hipotética na qual a força da gravidade é perpendicular a todo ponto mapeado. Assim, o geoide representa de forma concreta o verdadeiramente horizontal, dando conta de todas as variações na forma da Terra e na densidade da matéria no subsolo.

Os carpinteiros, os agrimensores e os engenheiros de aquedutos não terão outra escolha senão obedecer.

As órbitas são outra categoria de forma problemática. Não são unidimensionais nem meramente bi ou tridimensionais. As órbitas são multidimensionais, desdobrando-se tanto no espaço como no tempo. Aristóteles apresentou a ideia de que a Terra, o Sol e as estrelas estavam fixas no lugar, ligadas a esferas cristalinas. Eram as esferas que giravam, e suas órbitas traçavam – o que mais? – círculos perfeitos. Para Aristóteles e quase todos os antigos, a Terra estava no centro de toda essa atividade.

Nicolau Copérnico discordou. Em sua *magnum opus* de 1543, *De Revolutionibus*, ele colocou o Sol no meio do cosmos. Copérnico manteve ainda assim as órbitas circulares perfeitas, sem atentar para sua incompatibilidade com a realidade. Meio século mais tarde, Johannes Kepler pôs ordem na casa com suas três leis do movimento planetário – as primeiras equações preditivas na história da ciência –, uma das quais mostrava que as órbitas não são círculos, mas ovais de elongação variável.

Estamos apenas começando.

Considere o sistema Terra-Lua. Os dois corpos orbitam seu centro comum de massa, seu baricentro, que fica aproximadamente 1.600 quilômetros abaixo do lugar na superfície da Terra mais próximo da Lua em qualquer dado momento. Assim, em vez dos próprios planetas, na verdade são os seus baricentros planeta-lua que traçam as órbitas elípticas keplerianas ao redor do Sol. Então, qual é a trajetória da Terra? Uma série de *loops* em torno desse ponto – treze em um ano, um para cada ciclo das fases lunares – executada juntamente com uma elipse.

Enquanto isso, não só a Lua e a Terra se atraem mutuamente, mas todos os outros planetas (e suas luas) também se atraem. Todo mundo atrai todos os outros. Como se poderia suspeitar, é uma confusão complicada, e será descrita com mais detalhes na Seção 3. Além disso, cada vez que o sistema Terra-Lua viaja ao redor do Sol, a orientação da elipse se desloca um pouco, sem falar que a Lua está se afastando da Terra em movimento espiral a uma taxa de 1 ou 2 polegadas [2,5 ou 5 centímetros] por ano e que algumas órbitas no sistema solar são caóticas.

Tudo considerado, o balé do sistema solar, coreografado pelas forças da gravidade, é um espetáculo que apenas um computador pode conhecer e amar. Percorremos um longo caminho desde corpos únicos e isolados traçando círculos puros no espaço.

O curso de uma disciplina científica é formado de maneiras diferentes, dependendo de as teorias guiarem os dados ou os dados guiarem as teorias. Uma teoria lhe diz o que deve procurar, e você encontra ou não. Se encontrar, você passará para a próxima questão em aberto. Se não tiver teoria, mas manejar ferramentas de medição, você vai começar a coletar tantos dados quanto puder, e esperar que os padrões apareçam. Mas, até chegar a uma visão geral, você vai passar a maior parte do tempo bisbilhotando no escuro.

Ainda assim seria um engano declarar que Copérnico estava errado simplesmente porque suas órbitas tinham a forma errada. Seu conceito mais profundo – que os planetas orbitam o Sol – é o que realmente importava. A partir de então, os astrofísicos têm continuamente refinado o modelo ao examinar tudo cada vez mais de perto. A conjectura de Copérnico pode não ter chegado ao local certo, mas ele estava sem dúvida no lado correto da cidade. Assim, talvez, ainda permanece a pergunta: quando se aproximar e quando dar um passo para trás?

Agora imagine que você está passeando ao longo de um bulevar num dia claro de outono. Num quarteirão à sua frente está um cavalheiro grisalho com um terno azul-marinho. É improvável que você consiga ver a joia na sua mão esquerda. Se apressar o passo e chegar a uns 9 metros do cavalheiro, talvez note que ele está com um anel, mas você não verá a pedra carmim do anel nem os desenhos na sua superfície. Avance furtivamente e chegue mais perto com uma lente, e – se ele não chamar a polícia – vai ficar sabendo o nome da escola, o diploma que conquistou, o ano em que se formou, e possivelmente o emblema da escola. Nesse caso, você pressupôs corretamente que um olhar mais próximo lhe daria mais informações.

A seguir, imagine que está contemplando uma pintura pontilhista francesa do final do século XIX. Se ficar a uns 3 metros da pintura, talvez veja homens de cartola, mulheres de saias compridas e anquinhas, crianças, animais de estimação, água tremeluzindo. Mais perto, você verá apenas dezenas de milhares de traços, pontos e riscos coloridos. Com o nariz colado na tela, você será capaz de apreciar a complexidade e o caráter obsessivo da técnica, mas apenas de longe a pintura se converterá na representação de uma cena. É o oposto de sua experiência com o cavalheiro de anel que passeava no bulevar: quanto mais de perto observar uma obra-prima pontilhista, mais os detalhes se desintegram, deixando você a desejar que tivesse mantido mais distância.

Qual das maneiras capta melhor como a natureza se revela para nós? As duas, na verdade. Quase todas as vezes que os cientistas olham mais de perto para um fenômeno ou para um habitante do cosmos, seja animal, vegetal ou estrela, eles devem avaliar se o quadro amplo – aquele que você vê quando dá alguns passos para trás – é mais ou menos útil do que o *close-up*. Mas existe uma terceira maneira, uma espécie de híbrido das duas, em que o olhar de perto lhe fornece mais dados, mas os dados extras deixam você extraperplexo. O impulso de recuar é forte, mas o impulso de avançar também é grande. Para toda hipótese que se confirma por meio de dados mais detalhados, dez outras terão de ser modificadas ou totalmente descartadas, porque já não se encaixam no modelo. E anos ou décadas podem se passar antes que meia dúzia de novos *insights* baseados nesses dados sejam até formulados. Um bom exemplo: a multidão de anéis e pequenos anéis do planeta Saturno.

A Terra é um lugar fascinante para se viver e trabalhar. Mas, antes que Galileu examinasse o céu pela primeira vez com um telescópio em 1609, ninguém tinha nenhuma percepção ou compreensão da superfície, composição ou clima de qualquer outro lugar no cosmos. Em 1610, Galileu observou algo estranho a respeito de Saturno; como a resolução de seu telescópio era precária, entretanto, o planeta lhe aparecia como se tivesse dois companheiros, um à sua esquerda e outro à sua direita. Galileu formulou sua observação num anagrama,

smaismrmilmepoetaleumibunenugttauiras

destinado a garantir que ninguém mais pudesse arrebatar antes o crédito pela sua descoberta radical e até então inédita. Quando ordenado e traduzido do latim, o anagrama se torna: "Eu observei que o planeta mais elevado tem três corpos". Com o passar dos anos, Galileu continuou a monitorar os companheiros de Saturno. Num certo estágio, eles pareciam orelhas; em outro estágio, desapareciam completamente.

Em 1656, o físico holandês Christiaan Huygens observou Saturno através de um telescópio de resolução mais alta que o de Galileu, construído para o propósito expresso de escrutinar o planeta. Ele se tornou o primeiro a interpretar os companheiros de Saturno semelhantes a orelhas como um simples anel chato. Como Galileu tinha feito meio século antes, Huygens anotou seu achado pioneiro, mas ainda preliminar, sob a forma de um anagrama. Dentro de três anos, em seu livro *Systema Saturnium*, Huygens publicou sua proposta.

Vinte anos mais tarde, Giovanni Cassini, o diretor do Observatório de Paris, mostrou que havia dois anéis separados por uma brecha, que veio a ser conhecida como divisão Cassini. E, quase dois séculos mais tarde, o físico escocês James Clerk Maxwell ganhou um prêmio prestigioso por mostrar que os anéis de Saturno não são sólidos, mas compostos de inúmeras pequenas partículas que se movem em suas próprias órbitas.

No final do século XX, os observadores tinham identificado sete anéis distintos, indicados pelas letras de A a G. Não apenas isso, os próprios anéis revelaram ser compostos de milhares e milhares de faixas e pequenos anéis.

É o bastante para a "teoria das orelhas" dos anéis de Saturno.

Vários sobrevoos por Saturno ocorreram no século XX: o da *Pioneer 11* em 1979, o da *Voyager 1* em 1980 e o da *Voyager 2* em 1981. Todas essas inspeções relativamente próximas produziram evidências de que o sistema de anéis é mais complexo e mais enigmático do que se tinha imaginado. Para começo de conversa, as partículas em alguns dos anéis são encurraladas em faixas estreitas pelas assim chamadas luas pastoras: satélites pequeninos que orbitam perto dos anéis e dentro deles. As forças gravitacionais das luas pastoras arrastam as partículas dos anéis em diferentes direções, sustentando inúmeras brechas entre os anéis.

Ondas de densidade, ressonâncias orbitais e outras sutilezas da gravitação em sistemas de múltiplas partículas dão origem a características passageiras dentro dos anéis e entre eles. "Raios" mutáveis e fantasmagóricos no anel B de Saturno, por exemplo – registrados pelas sondas espaciais *Voyager* e supostamente causados pelo campo magnético do planeta –, desapareceram misteriosamente das visões em *close-up* fornecidas pela espaçonave *Cassini* ao enviar imagens da órbita saturniana.

De que tipo de material os anéis de Saturno são compostos? Gelo de água, na sua maior parte – embora haja também alguma poeira misturada, cuja composição química é semelhante à de uma das luas maiores do planeta. A cosmoquímica do ambiente leva a crer que Saturno talvez tenha possuído no passado várias dessas luas. Aquelas que desapareceram talvez tenham orbitado demasiado perto do planeta gigante em busca de conforto e acabaram diláceradas pelas forças de maré de Saturno.

Por sinal, Saturno não é o único planeta com um sistema de anéis. Visões em *close-up* de Júpiter, Urano e Netuno – os outros quatro grandes gigantes de gás do nosso sistema solar – mostram que cada um desses planetas tem um sistema de anéis próprio. Os anéis jupiterianos, uranianos e netunianos só foram descobertos no final da década de 1970 e no início de 1980, porque, ao contrário do majestoso sistema de anéis de Saturno, eles são em grande parte feitos de substâncias escuras e de baixo poder de reflexão, como rochas ou grãos de poeira.

O espaço perto de um planeta pode ser perigoso, se você não for um objeto rígido e denso. Como veremos na Seção 2, muitos cometas e alguns asteroides, por exemplo, lembram pilhas de entulho, e giram perto de planetas por seu próprio risco. A distância mágica dentro da qual a força de maré de um planeta excede a gravidade que mantém unido esse tipo de vagabundo, é chamada de limite de Roche – descoberto pelo astrônomo francês do século XIX Édouard Albert Roche. Erre dentro do limite de Roche, e você vai ser despedaçado; seus vários pedaços se dispersarão em suas próprias órbitas e acabarão estendidos num anel chato, largo e circular.

Recebi recentemente algumas notícias perturbadoras sobre Saturno de um colega que estuda os sistemas de anéis. Ele observou com tristeza que as órbitas de suas partículas constituintes são instáveis, e, assim, as partículas vão todas desaparecer num piscar de olho astrofísico: uns 100 milhões de anos. Meu planeta favorito despojado do que o torna meu planeta favorito! Acontece que, felizmente, a acreção constante e essencialmente interminável de partículas interplanetárias e entre luas talvez reabasteça os anéis. O sistema de anéis – como a pele em seu rosto – talvez persista, ainda que suas partículas constituintes desapareçam.

Outras notícias chegaram à Terra via fotos em *close-up* dos anéis de Saturno tiradas pela missão *Cassini*. Que tipo de notícias? "Alucinantes" e "surpreendentes", para citar Carolyn C. Porco, a chefe da equipe de imagens da missão e especialista em anéis planetários do Instituto de Ciência Espacial de Boulder, no Colorado. Aqui e ali em todos esses anéis encontram-se características nem esperadas nem, por enquanto, explicáveis: pequenos anéis recortados com beiradas extremamente afiadas, partículas que coalescem em blocos, a frieza glacial dos anéis A e B comparada com a sujeira da divisão Cassini entre eles. Todos esses novos dados manterão Porco e seus colegas ocupados pelos anos futuros, recordando talvez melancolicamente a visão mais clara e mais simples que captamos de longe.

CINCO

A VELHA CIÊNCIA DA VARETA

Por um ou dois séculos, várias mesclas de alta tecnologia e pensamento inteligente têm impulsionado a descoberta cósmica. Mas vamos supor que você não tem tecnologia. Vamos supor que tudo o que você tem no seu laboratório de quintal é uma vareta. O que você pode aprender? Muita coisa.

Com paciência e medição cuidadosa, você e sua vareta podem colher uma quantidade extravagante de informações sobre nosso lugar no cosmos. Não importa de que é feita a vareta. E não importa de que cor é. A vareta precisa ser apenas reta. Martele a vareta até fixá-la bem firme no chão, num terreno de onde você tenha uma visão clara do horizonte. Como você está trabalhando com baixa tecnologia, bem que poderia usar uma pedra como martelo. Cuide para que a vareta não seja mole e que se erga bem reta.

Seu laboratório de homem das cavernas agora está pronto.

Numa manhã clara, acompanhe o comprimento da sombra da vareta quando o Sol se levanta, cruza o céu e finalmente se põe. A sombra vai começar longa, encurtar mais e mais até que o Sol atinja seu ponto mais elevado no céu e, finalmente, tornar a encompridar até o poente. Coletar dados para esse experimento é quase tão emocionante quanto observar o ponteiro se mover num relógio. Mas, como você não tem tecnologia, muito pouca coisa vai competir pela sua atenção. Note que, quando a sombra é a mais curta, metade do dia se passou. Nesse momento – chamado meio-dia local –, a sombra aponta para o norte ou para o sul, dependendo do lado dos trópicos em que você está.

Você acabou de fazer um relógio de sol rudimentar. E, se quiser soar erudito, pode chamar a vareta de gnômon (ainda prefiro "vareta"). Note que no hemisfério Norte, onde começou a civilização, a sombra da vareta vai girar no sentido horário ao redor da base da vareta, enquanto o Sol se move através do céu. Na verdade, é por essa razão que os ponteiros de um relógio giram no "sentido horário" em primeiro lugar.

Se tiver bastante paciência e céus sem nuvens para repetir o exercício 365 vezes seguidas, você vai notar que o Sol não se levanta todo dia no mesmo local no horizonte. E, em dois dias de um ano, a sombra da vareta ao alvorecer aponta em oposição exata à sombra da vareta no ocaso. Quando isso acontece, o Sol se levanta na direção leste, se põe na direção oeste, e a luz do dia dura tanto quanto a noite. Esses dois dias são os equinócios da primavera e do outono (da palavra latina para "noite igual"). Em todos os outros dias do ano, o ponto em que o Sol se levanta e se põe varia ao longo do horizonte. Assim a pessoa que inventou o adágio "o Sol sempre se levanta no leste e se põe no oeste" simplesmente nunca prestou atenção ao céu.

Se estiver no hemisfério Norte ao acompanhar os pontos do nascente e do poente para o Sol, você verá que esses pontos se arrastam para o norte da linha leste-oeste depois do equinócio da primavera, acabam se detendo, e então se arrastam para o sul por algum tempo. Depois de voltarem a cruzar a linha leste-oeste, o arrastar-se para o sul acaba diminuindo, se detém e dá lugar mais uma vez ao arrastar-se para o norte. O ciclo inteiro se repete anualmente.

Durante todo esse tempo, a trajetória do Sol está mudando. No solstício de verão (da palavra latina para "Sol estacionário"), o Sol se levanta e se põe no seu ponto mais norte ao longo do horizonte, traçando seu caminho mais elevado através do céu. Isso torna o solstício o dia mais longo do ano, e a sombra da vareta ao meio-dia a mais curta nesse dia. Quando o Sol se levanta e se põe em seu ponto mais ao sul ao longo do horizonte, sua trajetória através do céu é a mais baixa, criando a sombra do meio-dia mais longa do ano. Que outro nome dar a esse dia senão solstício de inverno?

Para 60 por cento da superfície da Terra e cerca de 75 por cento de seus habitantes humanos, o Sol nunca está diretamente acima da cabeça. Para o resto de nosso planeta, um cinturão de 5.150 quilômetros de largura centrado no equador, o Sol sobe até o zênite apenas dois dias por ano (o.k., apenas um dia por ano se você estiver diretamente no Trópico de Câncer ou no Trópico de Capricórnio). Aposto que a pessoa que declarou saber onde o Sol se levanta e se põe no horizonte foi a mesma que inventou o adágio "o Sol está diretamente acima da cabeça ao meio-dia em ponto".

Até então, com uma única vareta e uma profunda paciência, você identificou os pontos cardeais na bússola e os quatro dias do ano que marcam a mudança das estações. Agora você precisa inventar um modo de cronometrar o intervalo entre o meio-dia local de um dia e o do dia seguinte. Um cronômetro caro ajudaria nesse caso, mas uma ou mais ampulhetas bem-feitas funcionarão igualmente bem. Qualquer um dos cronômetros o tornará capaz de determinar, com grande acuidade, quanto tempo o Sol leva para girar ao redor da Terra: o dia solar. Em média, ao longo de todo o ano, esse intervalo de tempo é igual a 24 horas exatamente – embora isso não inclua o segundo bissexto acrescentado de vez em quando para justificar o retardamento da rotação da Terra pelo puxão gravitacional da Lua sobre os oceanos da Terra.

Vamos voltar a você e sua vareta. Ainda não terminamos. Estabeleça uma linha de visão desde a ponta da vareta até um lugar no céu, e use seu cronômetro de confiança para marcar o momento em que uma estrela familiar de uma constelação familiar passar por ali. Depois, ainda usando seu cronômetro, registre quanto tempo a estrela leva para se realinhar com a vareta de uma noite para a noite seguinte. Esse intervalo, o dia sideral, dura 23 horas, 56 minutos e 4 segundos. A diferença de quase quatro minutos entre o dia sideral e o dia solar força o Sol a migrar através dos padrões das estrelas no pano de fundo, criando a impressão de que o Sol visita as estrelas numa constelação após a outra durante o ano inteiro.

É claro que você não consegue ver as estrelas durante o dia – à exceção do Sol. Mas aquelas visíveis perto do horizonte pouco depois do pôr do sol ou pouco antes do amanhecer ladeiam a posição do Sol no céu, e assim um observador arguto com uma boa memória para padrões de estrelas pode delinear os padrões que existem atrás do próprio Sol.

Tirando mais uma vez proveito de seu dispositivo de marcar o tempo, você pode tentar algo diferente com sua vareta no chão. Todo dia durante um ano inteiro, marque onde a ponta da sombra da vareta cai ao meio-dia, conforme indicado pelo seu cronômetro. Você vai descobrir que a marca de cada dia cairá num lugar diferente, e no fim do ano você terá traçado uma figura na forma do número oito, conhecida pelos eruditos como um "analema".

Por quê? A Terra pende sobre seu eixo 23,5 graus em relação ao plano do sistema solar. Essa inclinação não só dá origem às estações conhecidas e à trajetória diária de amplo alcance do Sol através do céu, mas também é a causa dominante do número oito que surge quando o Sol migra de um lado para o outro do equador celeste durante todo o ano. Além disso, a órbita da Terra ao redor do Sol não é um círculo perfeito. Segundo as leis de Kepler para o movimento planetário, sua velocidade orbital deve variar, aumentando ao nos aproximarmos do Sol e diminuindo ao recuarmos. Como o ritmo da rotação da Terra permanece constante como rocha, alguma coisa tem de ceder: o Sol nem sempre atinge seu ponto mais alto no céu na "hora do meio-dia". Embora a mudança seja lenta de dia para dia, o Sol chega a esse ponto até 14 minutos mais tarde em certas épocas do ano. Em outros períodos, chega até 16 minutos mais cedo. Apenas em quatro dias por ano – correspondentes ao topo, ao fundo e ao cruzamento no meio do número oito – o tempo do relógio é igual ao tempo do Sol. Acontece que esses dias caem em 15 de abril ou por volta dessa data (nenhuma relação com impostos), em 14 de junho ou por volta dessa data (nenhuma relação com bandeiras), em 2 de setembro ou por volta dessa data (nenhuma relação com o trabalho) e em 25 de dezembro ou por volta dessa data (nenhuma relação com Jesus).

A seguir arrume um clone de si mesmo e de sua vareta, e mande seu gêmeo para o sul a um local pré-selecionado muito além do horizonte. Combine de antemão que vocês dois medirão o comprimento das sombras da vareta ao mesmo tempo no mesmo dia. Se as sombras têm o mesmo comprimento, vocês vivem numa Terra supergigantesca e chata. Se as sombras têm comprimentos diferentes, você pode usar uma geometria simples para calcular a circunferência da Terra.

Foi exatamente o que fez o astrônomo e matemático Eratóstenes de Cirene (276-194 a.C.). Ele comparou comprimentos de sombras ao meio-dia de duas cidades egípcias – Syene (hoje chamada Assuã) e Alexandria, que ele superestimou estarem a uma distância de 5.000 estádios. A resposta de Eratóstenes para a circunferência da Terra ficou dentro de 15 por cento do valor correto. A palavra "geometria", de fato, vem da palavra grega para "medição da Terra".

Embora você já esteja às voltas com varetas e pedras há vários anos, o próximo experimento levará apenas cerca de um minuto. Crave sua vareta no chão num ângulo que não seja vertical, para que ela se pareça com uma típica vareta na lama. Amarre uma pedra na ponta de um barbante fino e pendure-a na ponta da vareta. Agora você conseguiu um pêndulo. Meça o comprimento do barbante e depois bata na pedra para colocar o pêndulo em movimento. Conte quantas vezes a pedra balança em 60 segundos.

O número, você vai descobrir, depende muito pouco da largura do arco do pêndulo, e nem um pouco da massa do peso do pêndulo. As únicas coisas que importam são o comprimento do barbante e em que planeta você se encontra. Trabalhando com uma equação relativamente simples, você pode deduzir a aceleração da gravidade sobre a superfície da Terra, que é uma medida direta de seu peso. Sobre a Lua, que possui apenas um sexto da gravidade da Terra, o mesmo pêndulo se moverá muito mais lentamente, executando menos balanços por minuto.

Não há melhor maneira de tomar o pulso de um planeta.

Até agora sua vareta não apresentou nenhuma prova de que a Terra propriamente gira – somente que o Sol e as estrelas do céu noturno dão voltas a intervalos previsíveis e regulares. Para o próximo experimento, encontre uma vareta com mais de 10 metros de comprimento e, mais uma vez, crave-a no chão com uma inclinação. Amarre uma pedra pesada na ponta de um barbante fino e longo e deixe-a pender da ponta da vareta. Agora, como da última vez, coloque-a em movimento. O barbante longo e fino e a pedra pesada farão o pêndulo balançar sem empecilhos por horas e horas e horas.

Se rastrear cuidadosamente a direção em que o pêndulo oscila, e se for extremamente paciente, você vai notar que o plano de seu balanço gira lentamente. O lugar pedagogicamente mais útil para fazer esse experimento é o Polo Norte geográfico (ou, equivalentemente, o Polo Sul). Nos polos, o plano da oscilação do pêndulo realiza uma rotação plena em 24 horas – uma medida simples da direção e da velocidade rotacional da Terra abaixo dele. Para todas as outras posições sobre a Terra, exceto ao longo do Equador, o plano ainda gira, mas sempre mais lentamente, à medida que você passa dos polos para o Equador. No equador, o plano do pêndulo não se move de maneira alguma. Esse experimento não só demonstra que é a Terra, e não o Sol, que se move, mas com a ajuda de um pouco de trigonometria você pode virar a questão ao contrário e usar o tempo de uma rotação do plano do pêndulo para determinar a latitude geográfica em que se encontra em nosso planeta.

A primeira pessoa a fazer isso foi Jean Bernard Léon Foucault, um físico francês que certamente realizou o último dos experimentos de laboratório verdadeiramente baratos. Em 1851, ele convidou seus colegas para "vir ver a Terra girar" no Panteão, em Paris. Hoje um pêndulo de Foucault oscila em praticamente todo museu de ciência e tecnologia no mundo.

Levando em conta tudo o que se pode aprender com uma simples vareta no chão, o que devemos pensar dos famosos observatórios pré-históricos do mundo? Da Europa e da Ásia à África e à América Latina, um levantamento das culturas antigas revela inúmeros monumentos de pedra que serviam como centros astronômicos de baixa tecnologia, embora seja provável que também funcionassem como lugares de culto ou incorporassem outros significados profundamente culturais.

Na manhã do solstício de verão em Stonehenge, por exemplo, várias das pedras em seus círculos concêntricos se alinham precisamente com o nascer do sol. Certas outras pedras se alinham com os pontos extremos do nascer e do ocaso da Lua. Iniciado em aproximadamente 3100 a.C., e alterado durante os dois milênios seguintes, Stonehenge incorpora monólitos enormes extraídos de pedreiras que ficavam longe de seu local na planície de Salisbury, no sul da Inglaterra. Uns oitenta pilares de pedra azul, cada um pesando várias toneladas, vieram das montanhas Preseli, a aproximadamente 386 quilômetros. Os assim chamados blocos de arenito, cada um pesando até 50 toneladas, vieram de Marlborough Downs, a 32 quilômetros de distância.

Muito tem sido escrito sobre o significado de Stonehenge. Tanto os historiadores como os observadores casuais ficam impressionados com o conhecimento astronômico desses povos antigos, bem como perplexos com sua capacidade de transportar materiais tão duros por tão longas distâncias. Alguns observadores dados a fantasiar ficam tão impressionados que chegam a dar crédito a uma intervenção extraterrestre à época da construção.

Permanece um mistério por que as antigas civilizações que construíram o lugar não usaram as pedras próximas, mais fáceis. Mas as habilidades e o conhecimento à mostra em Stonehenge não são mistério. As principais fases da construção levaram um total de algumas centenas de anos. Talvez o pré-planejamento tenha levado outros cem anos. Você pode construir qualquer coisa em meio milênio – tanto faz a longinquidade de onde você decidiu arrastar seus tijolos. Além disso, a astronomia incorporada a Stonehenge não é fundamentalmente mais profunda do que o que se pode descobrir com uma vareta no chão.

Talvez esses observatórios antigos impressionem perenemente as pessoas modernas porque elas não fazem ideia de como o Sol, a Lua ou as estrelas se movem. Estamos demasiado ocupados vendo televisão à noite para cuidar do que está acontecendo no céu. Para nós, um simples alinhamento de rocha baseado em padrões cósmicos parece uma proeza einsteiniana. Mas uma civilização verdadeiramente misteriosa seria aquela que não fizesse nenhuma referência cultural ou arquitetônica ao céu.

SEÇÃO 2

O CONHECIMENTO DA NATUREZA

OS DESAFIOS DE DESCOBRIR OS CONTEÚDOS DO COSMOS

SEIS

VIAGEM A PARTIR DO CENTRO DO SOL

Em nossas vidas cotidianas não temos o costume de nos deter para pensar sobre a viagem de um raio de luz a partir do núcleo do Sol, onde é criado, ao longo de todo o caminho até a superfície da Terra, onde talvez venha a bater nas nádegas de alguém numa praia arenosa. A parte fácil dessa viagem é o percurso de 500 segundos à velocidade da luz desde o Sol até a Terra, através do vazio do espaço interplanetário. A parte difícil é a aventura de milhões de anos para que a luz chegue do centro do Sol à sua superfície.

Nos núcleos das estrelas, tendo início a cerca de 10 milhões de Kelvin, mas, no caso do Sol, a 15 milhões de graus, os núcleos de hidrogênio, há muito despojados de seu único elétron, atingem velocidades suficientemente altas para superar sua repulsão natural e colidir. Cria-se energia a partir da matéria quando a fusão termonuclear gera um único núcleo de hélio (He) a partir de quatro núcleos de hidrogênio (H). Omitindo etapas intermediárias, o Sol simplesmente diz:

$$4H \rightarrow He + energia$$
E faz-se a luz.

Toda vez que um núcleo de hélio é criado, partículas de luz chamadas fótons são geradas. E elas carregam bastante energia para ser raios gama, uma forma de luz com a mais alta energia para a qual temos classificação. Nascidos movendo-se à velocidade da luz (300.000 quilômetros por segundo), os fótons dos raios gama começam inadvertidamente sua viagem para fora do Sol.

Um fóton sem ser perturbado sempre se moverá em linha reta. Mas, se algo se interpõe em seu caminho, o fóton ou será espalhado ou absorvido e reemitido. Cada destino pode ocasionar o lançamento do fóton numa direção diferente com uma energia diferente. Dada a densidade da matéria no Sol, a viagem média em linha reta do fóton dura menos que um trinta bilionésimos de segundo (um trinta avos de um nanossegundo) – apenas longa o bastante para que o fóton se desloque cerca de 1 centímetro antes de interagir com um elétron livre ou um átomo.

O novo percurso depois de cada interação pode ser para fora, para o lado ou até para trás. Como é que um fóton que vagueia a esmo consegue então sair do Sol? Uma pista está no que aconteceria a uma pessoa totalmente embriagada que dá passos em direções aleatórias a partir de um poste de luz na esquina de uma rua. Curiosamente, é provável que o bêbado não retorne ao poste de luz. Se os passos são de fato aleatórios, a distância a partir do poste de luz vai aumentar lentamente.

Embora não se possa predizer exatamente a que distância do poste de luz qualquer bêbado específico estará depois de um seleto número de passos, pode-se predizer com segurança a distância média, caso se consiga convencer um grande número de bêbados a caminhar a esmo num experimento. Os dados mostrarão que em média a distância do poste de luz aumenta em proporção à raiz quadrada do número total de passos dados. Por exemplo, se cada pessoa desse 100 passos em direções aleatórias, então a distância média do poste de luz teria sido uns meros 10 passos. Se 900 passos fossem dados, a distância média teria aumentado apenas para 30 passos.

Com um tamanho de passo de 1 centímetro, um fóton deve executar quase 5 sextilhões de passos para "percorrer a esmo" os 70 bilhões de centímetros do centro do Sol até sua superfície. A distância linear total percorrida abrangeria cerca de 5 mil anos-luz. À velocidade da luz, um fóton levaria, claro, 5 mil anos para chegar tão longe. Mas, quando computado com um modelo mais realista do perfil do Sol – levando em consideração, por exemplo, que cerca de 90 por cento da massa do Sol está dentro de apenas metade de seu raio, porque o Sol gasoso se comprime sob seu próprio peso –, e acrescentando tempo de viagem perdido durante as paradas entre absorção e reemissão do fóton, o percurso total dura cerca de 1 milhão de anos. Se um fóton tivesse caminho livre do centro do Sol até sua superfície, seu percurso duraria, em vez disso, um total de 2,3 segundos.

Já na década de 1920 tínhamos alguma noção de que um fóton poderia encontrar uma resistência considerável para sair do Sol. Deve-se dar ao brilhante astrofísico britânico Sir Arthur Stanley Eddington o crédito de dotar o estudo da estrutura estelar com fundamentos da física capazes de propiciar a compreensão do problema. Em 1926, ele escreveu *The Internal Constitution of the Stars* [A constituição interna das estrelas], que publicou imediatamente depois da descoberta do novo ramo da física chamado mecânica quântica, mas quase doze anos antes que a fusão termonuclear fosse oficialmente reconhecida como a fonte de energia para o Sol. As meditações loquazes de Eddington no capítulo introdutório captam corretamente, se não o detalhe, um pouco do espírito do percurso torturado de uma onda do éter (de um fóton):

> O interior de uma estrela é um tumulto de átomos, elétrons e ondas do éter. Temos de pedir auxílio às descobertas mais recentes da física atômica para seguir as complexidades da dança [...] Tente imaginar o tumulto! Átomos desgrenhados irrompem a 80 quilômetros por segundo apenas com alguns farrapos que sobraram dos elaborados mantos de elétrons que lhes foram arrancados nas escaramuças. Os últimos elétrons estão se movendo a uma velocidade cem vezes mais rápida para encon-

trar novos lugares de repouso. Cuidado! Mil escapadas por um triz acontecem ao elétron em [um dez bilionésimos] de um segundo [...] Depois [...] o elétron é justamente apanhado e ligado ao átomo, e sua carreira de liberdade chega ao fim. Mas apenas por um instante. Mal o átomo arranjou o novo escalpo no seu cinturão, quando um *quantum* de ondas do éter o atinge. Com uma grande explosão, o elétron está livre de novo para novas aventuras. (p. 19)

O entusiasmo de Eddington pelo seu tema continua quando ele identifica as ondas do éter como o único componente do Sol em movimento:

Ao observar a cena, perguntamos a nós mesmos: será este o drama majestoso da evolução estelar? Parece mais um animado ato de quebrar louça num teatro de variedades. A comédia turbulenta da física atômica não tem muita consideração pelos nossos ideais estéticos [...] Apesar de toda a sua pressa, os átomos e os elétrons nunca chegam a lugar nenhum; apenas trocam de lugares. As ondas do éter são a única parte da população que realmente realiza alguma coisa; embora arremessando-se aparentemente em todas as direções sem um propósito, elas executam a despeito de si mesmas um avanço lento e geral para fora. (pp. 19-20)

Na quarta parte exterior do raio da esfera solar, a energia se move principalmente por meio de uma convecção violenta, que é um processo parecido com o que acontece numa panela com sopa de galinha fervendo (ou numa panela com qualquer coisa fervendo). Bolhas inteiras de material quente se elevam, enquanto outras bolhas de material mais frio afundam. Sem que nossos esforçados fótons fiquem sabendo, sua bolha residencial pode afundar rapidamente dezenas de milhares de quilômetros de volta ao interior do Sol, com isso desfazendo possivelmente milhares de anos de caminhada aleatória. Claro que o inverso também é verdade – a convecção pode rapidamente trazer fótons de caminhada aleatória para perto da superfície, acentuando assim suas chances de fuga.

Mas a história da viagem de nosso raio gama ainda não está plenamente contada. Do centro do Sol com 15 milhões de Kelvin à sua superfície de 6.000 graus, a temperatura cai a um ritmo médio de cerca de um centésimo de grau por metro. Para toda absorção e reemissão, os fótons dos raios gama de alta energia tendem a gerar múltiplos fótons de energia mais baixa à custa de sua própria existência. Esses atos altruístas continuam por todo o espectro da luz, passando dos raios gama para os raios X, os ultravioleta, os visíveis e os infravermelhos. A energia de um único fóton de raio gama basta para gerar mil fótons de raio X, cada um dos quais acabará gerando mil fótons de luz visível. Em outras palavras, um único raio gama pode gerar facilmente mais de 1 milhão de fótons de luz visível e infravermelha até o percurso aleatório atingir a superfície do Sol.

Apenas um dentre cada meio bilhão de fótons que saem do Sol se dirige realmente para a Terra. Sei que isso parece pouco, mas, diante de nosso tamanho e distância do Sol, ele totaliza a cota justa da Terra. O resto dos fótons se dirige para outros lugares.

A "superfície" gasosa do Sol é definida, por sinal, pela camada onde nossos fótons de andar errante dão o seu último passo antes de escapar para o espaço interplanetário. Apenas a partir dessa camada é que a luz pode chegar até nossos olhos ao longo de uma linha de visão sem obstáculos, o que nos permite avaliar dimensões solares significativas. Em geral, a luz com comprimentos de onda mais longos emerge das camadas mais profundas do Sol do que a luz de comprimentos de onda mais curtos. Por exemplo, o diâmetro do Sol é um pouco menor quando medido com o infravermelho do que quando medido com a luz visível. Quer os livros didáticos o informem quer não, os valores registrados para o diâmetro do Sol pressupõem normalmente que você procura dimensões obtidas pelo uso da luz visível.

Nem toda a energia de nossos fecundos raios gama se tornou fótons de energia mais baixa. Uma porção da energia impulsiona a convecção turbulenta de grande escala, que por sua vez impulsiona as ondas de pressão que fazem o Sol soar, assim como um badalo toca um sino. Medições cuidadosas e precisas do espectro do Sol, quando continuamente monitoradas, revelam oscilações diminutas que podem ser interpretadas de maneira semelhante a como os geossismólogos interpretam as ondas sonoras no subsolo induzidas por terremotos. O padrão de vibração do Sol é extraordinariamente complexo, porque muitos modos oscilantes operam ao mesmo tempo. Entre os heliossismólogos, os maiores desafios estão em decompor as oscilações em suas partes básicas, e assim deduzir o tamanho e a estrutura das características internas que as causam. Ocorreria uma "análise" similar de sua voz, se você gritasse dentro de um piano aberto. Suas ondas sonoras vocais induziriam vibrações nas cordas do piano que partilhassem a mesma variedade de frequências que compreendem sua voz.

Um projeto coordenado para estudar os fenômenos de oscilação solar foi executado pela GONG (mais um acrônimo engenhoso), a Global Oscillation Network Group (Rede de Grupo Global de Oscilação). Observatórios solares especialmente equipados que abarcam os fusos horários do mundo (no Havaí, Califórnia, Chile, Ilhas Canárias, Índia e Austrália) permitiram que as oscilações solares fossem continuamente monitoradas. Os resultados há muito antecipados confirmaram as noções mais atuais da estrutura estelar. Em particular, essa energia se move por fótons aleatoriamente errantes nas camadas internas do Sol e depois pela convecção turbulenta de grande escala em suas camadas externas. Sim, algumas descobertas são grandes simplesmente porque confirmam o que se tinha suspeitado o tempo todo.

As aventuras heroicas através do Sol são mais bem realizadas por fótons, e não por qualquer outra forma de energia ou matéria. Se qualquer um de nós fosse empreender a mesma viagem, é claro que seríamos esmagados até a morte, vaporizados, e todo e qualquer elétron seria arrancado dos átomos de nosso corpo. À parte esses contratempos, imagino que se poderia vender facilmente passagens para essa viagem. Quanto a mim, entretanto, já me contento em conhecer a história. Quando tomo um banho de sol, eu o faço com pleno respeito pela viagem realizada por todos os fótons que atingem meu corpo, não importa em que lugar da minha anatomia eles venham a bater.

SETE

DESFILE DOS PLANETAS

No estudo do cosmos, é difícil apresentar uma narrativa melhor do que a história secular das tentativas de compreender os planetas – esses errantes do céu que fazem suas rondas contra o pano de fundo das estrelas. Dos oito objetos em nosso sistema solar que são planetas sem sombra de dúvida, cinco são prontamente visíveis a olho nu e eram conhecidos dos antigos, bem como de trogloditas observadores. Cada um dos cinco – Mercúrio, Vênus, Marte, Júpiter e Saturno – foi dotado com a personalidade do deus que lhe emprestou o nome. Mercúrio, o mais rápido a se mover contra o fundo de estrelas, foi nomeado em homenagem ao deus mensageiro dos romanos – o sujeito em geral representado com asinhas aerodinamicamente inúteis nos tornozelos ou no chapéu. E Marte, o único dos errantes clássicos (a palavra grega *planete* significa "errante") com um matiz avermelhado, foi nomeado em homenagem ao deus romano da guerra e do derramamento de sangue. A Terra, claro, é também visível a olho nu. Basta olhar para baixo. Mas a terra firme só foi identificada como um membro da gangue dos planetas depois de 1543, quando Nicolau Copérnico apresentou seu modelo do universo centrado no Sol.

Aos que não tinham telescópio, os planetas eram, e são, apenas pontos de luz que por acaso se movem através do céu. Foi só no século XVII, com a proliferação de telescópios, que os astrônomos descobriram que os planetas eram orbes. Só no século XX é que os planetas foram escrutinados de perto com sondas espaciais. E só mais tarde, no final do século XXI, é que as pessoas provavelmente os visitarão.

A humanidade teve seu primeiro encontro telescópico com os errantes celestes durante o inverno de 1609-1610. Depois de apenas ouvir falar da invenção holandesa de 1608, Galileu Galilei fabricou um excelente telescópio de sua própria lavra, através do qual viu os planetas como orbes, talvez até outros mundos. Um deles, o brilhante Vênus, passava por fases iguais às da Lua: Vênus crescente, Vênus minguante, Vênus cheio. Outro planeta, Júpiter, tinha luas próprias, e Galileu descobriu as quatro maiores: Ganimedes, Calisto, Io e Europa, todas nomeadas em referência a personagens variados na vida e nos tempos do equivalente grego de Júpiter, Zeus.

A maneira mais simples de explicar as fases de Vênus, bem como outras características de seu movimento no céu, era afirmar que os planetas giram ao redor do Sol, e não da Terra. Na verdade, as observações de Galileu sustentavam fortemente o universo conforme previsto e teorizado por Nicolau Copérnico.

As luas de Júpiter levaram o universo copernicano a dar um passo além: embora o telescópio de potência 20 de Galileu não tivesse resolução para tornar visíveis as luas em nada maior que pontinhos de luz, ninguém jamais tinha visto um objeto celeste girar ao redor de alguma coisa que não fosse a Terra. Uma observação simples e honesta do cosmos, só que a Igreja Católica Romana e o senso "comum" não queriam saber disso. Galileu descobriu com seu telescópio uma contradição no dogma de que a Terra ocupava a posição central no cosmos – o lugar ao redor do qual todos os objetos giram. Galileu divulgou seus achados convincentes no início de 1610, numa obra curta, mas seminal, a que deu o título de *Sidereus Nuncius* [O mensageiro sideral].

Assim que o modelo copernicano se tornou amplamente aceito, o arranjo dos céus pôde ser legitimamente chamado de sistema *solar*, e a Terra pôde assumir seu lugar apropriado como um dos seis planetas conhecidos. Ninguém imaginava que houvesse mais de seis. Nem mesmo o astrônomo inglês Sir William Herschel, que descobriu um sétimo em 1781.

Na realidade, o crédito da primeira visão registrada do sétimo planeta vai para o astrônomo inglês John Flamsteed, o primeiro Astrônomo Real Britânico. Mas em 1690, quando Flamsteed observou o objeto, ele não o viu se mover. Pressupôs que fosse apenas outra estrela no céu, e chamou-a de 34 Tauri. Quando viu a "estrela" de Flamsteed se deslocar contra o pano de fundo das estrelas, Herschel anunciou – operando sob a pressuposição desavisada de que os planetas não estavam na lista de coisas passíveis de descoberta – que havia descoberto um cometa. Afinal, sabia-se que os cometas se moviam e podiam ser descobertos. Herschel pensou em chamar o objeto recém-encontrado de Georgium Sidus ("Estrela de George"), em homenagem a seu benfeitor, o rei George III da Inglaterra. Se a comunidade astronômica tivesse respeitado esse desejo, a lista de nosso sistema solar incluiria agora Mercúrio, Vênus, Terra, Marte, Júpiter, Saturno e George. Num golpe à bajulação, o objeto acabou sendo chamado de Urano, para manter o mesmo padrão de seus irmãos de nomes clássicos – embora alguns astrônomos da França e dos EUA continuassem a chamá-lo de "planeta de Herschel" até 1850, vários anos depois que o oitavo planeta, Netuno, foi descoberto.

Com o passar do tempo, os telescópios continuaram a se tornar maiores e mais aguçados, mas os detalhes que os astrônomos podiam discernir sobre os planetas não melhoraram muito. Como todo e qualquer telescópio, independentemente do tamanho, via os planetas através da atmosfera turbulenta da Terra, as melhores imagens ainda eram um pouco indistintas. Mas isso não impediu observadores intrépidos de descobrir coisas como a Grande Mancha Vermelha de Júpiter, os anéis de Saturno, as calotas polares glaciais de Marte, e dúzias de luas planetárias. Ainda assim, nosso conhecimento dos planetas era escasso, e onde a ignorância se oculta as fronteiras da descoberta e da imaginação também ficam encobertas.

Consideremos o caso de Percival Lowell, astrônomo e negociante norte-americano altamente imaginativo e rico, cujos empreendimentos se deram no final do século XIX e nos primeiros anos do século XX. O nome de Lowell está para sempre ligado com os "canais" de Marte, os "raios" de Vênus, a busca do Planeta X, e, claro, com o Observatório Lowell, em Flagstaff, no Arizona. Como tantos investigadores ao redor do mundo, Lowell se interessou pela proposição, apresentada no final do século XIX pelo astrônomo italiano Giovanni Schiaparelli, de que as marcas lineares visíveis sobre a superfície marciana eram *canali*.

O problema foi que a palavra significa "*channels* – canais, leitos de um curso de água", mas Lowell decidiu traduzir mal a palavra como "*canals* – canais, vias navegáveis artificiais", porque as marcas foram consideradas semelhantes aos principais projetos de obras públicas sobre a Terra. A imaginação de Lowell enlouqueceu, e ele se dedicou à observação e ao mapeamento da rede de vias navegáveis do Planeta Vermelho, construídas sem dúvida (ou assim ele acreditava fervorosamente) por marcianos evoluídos. Ele acreditava que as cidades marcianas, tendo esgotado seu suprimento de água local, tiveram de cavar canais para transportar água das calotas glaciais polares do planeta até as zonas equatoriais mais populosas. A história era atraente, e ajudou a gerar muitos escritos animados.

Lowell era também fascinado por Vênus: suas nuvens sempre presentes e altamente reflexivas o tornam um dos objetos mais brilhantes no céu noturno. Vênus orbita relativamente perto do Sol, por isso assim que o Sol se põe – ou pouco antes do alvorecer – lá está Vênus, dependurado gloriosamente no crepúsculo. E, como o céu crepuscular pode ser muito colorido, não há fim para os telefonemas ao número 9-1-1 notificando um óvni multicolorido e luminoso a pairar sobre o horizonte.

Lowell sustentava que Vênus possuía uma rede de barras massivas, na sua maior parte radiais (mais *canali*), emanando de um ponto central. Esses raios que ele via permaneceram um enigma. De fato, ninguém jamais confirmou suas visões de Marte ou de Vênus. Isso não incomodava muito os outros astrônomos, porque todos sabiam que o observatório de Lowell no topo da montanha era um dos melhores do mundo. Por isso, se você não estava vendo a atividade marciana assim como Percival a via, era certamente porque seu telescópio e sua montanha estavam muito aquém dos utilizados por Lowell.

Claro, mesmo depois que os telescópios melhoraram, ninguém conseguiu reproduzir os achados de Lowell. E o episódio é hoje lembrado como um caso em que o impulso para acreditar solapou a necessidade de obter dados acurados e responsáveis. E, curiosamente, foi só no século XXI que alguém conseguiu explicar o que se passava no Observatório Lowell.

Um optometrista de Saint Paul, no Minnesota, chamado Sherman Schultz escreveu uma carta em resposta a um artigo na publicação de julho de 2002 da revista *Sky and Telescope*. Schultz apontava que o equipamento óptico que Lowell preferia usar para ver a superfície de Vênus era semelhante à engenhoca utilizada para examinar o interior dos olhos dos pacientes. Depois de procurar algumas segundas opiniões, o autor estabeleceu que aquilo que Lowell via em Vênus era na realidade a rede de sombras criadas na própria retina de Lowell pelos seus vasos sanguíneos oculares. Quando se compara o diagrama dos raios de Lowell com um diagrama do olho, os dois se equivalem, cada canal correspondendo a um vaso sanguíneo. E, quando se combina o fato infeliz de que Lowell padecia de hipertensão – o que aparece claramente nos vasos sanguíneos dos globos oculares – com sua vontade de acreditar, não é surpreendente que ele tenha rotulado Vênus e Marte como lugares apinhados de habitantes inteligentes e tecnologicamente capazes.

Ai! Lowell se saiu apenas um pouquinho melhor com sua busca do Planeta X, um planeta que se julgava estar além de Netuno. O Planeta X não existe, como o astrônomo E. Myles Standish Jr. demonstrou definitivamente em meados da década de 1990. Mas Plutão, descoberto no Observatório Lowell em fevereiro de 1930, uns treze anos depois da morte de Lowell, serviu como uma bela aproximação da meta por algum tempo. Nas semanas em torno da grande comunicação do observatório, entretanto, alguns astrônomos já tinham começado a debater se ele deveria ser classificado como o nono planeta. Dada nossa decisão de apresentar Plutão antes como um cometa que como um planeta no Centro Rose para a Terra e o Espaço, eu próprio me tornei uma parte involuntária desse debate, e posso lhes assegurar que ele ainda não amainou. Asteroide, planetoide, planetesimal, planetesimal grande, planetesimal glacial, planeta menor, planeta anão, cometa gigante, objeto do Cinturão de Kuiper, objeto transnetuniano, bola de neve de metano, o cachorro abobado do Mickey – tudo menos o número nove, afirmamos nós, os do contra. Plutão é pequeno demais, leve demais, glacial demais, excêntrico demais na sua órbita, malcomportado demais. E, por sinal, afirmamos o mesmo sobre os recentes concorrentes de grande destaque, inclusive os três ou quatro objetos descobertos além de Plutão que rivalizam com ele em tamanho e em maneiras à mesa.

O tempo e a tecnologia avançaram. Veio a década de 1950, e as observações das ondas de rádio e a melhor fotografia revelaram fatos fascinantes sobre os planetas. Na década de 1960, as pessoas e os robôs tinham saído da Terra para tirar fotos familiares dos planetas. E, a cada novo fato e fotografia, a cortina da ignorância se erguia um pouquinho.

Vênus, com o nome da deusa da beleza e do amor, revelou possuir uma atmosfera espessa, quase opaca, composta principalmente de dióxido de carbono, exercendo uma pressão de quase 100 vezes a existente ao nível do mar na Terra. Ainda pior, a temperatura do ar na superfície chega perto de 482 graus Celsius. Em Vênus, você poderia cozinhar uma pizza de pepperoni de 40 centímetros em sete segundos, simplesmente mantendo-a no ar. (Sim, fiz as contas.) Essas condições extremas apresentam grandes desafios para a exploração espacial, porque quase tudo o que você puder imaginar para enviar a Vênus será esmagado, derretido ou vaporizado em um ou dois instantes. Assim, você tem de ser à prova de calor ou apenas muito rápido para poder coletar dados desse lugar abandonado.

Por sinal, não é por acaso que Vênus é quente. O planeta sofre com um efeito estufa induzido pelo dióxido de carbono na sua atmosfera, que prende a energia infravermelha. Assim, embora os topos das nuvens de Vênus reflitam a maior parte da luz visível que chega do Sol, as rochas e os solos no chão absorvem o pouquinho que consegue atravessar a barreira. Esse mesmo terreno então torna a irradiar a luz visível como infravermelha, que passa a se aglomerar no ar, acabando por gerar – e agora manter – um extraordinário forno de pizza.

Por sinal, se encontrássemos formas de vida sobre Vênus, nós as chamaríamos provavelmente de venusianas, assim como as pessoas de Marte seriam marcianas. Mas, segundo as regras dos genitivos latinos, ser "de Vênus" deveria fazer de alguém um venéreo. Infelizmente, os médicos encontraram essa palavra antes dos astrônomos. Não podemos culpá-los por isso, suponho. A doença venérea veio muito antes da astronomia, que se mantém apenas como a *segunda* profissão mais antiga.

O resto do sistema solar continua a se tornar mais familiar a cada dia. A primeira nave espacial a voar por Marte foi a *Mariner 4*, em 1965, e ela nos enviou os primeiros *close-ups* do Planeta Vermelho. Apesar das loucuras de Lowell, antes de 1965 ninguém sabia como era a superfície marciana, a não ser que o planeta era avermelhado, tinha calotas polares glaciais e apresentava manchas mais escuras e mais claras. Ninguém sabia que o planeta tinha montanhas ou um sistema de cânions enormemente mais largo, mais profundo e mais longo que o Grand Canyon. Ninguém sabia que ele tinha vulcões enormemente maiores que o maior vulcão da Terra – o Mauna Kea, no Havaí –, mesmo quando se mede sua altura a partir do fundo do oceano.

Tampouco existe escassez de evidências de que água líquida outrora fluiu sobre a superfície marciana: o planeta tem leitos de rio sinuosos (secos) tão longos e largos quanto o Amazonas, deltas de rio (secos) e planícies aluviais (secas). Os robôs andarilhos da exploração de Marte, avançando centímetro a centímetro pela superfície poeirenta eivada de rochas, confirmaram a presença, na superfície, de minerais que se formam apenas na presença de água. Sim, há sinais de água por toda parte, mas nem uma gota para beber.

Algo de muito ruim aconteceu tanto em Marte como em Vênus. Poderia acontecer algo muito ruim também na Terra? A nossa espécie gira atualmente um grande botão de controle ambiental, sem muita consideração pelas consequências de longo prazo. Quem sequer sabia formular essas questões sobre a Terra, antes que o estudo de Marte e Vênus, nossos vizinhos mais próximos no espaço, nos forçasse a olhar para nós mesmos?

Obter uma visão melhor dos planetas mais distantes requer sondas espaciais. As primeiras naves espaciais a saírem do sistema solar foram a *Pioneer 10*, lançada em 1972, e sua nave gêmea *Pioneer 11*, lançada em 1973. Ambas passaram por Júpiter dois anos mais tarde, perfazendo uma grandiosa viagem ao longo do caminho. Estarão em breve a 16 bilhões de quilômetros da Terra, mais do que duas vezes a distância até Plutão.

Quando foram lançadas, entretanto, as *Pioneer 10* e *11* não tinham suprimento suficiente de energia para ir muito além de Júpiter. Como é que se consegue levar uma nave espacial além da meta prevista pelo seu suprimento de energia? Aponta-se a nave espacial para a meta, disparam-se os foguetes, e depois é só deixar que ela vá navegando, caindo nas correntes de forças gravitacionais geradas por tudo o que existe no sistema solar. E, como os astrofísicos mapeiam as trajetórias com precisão, as sondas podem ganhar energia de múltiplas manobras de estilingue que roubam energia orbital dos planetas visitados. Os estudiosos da dinâmica orbital se tornaram tão bons nessas assistências da gravidade que deixam muitos craques em bilhar morrendo de inveja.

As *Pioneer 10* e *11* remeteram fotos melhores de Júpiter e Saturno do que jamais fora possível a partir da superfície da Terra. Mas foram as naves espaciais gêmeas *Voyager 1* e *2* – lançadas em 1977 e equipadas com um conjunto de experimentos científicos e dispositivos para gravar imagens – que transformaram os planetas exteriores em ícones. As *Voyager 1* e *2* trouxeram o sistema solar para as salas de estar de toda uma geração de cidadãos do mundo. Um dos presentes inesperados dessas expedições foi a revelação de que as luas dos planetas exteriores são tão diferentes umas das outras, e tão fascinantes, quanto os próprios planetas. Por isso aqueles satélites planetários foram promovidos de pontos de luz aborrecidos a mundos dignos de nossa atenção e afeto.

Enquanto escrevo, o orbitador *Cassini* da NASA continua a girar ao redor de Saturno, num profundo estudo do próprio planeta, de seu admirável sistema de anéis e de suas muitas luas. Tendo chegado à vizinhança de Saturno depois de uma assistência gravitacional de "quatro--ricochetes", a *Cassini* liberou com sucesso uma sonda filha chamada *Huygens*, projetada pela Agência Espacial Europeia e nomeada em homenagem a Christiaan Huygens, o astrônomo holandês que primeiro identificou os anéis de Saturno. A sonda desceu e entrou na atmosfera do maior satélite de Saturno, Titã – a única lua no sistema solar que sabemos ter uma atmosfera densa. A química da superfície de Titã, rica em moléculas orgânicas, talvez seja o melhor análogo que temos para a Terra primitiva prebiótica. Outras missões complexas da NASA estão sendo planejadas para realizar o mesmo para Júpiter, permitindo um estudo prolongado do planeta e suas mais de setenta luas.

Em 1584, em seu livro *De l'infinito universo e mondi* [Acerca do infinito, do universo e dos mundos], o monge e filósofo italiano Giordano Bruno propôs a existência de "inumeráveis sóis" e "inumeráveis Terras [que] giram ao redor desses sóis". Além disso, ele afirmava, baseando-se na premissa de um Criador glorioso e onipotente, que cada uma dessas Terras tem habitantes vivos. Por esses e outros delitos blasfemos relacionados, Bruno foi queimado na fogueira por ordem da Igreja Católica.

Mas Bruno não foi o primeiro nem o último a propor uma versão dessas ideias. Seus predecessores abrangem desde o filósofo grego do século V a.C. Demócrito até o cardeal do século XV Nicolau de Cusa. Seus sucessores incluem personalidades como o filósofo do século XVIII Immanuel Kant e o romancista do século XIX Honoré de Balzac. Bruno teve apenas o azar de nascer numa época em que uma pessoa podia ser executada por esses pensamentos.

Durante o século XX, os astrônomos calcularam que poderia existir vida em outros planetas, assim como existe sobre a Terra, apenas se esses planetas orbitassem sua estrela hospedeira dentro da "zona habitável" – uma faixa de espaço nem perto demais, porque a água evaporaria, nem longe demais, porque a água congelaria. Não há dúvida de que a vida, como a conhecemos, requer água líquida, mas todo mundo tinha acabado de admitir que a vida também necessitava de luz estelar como sua fonte básica de energia.

Então veio a descoberta de que as luas de Júpiter, Io e Europa, entre outros objetos no sistema solar exterior, são aquecidas por outras fontes de energia que não o Sol. Io é o lugar mais vulcanicamente ativo do sistema solar, vomitando gases sulfurosos em sua atmosfera e derramando lava à esquerda e à direita. Europa tem quase certamente um profundo oceano de água líquida de 1 bilhão de anos embaixo de sua crosta congelada. Em ambos os casos, a pressão das marés de Júpiter sobre as luas sólidas bombeia energia para seus interiores, derretendo gelo e dando origem a ambientes que poderiam sustentar vida independente da energia solar.

Mesmo bem aqui sobre a Terra, novas categorias de organismos, chamados coletivamente de extremófilos, prosperam em condições adversas aos seres humanos. O conceito de uma zona habitável incorporava um viés inicial de que a temperatura ambiente seria perfeita para a vida. Mas alguns organismos gostam de banheiras aquecidas a várias centenas de graus e acham a temperatura ambiente francamente hostil. Para eles, nós somos os extremófilos. Muitos lugares da Terra antes considerados supostamente inabitáveis são chamados de lar por essas criaturas: o fundo do vale da Morte, as bocas de respiradouros quentes no fundo do oceano e os sítios de rejeitos nucleares, para citar apenas alguns.

Armados com o conhecimento de que a vida pode aparecer em lugares vastamente mais diversos do que antes se imaginava, os astrobiólogos têm ampliado o conceito anterior, e mais restrito, de uma zona habitável. Hoje sabemos que essa zona deve abranger a resistência recém-descoberta da vida microbiana, bem como a série de fontes de energia que podem sustentá-la. E, como Bruno e outros tinham suspeitado, a lista de exoplanetas confirmados continua a crescer rapidamente. Esse número passou agora de 150[1] – todos descobertos mais ou menos na última década.

Mais uma vez ressuscitamos a ideia de que a vida poderia estar em toda parte, assim como nossos ancestrais tinham imaginado. Mas hoje em dia consideramos essa ideia sem correr o risco de sermos imolados, e com o conhecimento recém-descoberto de que a vida é resistente e de que a zona habitável pode ser tão grande quanto o próprio universo.

---

[1] Esta informação é da época em que o livro foi publicado originalmente nos Estados Unidos. Atualmente, esse número chega a quase 3 mil. (N. E.)

OITO

OS VAGABUNDOS DO SISTEMA SOLAR

Por centenas de anos, o inventário de nossa vizinhança celeste era totalmente estável. Incluía o Sol, as estrelas, os planetas, um punhado de luas planetárias e os cometas. Mesmo a adição de um ou dois planetas à lista não mudava a organização básica do sistema.

Mas no dia de Ano-Novo de 1801 surgiu uma nova categoria: os asteroides, assim chamados em 1802 pelo astrônomo inglês Sir John Herschel, filho de Sir William, o descobridor de Urano. Durante os dois séculos seguintes, o álbum de família do sistema solar tornou-se abarrotado de dados, fotografias e histórias da vida de asteroides, à medida que os astrônomos localizavam grandes números desses corpos aparentemente errantes, identificavam seu habitat, avaliavam seus ingredientes, estimavam seus tamanhos, mapeavam suas formas, calculavam suas órbitas e forçavam sondas a se espatifar em pousos sobre eles. Alguns investigadores também sugeriram que os asteroides são parentes dos cometas e até das luas planetárias. E neste exato momento alguns astrofísicos e engenheiros estão tramando métodos para desviar quaisquer asteroides grandes que possam estar planejando uma visita indesejada.

Para compreender os pequenos objetos de nosso sistema solar, deve-se olhar primeiro para os grandes, especificamente para os planetas. Um fato curioso sobre os planetas é captado numa regra matemática bastante simples, proposta em 1766 por um astrônomo prussiano chamado Johann Daniel Titius. Alguns anos mais tarde, o colega de Titius, Johann Elert Bode, sem dar o crédito a Titius, começou a divulgar a regra, e até os dias de hoje ela é frequentemente chamada de lei de Titius-Bode, ou até, eliminando por completo a contribuição de Titius, de lei de Bode. Sua fórmula de fácil manejo produzia estimativas bastante boas para as distâncias entre os planetas e o Sol, pelo menos para aqueles conhecidos à época: Mercúrio, Vênus, Terra, Marte, Júpiter e Saturno. Em 1781, o conhecimento disseminado da lei de Titius-Bode ajudou realmente a abrir o caminho para a descoberta de Netuno, o oitavo planeta do Sol. Impressionante. Assim, ou a lei é apenas uma coincidência ou ela incorpora algum fato fundamental sobre como se formam os sistemas solares.

Mas não é de todo perfeita.

Problema número 1: é preciso trapacear um pouco para conseguir a distância correta para Mercúrio, inserindo um zero onde a fórmula exige 1,5. Problema número 2: descobre-se que Netuno, o oitavo planeta, está muito mais longe do que a fórmula prediz, orbitando mais ou menos onde estaria um nono planeta. Problema número 3: Plutão, que algumas pessoas persistem em chamar de nono planeta[2], fica muito fora da escala aritmética, como tanta outra coisa perto do lugar.

A lei também colocaria um planeta orbitando no espaço entre Marte e Júpiter – a cerca de 2,8 unidades astronômicas[3] do Sol. Encorajados pela descoberta de Urano mais ou menos na distância em que Titius-Bode disse que estaria o planeta, alguns astrônomos do final do século XVIII acharam que seria uma boa ideia verificar a zona ao redor de 2,8 UA. E certamente, no dia de Ano-Novo de 1801,

---

[2] Conforme nossas exposições no Centro Rose para a Terra e o Espaço na cidade de Nova York, pensamos no Plutão glacial como um dos "reis dos cometas", um título informativo que Plutão certamente aprecia mais do que "o planeta mais insignificante". (N. T.)
[3] Uma unidade astronômica, abreviada UA, é a distância média entre a Terra e o Sol. (N. T.)

o astrônomo italiano Giuseppe Piazzi, fundador do Observatório de Palermo, descobriu alguma coisa ali. A seguir o objeto desapareceu atrás do clarão do Sol, mas exatamente um ano mais tarde, com a ajuda de computações brilhantes do matemático alemão Carl Friedrich Gauss, ele foi redescoberto numa parte diferente do céu. Todo mundo estava excitado: um triunfo da matemática e um triunfo dos telescópios tinham aberto o caminho para a descoberta de um novo planeta. O próprio Piazzi lhe deu o nome de Ceres (como em "cereal"), em homenagem à deusa romana da agricultura, mantendo a tradição de nomear os planetas em referência a antigas deidades romanas.

Mas quando os astrônomos olharam com um pouco mais de atenção, e calcularam uma órbita, uma distância e uma luminosidade para Ceres, descobriram que seu novo "planeta" era pequenininho. Dentro de mais alguns anos outros três planetas diminutos – Palas, Juno e Vesta – foram descobertos na mesma zona. Levou algumas décadas, mas o termo de Herschel "asteroides" (literalmente corpos "semelhantes a estrelas") acabou pegando, porque, ao contrário dos planetas, que apareciam nos telescópios da época como discos, os objetos recém-descobertos só podiam ser distinguidos das estrelas pelo seu movimento. Outras observações revelaram uma proliferação de asteroides, e, ao findar o século XIX, 464 deles tinham sido descobertos dentro e ao redor da faixa de bens e propriedades celestes a 2,8 UA. E como a faixa mostrou ser uma tira relativamente chata e não se espalhava ao redor do Sol em toda direção como abelhas ao redor de uma colmeia, a zona tornou-se conhecida como o cinturão de asteroides.

A esta altura, muitas dezenas de milhares de asteroides foram catalogados, com outras centenas sendo descobertas a cada ano. Na sua totalidade, por algumas estimativas, mais de 1 milhão medem 800 metros de diâmetro ou mais. Ao que se sabe, ainda que os deuses e deusas romanos tenham levado vidas sociais complicadas, eles não possuíam 10 mil amigos, e assim os astrônomos tiveram de desistir dessa fonte de nomes há muito tempo. Agora os asteroides podem ser nomeados em homenagem a atores, pintores, filósofos e dramaturgos; cidades, países, dinossauros, flores, estações e toda sorte de miscelânea. Até pessoas comuns têm asteroides com o seu nome. Harriet, Jo-Ann e Ralph têm cada um o seu asteroide: são chamados 1744 Harriet, 2316 Jo-Ann e 5051 Ralph, com o número indicando a sequência em que a órbita de cada asteroide se tornou firmemente estabelecida. David H. Levy, um astrônomo amador nascido no Canadá que, além de ser o padroeiro dos caçadores de cometas, descobriu também muitos asteroides, teve a gentileza de pegar um asteroide de seu estoque e lhe dar o meu nome, 13123 Tyson. Ele fez esse gesto pouco depois que abrimos nosso Centro Rose para a Terra e o Espaço de US$240 milhões, projetado unicamente para trazer o universo até a Terra. Fiquei profundamente comovido pelo gesto de David, e aprendi rapidamente, a partir dos dados orbitais do 13123 Tyson, que ele se desloca entre a maioria dos outros, no principal cinturão de asteroides, e não cruza a órbita da Terra, não expondo a vida sobre o nosso planeta ao risco de extinção. É apenas apropriado checar esse tipo de coisa.

Apenas Ceres – o maior dos asteroides, com cerca de 933 quilômetros de diâmetro – é esférico. Os outros são fragmentos escarpados, muito menores, em forma de ossos para cães ou de batatas de Idaho. Curiosamente, Ceres sozinho é responsável por cerca de um quarto da massa total dos asteroides. E se somamos as massas de todos os asteroides grandes o suficiente para serem vistos, mais todos os asteroides menores cuja existência pode ser extrapolada dos dados, não chegamos nem perto da massa equivalente à de um planeta. Chegamos a uns 5 por cento da massa da lua da Terra. Assim, a predição de Titius-Bode de que um robusto planeta se acha escondido a 2,8 UA era um pouquinho exagerada.

Em sua maioria os asteroides são compostos inteiramente de rocha, embora alguns sejam inteiramente metal e outros uma mistura de ambos; a maioria habita o que é frequentemente chamado de cinturão principal, uma zona entre Marte e Júpiter. Os asteroides são em geral descritos como formados de material que sobrou dos primeiros dias do sistema solar – material que nunca chegou a ser incorporado num planeta. Mas essa explicação é incompleta na melhor das hipóteses e não explica o fato de que alguns asteroides sejam puro metal. Para compreender o que acontece, deve-se primeiro considerar como se formaram os objetos maiores do sistema solar.

Os planetas coalesceram a partir de uma nuvem de gás e poeira enriquecida pelos restos espalhados de explosões de estrelas ricas em elementos. A nuvem em colapso forma um protoplaneta – uma bolha sólida que se torna quente à medida que aglomera mais e mais material. Duas coisas acontecem com os protoplanetas maiores. Primeiro, a bolha tende a assumir a forma de uma esfera. Segundo, seu calor interior mantém o protoplaneta derretido um tempo suficiente para que o material pesado – principalmente ferro, com um pouco de níquel e um borrifo de metais como cobalto, ouro e urânio misturados – afunde para o centro da massa crescente. Enquanto isso, o material leve, muito mais comum – hidrogênio, carbono, oxigênio e silício –, flutua para cima em direção à superfície. Os geólogos (que não temem as palavras compridas) chamam o processo de "diferenciação". Assim, o núcleo de um planeta diferenciado, como a Terra, Marte ou Vênus, é metal; seu manto e sua crosta são principalmente rocha e ocupam um volume muito maior que o núcleo.

Uma vez esfriado, se esse planeta for então destruído – digamos, ao colidir com um de seus colegas planetas –, os fragmentos de ambos continuarão a orbitar o Sol mais ou menos nas mesmas trajetórias dos objetos originais e intactos. A maioria desses fragmentos será rochosa, porque eles provêm das camadas rochosas, externas e espessas dos dois objetos diferenciados, e uma fração será puramente metálica. Na verdade, isso é exatamente o que se tem observado com os asteroides reais. Além disso, um naco de ferro não poderia ter se formado no meio do espaço interestelar, porque os átomos individuais de ferro dos quais ele é feito teriam sido espalhados por todas as nuvens de gás que formaram os planetas, e as nuvens de gás são principalmente hidrogênio e hélio. Para concentrar os átomos de ferro, um corpo fluido primeiro deve ter se diferenciado.

Mas como é que os astrônomos do sistema solar sabem que a maioria dos asteroides do cinturão principal é rochosa? Ou como é que eles conseguem saber alguma coisa, afinal de contas? O principal indicador é a capacidade de um asteroide refletir luz, seu albedo. Os asteroides não emitem luz própria; apenas absorvem e refletem os raios do Sol. O 1744 Harriet reflete ou absorve a luz infravermelha? E que dizer da luz visível? Da ultravioleta? Materiais diferentes absorvem e refletem as várias faixas de luz de modo diferente. Se você está totalmente familiarizado com o espectro da luz solar (assim como estão os astrofísicos), e se você observa cuidadosamente os espectros da luz solar refletida a partir de um asteroide (assim como fazem os astrofísicos), então você pode calcular quanto da luz solar original foi alterado, e assim identificar os materiais que compreendem a superfície do asteroide. E a partir do material, você pode saber quanta luz acaba refletida. A partir desse número e da distância, você pode então estimar o tamanho do asteroide. Em suma, você está tentando explicar a intensidade do brilho de um asteroide no céu: ele poderia ser realmente fosco e grande, ou altamente reflexivo e pequeno, ou alguma coisa entre esses dois extremos, e, sem conhecer a composição não dá para saber a resposta simplesmente olhando para a intensidade de seu brilho.

Esse método da análise espectral conduziu inicialmente a um esquema de classificação simplificado de três grupos, com os asteroides tipo C ricos em carbono, os asteroides tipo S ricos em silicato, e os asteroides tipo M ricos em metal. Mas algumas medições de precisão mais alta geraram desde então uma sopa de letrinhas com uma dúzia de classes, cada uma identificando uma nuança importante da composição do asteroide e revelando múltiplos corpos genitores em vez de um único planeta mãe que fora desmanchado em pedacinhos.

Ao conhecer a composição de um asteroide, você tem alguma segurança de que sabe sua densidade. Curiosamente, algumas medições dos tamanhos de asteroides e de suas massas revelaram densidades menores que a da rocha. Uma explicação lógica seria que aqueles asteroides não eram sólidos. O que mais poderia estar misturado ali dentro? Gelo, talvez? Pouco provável. O cinturão de asteroides está bastante perto do Sol, de modo que qualquer espécie de gelo (água, amônia, dióxido de carbono) – todos com densidade abaixo da encontrada na rocha – teria evaporado há muito tempo em virtude do calor do Sol. Talvez o que está misturado seja espaço vazio, com todas as pedras e escombros se movendo juntos.

Os primeiros dados de observação que apoiaram essa hipótese apareceram em imagens do asteroide Ida, de 56 quilômetros de comprimento, fotografado pela sonda espacial *Galileu* durante seu sobrevoo em 28 de agosto de 1993. Meio ano mais tarde, foi descoberto um pontinho a uns 96 quilômetros do centro de Ida, que revelou ser uma lua em forma de seixo com 1,6 quilômetro de largura! Chamado de Dactyl, foi o primeiro satélite jamais visto orbitando um asteroide. Os satélites são raros? Se um asteroide pode ter um satélite a orbitá-lo, poderia ter dois, dez ou cem? Em outras palavras, alguns asteroides poderiam vir a se revelar montes de rochas?

A resposta é um sim retumbante. Alguns astrofísicos até diriam que essas "pilhas de entulho", como são agora oficialmente chamados (os astrofísicos mais uma vez preferiram o essencial à prolixidade polissilábica), são provavelmente comuns. Um dos exemplos mais extremos talvez seja Psique, que mede cerca de 241 quilômetros em seu diâmetro total e é reflexivo, o que sugere que sua superfície seja metálica. A partir de estimativas de sua densidade total, entretanto, o seu interior talvez seja mais de 70 por cento de espaço vazio.

Quando estudamos objetos que estão em algum outro lugar que não o principal cinturão de asteroides, logo nos vemos emaranhados com o resto dos vagabundos do sistema solar: asteroides assassinos que cruzam a órbita da Terra, cometas e miríades de luas planetárias. Os cometas são as bolas de neve do cosmos. Em geral não têm mais de alguns quilômetros de extensão, são compostos de uma mistura de gases congelados, água congelada, poeira e uma miscelânea de partículas. De fato, eles podem ser simplesmente asteroides com um manto de gelo que nunca evaporou completamente. A questão de determinar se um dado fragmento é um asteroide ou um cometa poderia se resumir a saber onde foi formado e onde tem estado. Antes que Newton publicasse seu *Principia* em 1687, no qual estabeleceu as leis universais da gravitação, ninguém fazia ideia de que os cometas viviam e viajavam entre os planetas, fazendo suas rondas para dentro e para fora do sistema solar em órbitas altamente alongadas. Alguns fragmentos gelados que se formaram nos confins do sistema solar, quer no Cinturão de Kuiper, quer mais além, permanecem embebidos em gelo e, se descobertos num caminho alongado característico rumo ao Sol, mostrarão uma cauda rarefeita, mas altamente visível, de vapor de água e outros gases voláteis ao viajar dentro da órbita de Júpiter. Por fim, depois de muitas visitas ao sistema solar interior (poderiam ser centenas ou até milhares de visitas), esse cometa pode perder todo o seu gelo, acabando como uma rocha nua. Na verdade, entre os asteroides que percorrem órbitas que cruzam a da Terra, alguns – se não todos – podem ser cometas "esgotados", cujo núcleo sólido permanece para nos assombrar.

Depois há os meteoritos, fragmentos cósmicos voadores que aterrissam na Terra. O fato de que, como os asteroides, a maioria dos meteoritos é feita de rocha e ocasionalmente de metal leva a crer com bastante força que o cinturão de asteroides é sua região de origem. Aos geólogos planetários que estudaram o crescente número de asteroides conhecidos, tornou-se claro que nem todas as órbitas provinham do principal cinturão de asteroides.

Como Hollywood gosta de nos lembrar, algum dia um asteroide (ou um cometa) pode colidir com a Terra, mas essa probabilidade só foi reconhecida como real em 1963, quando o astrogeólogo Eugene M. Shoemaker demonstrou definitivamente que a imensa Cratera do Meteoro Barringer, de 50 mil anos, perto de Winslow, no Arizona, só poderia ter resultado do impacto de um meteorito, e não de vulcanismo ou de quaisquer outras forças geológicas com origem na Terra.

Como veremos com mais detalhes na Seção 6, a descoberta de Shoemaker desencadeou uma nova onda de curiosidade sobre a interseção da órbita da Terra com a dos asteroides. Na década de 1990, as agências espaciais começaram a rastrear objetos próximos à Terra – cometas e asteroides cujas órbitas, como a NASA polidamente se expressa, "permitem que eles entrem na vizinhança da Terra".

O planeta Júpiter desempenha um papel poderoso nas vidas dos asteroides mais distantes e nas de seus irmãos. Um ato de equilíbrio gravitacional entre Júpiter e o Sol coletou famílias de asteroides 60 graus à frente de Júpiter em sua órbita solar, e 60 graus atrás de Júpiter, cada grupo formando um triângulo equilátero com Júpiter e o Sol. Os cálculos da geometria colocam os asteroides a uma distância de 5,2 UA tanto de Júpiter como do Sol. Esses corpos capturados são conhecidos como asteroides troianos, e ocupam formalmente o que é denominado pontos lagrangeanos no espaço. Como veremos no próximo capítulo, essas regiões atuam como raios tratores, agarrando-se a asteroides que passam por elas.

Júpiter também desvia muitos cometas que se dirigem para a Terra. A maioria dos cometas se acha no Cinturão de Kuiper, que começa a partir da órbita de Plutão e estende-se muito além dela. Mas qualquer cometa suficientemente ousado para passar perto de Júpiter vai ser lançado numa nova direção. Se não fosse por Júpiter como guardião da trincheira, a Terra teria sido abalroada por cometas com uma frequência muito maior do que tem sido. De fato, a Nuvem de Oort, que é uma imensa população de cometas no sistema solar exterior extremo, nomeada em homenagem a Jan Oort, o astrônomo dinamarquês que foi o primeiro a propor sua existência, é composta, segundo considerações amplamente disseminadas, de cometas do Cinturão de Kuiper que Júpiter arremessou aqui e acolá. Na verdade, as órbitas dos cometas da Nuvem de Oort se estendem até meio caminho das estrelas mais próximas.

E que dizer das luas planetárias? Algumas parecem asteroides capturados, como Fobos e Deimos, as pequenas e pálidas luas de Marte em forma de batatas. Mas Júpiter tem várias luas glaciais. Deveriam ser classificadas como cometas? E uma das luas de Plutão, Caronte, não é muito menor que o próprio Plutão. E ambos são glaciais. Assim, talvez devessem ser considerados um cometa duplo. Estou certo de que Plutão não se importaria com mais essa interpretação.

As espaçonaves têm explorado mais ou menos uma dúzia de cometas e asteroides. A primeira a realizar essa proeza foi a sonda norte-americana robótica do tamanho de um carro *NEAR Shoemaker* (NEAR é o acrônimo inteligente para Near Earth Asteroid Rendezvous [rendez-vous, ou encontro, com asteroide perto da Terra]), que visitou o asteroide próximo Eros, não por acaso pouco antes do Dia dos Namorados de 2001. A sonda pousou no asteroide a apenas 6,5 quilômetros por hora e, com os instrumentos intactos, continuou inesperadamente a remeter dados por duas semanas depois do pouso, tornando os geólogos planetários capazes de dizer com alguma segurança que Eros, com 34 quilômetros de comprimento, é um objeto consolidado, indiferenciado, em vez de uma pilha de entulho.

Entre as missões ambiciosas subsequentes está a *Stardust*, que voou através da coma, ou nuvem de poeira, que circunda o núcleo de um cometa, de modo que conseguiu capturar um enxame de partículas minúsculas na sua grade coletora de aerogel. A meta da missão era, simplesmente, descobrir que tipos de poeira espacial existem lá fora e coletar as partículas sem estragá-las. Para realizar essa tarefa, a NASA usou uma substância estranha e maravilhosa chamada aerogel, a coisa mais semelhante a um fantasma que já foi inventada. É um emaranhado seco e esponjoso de silício que consiste em 99,8 por cento de nada. Quando uma partícula bate nesse emaranhado a velocidades hipersônicas, ela perfura seu caminho e aos poucos vem a parar, intacta. Se você tentasse deter o mesmo grão de poeira com uma luva de beisebol, ou com qualquer outra coisa, a poeira em alta velocidade bateria na superfície e se vaporizaria ao parar abruptamente.

A Agência Espacial Europeia está também lá fora explorando os cometas e os asteroides. A nave espacial *Rosetta*, numa missão de doze anos, vai explorar um único cometa por dois anos, acumulando mais informações colhidas de perto do que jamais foi feito, e depois seguirá adiante para explorar alguns asteroides no cinturão principal.[4]

Cada um desses encontros episódicos procura reunir informações altamente específicas que possam nos contar sobre a formação e a evolução do sistema solar, sobre os tipos de objetos que o povoam, sobre a possibilidade de que moléculas orgânicas tenham sido transferidas para a Terra durante impactos ou sobre o tamanho, a forma e a solidez dos objetos próximos à Terra. E, como sempre, a compreensão profunda não provém do grau de perfeição na descrição de um objeto, mas de como esse objeto se conecta com o corpo mais amplo de conhecimento adquirido e sua fronteira móvel. Para o sistema solar, essa fronteira móvel é a busca de outros sistemas solares. O que os cientistas querem

---

[4] A sonda Rosetta entrou em órbita do cometa 67P/Churyumov-Gerasimenko em agosto de 2014 e em novembro do mesmo ano liberou a sonda Philae, que pousou em seu núcleo. Ambas as naves permanecem estudando o cometa, mas apenas a Rosetta está avita. (N. E.)

obter a seguir é uma comparação completa entre as configurações que nós, os exoplanetas e os vagabundos deixamos transparecer. Somente dessa maneira ficaremos sabendo se nossa vida na Terra é normal ou se vivemos numa família solar disfuncional.

NOVE

OS CINCO PONTOS DE LAGRANGE

A primeira nave espacial tripulada a sair da órbita da Terra foi a *Apollo 8*. Essa realização continua a ser um dos eventos pioneiros mais extraordinários, mas não proclamados, do século XX. Quando chegou a hora, os astronautas dispararam o terceiro e último estágio de seu potente foguete *Saturn V*, lançando rapidamente o módulo de comando e seus três ocupantes para o alto do espaço a uma velocidade de quase 11 quilômetros por segundo. Metade da energia para chegar até a Lua tinha sido gasta apenas para alcançar a órbita da Terra.

Os motores já não eram necessários depois do disparo do terceiro estágio, exceto por algum ajuste a meio caminho de que a trajetória talvez precisasse para assegurar que os astronautas não perdessem inteiramente o rumo para a Lua. Ao longo de 90 por cento de sua viagem de quase 400 mil quilômetros, o módulo de comando diminuiu aos poucos a velocidade enquanto a gravidade da Terra continuava a puxar, mas sempre mais fracamente, na direção oposta. Enquanto isso, à medida que os astronautas se aproximavam da Lua, a força da gravidade lunar se tornava cada vez mais forte. Deve existir um lugar, ao longo da rota, no qual as forças opostas da Lua e da Terra se equilibrem com precisão. Quando o módulo de comando atravessou esse ponto no espaço, sua velocidade tornou a aumentar enquanto acelerava na direção da Lua.

Se a gravidade fosse a única força com que se poderia contar, então esse local seria o único lugar no sistema Terra-Lua onde as forças opostas se cancelariam uma à outra. Mas a Terra e a Lua também orbitam um centro comum de gravidade, que se acha cerca de 1.600 quilômetros abaixo da superfície da Terra, ao longo de uma linha imaginária que conecta os centros da Lua e da Terra. Quando se movem em círculos de qualquer tamanho e a qualquer velocidade, os objetos criam uma nova força, que empurra para fora, para longe do centro de rotação. O corpo sente essa força "centrífuga", quando você faz uma curva fechada com seu carro ou quando você sobrevive a atrações do parque de diversão que giram em círculos. Num exemplo clássico desses passeios nauseantes, você se mantém em pé, de costas contra um grande disco. À medida que a geringonça se põe a girar, rodando cada vez mais rápido, você sente uma força cada vez mais forte prendendo-o contra a parede. Nas velocidades máximas, você mal pode se mover contra a força. É o exato momento em que tiram o chão de baixo de seus pés e viram a engenhoca para os lados e de cabeça para baixo. Quando era criança e andei num desses brinquedos, a força era tão grande que eu mal conseguia mover os dedos, que estavam presos à parede juntamente com todo o resto de meu corpo.

Se você realmente se sentisse mal numa experiência dessas e virasse a cabeça para o lado, o vômito sairia voando numa tangente. Ou poderia acabar grudado na parede. Pior ainda, se não virasse a cabeça, o vômito talvez não saísse de sua boca por causa das forças centrífugas extremas atuando na direção oposta. (Pensando bem, não tenho visto esse tipo de brinquedo em nenhum lugar nos últimos tempos. Eu me pergunto se não foram proibidos por lei.)

As forças centrífugas surgem como a simples consequência da tendência de um objeto a seguir em linha reta depois de ser posto em movimento, e, assim, não são verdadeiramente forças. Mas você pode fazer cálculos com elas, como se fossem. Quando realizamos esses cálculos, como fez o brilhante matemático francês do século XVIII Joseph-Louis Lagrange (1736-1813), descobrimos locais no sistema Terra-Lua rotativo em que a gravidade da Terra, a gravidade da Lua e as forças centrífugas do sistema rotativo se equilibram. Essas localizações especiais são conhecidas como pontos de Lagrange. E eles são cinco.

O primeiro ponto de Lagrange (chamado afetuosamente de L1) está entre a Terra e a Lua, um pouco mais perto da Terra do que o ponto de puro equilíbrio gravitacional. Qualquer objeto colocado nesse ponto pode orbitar o centro de gravidade Terra-Lua com o mesmo período mensal da Lua e parecerá estar fixado em seu lugar ao longo da linha Terra-Lua. Embora todas as forças ali se cancelem, esse primeiro ponto lagrangeano é um equilíbrio precário. Se o objeto se desvia para o lado em qualquer direção, o efeito combinado das três forças o recolocará em sua posição anterior. Mas, se o objeto se move diretamente para perto ou para longe da Terra, ainda que muito pouco, vai cair irreversivelmente para a Terra ou para a Lua, como um pedaço de mármore mal equilibrado no topo de um morro íngreme, quase a ponto de rolar encosta abaixo para um lado ou para o outro.

O segundo e o terceiro pontos lagrangeanos (L2 e L3) também estão na linha Terra-Lua, mas desta vez L2 se acha muito além do lado distante da Lua, enquanto L3 está muito além da Terra na direção oposta. Mais uma vez, as três forças – a gravidade da Terra, a gravidade da Lua e a força centrífuga do sistema rotativo – se cancelam de comum acordo. E, mais uma vez, um objeto colocado em qualquer um dos dois pontos pode orbitar o centro de gravidade Terra-Lua com o mesmo período mensal da Lua.

Os cumes gravitacionais representados por L2 e L3 são muito mais amplos do que o representado em L1. Assim, se você se descobre baixando para a Terra ou para a Lua, basta um diminuto investimento de combustível para levá-lo de volta ao lugar onde estava.

Embora L1, L2 e L3 sejam lugares respeitáveis do espaço, o prêmio para os melhores pontos lagrangeanos deve ir para L4 e L5. Um deles está muito longe à esquerda da linha do centro Terra-Lua, enquanto o outro se acha muito longe à direita, cada um representando um vértice de um triângulo equilátero, com a Terra e a Lua servindo como os outros vértices.

Em L4 e em L5, assim como acontece com seus primeiros três irmãos, todas as forças se equilibram. Mas, ao contrário dos outros pontos lagrangeanos, que só possuem um equilíbrio instável, os equilíbrios em L4 e em L5 são estáveis; independentemente da direção em que você se inclinar ou da direção para onde seguir, as forças impedem que você se incline mais além, como se estivesse num vale cercado por morros.

Para cada um dos pontos lagrangeanos, se o objeto não estiver localizado exatamente onde todas as forças se cancelam, sua posição oscilará ao redor do ponto de equilíbrio em caminhos chamados librações. (Não confundir com os lugares específicos na superfície da Terra em que a mente oscila por libações ingeridas.) Essas librações são equivalentes ao balanço para a frente e para trás que uma bola realizará depois de rolar morro abaixo e passar do vale.

Mais do que apenas curiosidades orbitais, L4 e L5 representam lugares especiais onde se poderiam construir e estabelecer colônias espaciais. Tudo o que se precisa fazer é transportar matérias-primas de construção para a área (extraídas não só da Terra, mas talvez da Lua ou de um asteroide), deixá-las ali sem risco de se extraviarem e retornar mais tarde com mais suprimentos. Depois que todas as matérias-primas fossem reunidas nesse ambiente de gravidade zero, poderíamos construir uma enorme estação espacial – de dezenas de quilômetros de extensão – com muito pouco estresse sobre os materiais de construção. E, ao girar a estação, as forças centrífugas induzidas poderiam simular a gravidade para as centenas (ou milhares) de residentes. Os entusiastas do espaço Keith e Carolyn Henson fundaram a "Sociedade L5" em agosto de 1975 exatamente para esse fim, embora essa associação seja mais lembrada por reverberar as ideias do professor de física de Princeton e visionário espacial Gerard K. O'Neill, que promoveu a habitação espacial em seus escritos como o clássico de 1976, *The High Frontier: Human Colonies in Space* [A fronteira alta: Colônias humanas no espaço]. A Sociedade L5 foi fundada com base num princípio orientador: "encerrar a Sociedade num comício monstro em L5", presumivelmente dentro de um habitat espacial, declarando com isso "missão cumprida". Em abril de 1987, a Sociedade L5 se fundiu com o National Space Institute (Instituto Nacional do Espaço) para se tornar a National Space Society (Sociedade Nacional do Espaço), que continua a existir até os dias de hoje.

A ideia de localizar uma grande estrutura em pontos de libração apareceu já em 1961 num romance de Arthur C. Clarke, *A Fall of Moondust* [A queda da poeira lunar]. Clarke não desconhecia as órbitas especiais. Em 1945, ele foi o primeiro a calcular, num memorando datilografado de quatro páginas, a localização acima da superfície da Terra em que o período de um satélite corresponde exatamente ao período de 24 horas da rotação da Terra. Um satélite com essa órbita pareceria "pairar" acima da superfície da Terra e servir como estação de transmissão ideal para radiocomunicações de uma nação a outra. Hoje é exatamente o que centenas de satélites de comunicação fazem.

Onde fica esse lugar mágico? Não fica na órbita terrestre baixa. Os ocupantes dessa órbita, como o *Telescópio Espacial Hubble* e a *Estação Espacial Internacional*, levam cerca de noventa minutos para dar uma volta ao redor da Terra. Enquanto isso, os objetos que estão à distância da Lua levam cerca de um mês. Logicamente, deve existir uma distância intermediária em que uma órbita de 24 horas pode ser mantida. Ela existe, e se localiza a 35.888 quilômetros acima da superfície da Terra.

Na realidade, não há nada único sobre o sistema rotativo Terra-Lua. Existe outro conjunto de cinco pontos lagrangeanos para o sistema rotativo Sol-Terra. O ponto L2 Sol-Terra em particular se tornou o predileto dos satélites da astrofísica. Todos os pontos lagrangeanos Sol-Terra orbitam o centro de gravidade Sol-Terra uma vez a cada ano terrestre. A 1,6 milhão de quilômetros da Terra, na direção oposta à do Sol, um telescópio em L2 ganha 24 horas de visão contínua de todo o céu noturno, porque a Terra se encolheu à insignificância. Inversamente, na órbita terrestre baixa, onde se localiza o telescópio *Hubble*, a Terra está tão perto e tão grande no céu que ela bloqueia quase a metade do campo total de visão. A *Sonda de Anisotropia de Micro-Ondas Wilkinson* (nomeada em referência ao falecido físico de Princeton David Wilkinson, um colaborador do projeto) chegou à L2 do sistema Sol-Terra em 2002, e tem se ocupado diligentemente em recolher dados de vários anos sobre a radiação cósmica de fundo em micro-ondas – a assinatura onipresente do próprio *big bang*. O cume para a região L2 Sol-Terra no espaço é até mais amplo e mais chato do que o existente para o L2 Terra-Lua. Poupando apenas 10 por cento de seu combustível total, a sonda espacial tem o bastante para ficar ao redor desse ponto de equilíbrio instável por quase um século.

O *Telescópio James Webb*, nomeado em referência a um antigo chefe da NASA da década de 1960, está sendo planejado pela NASA para ser o sucessor do *Hubble*. Ele também residirá e trabalhará no ponto L2 Sol-Terra. Mesmo depois de sua chegada, restará muito espaço – dezenas de milhares de quilômetros quadrados – para a chegada de mais satélites.

Outro satélite da NASA amante dos pontos lagrangeanos, conhecido como *Genesis*, libra ao redor do ponto L1 Sol-Terra. Nesse caso, L1 fica a 1,6 milhão de quilômetros na direção do Sol. Por dois anos e meio, o *Genesis* se voltou para o Sol e coletou matéria solar prístina, inclusive partículas moleculares e atômicas do vento solar. O material retornou à Terra por meio de resgate em pleno ar sobre Utah e teve sua composição estudada, o mesmo procedimento adotado para a amostra da missão *Stardust*, que tinha coletado poeira de cometa. O *Genesis* providenciará uma janela para os conteúdos da nebulosa solar original, a partir da qual o Sol e os planetas se formaram. Depois de sair de L1, a amostra enviada usou o ponto L2 para fazer meia-volta e estabeleceu sua trajetória antes de retornar à Terra.

Dado que L4 e L5 são pontos estáveis de equilíbrio, é possível supor que se acumulasse lixo espacial perto deles, tornando muito arriscado realizar qualquer atividade por ali. De fato, Lagrange previu que seriam encontrados em L4 e L5 escombros espaciais do sistema gravitacionalmente potente Sol-Júpiter. Um século mais tarde, em 1905, o primeiro da família "troiana" de asteroides foi descoberto. Sabemos agora que em L4 e L5 do sistema Sol-Júpiter milhares de asteroides precedem e seguem Júpiter ao redor do Sol, com períodos que igualam o de Júpiter. Comportando-se para todo o mundo como se estivessem reagindo a raios tratores, esses asteroides se mantêm eternamente amarrados pelas forças gravitacionais e centrífugas do sistema Sol-Júpiter. Claro, supomos que em L4 e L5 se acumule lixo espacial do sistema Sol-Terra, bem como do sistema Lua-Terra. Ele realmente se acumula. Mas nem chega perto do que acontece no encontro Sol-Júpiter.

Como importante efeito colateral, as trajetórias interplanetárias que começam em pontos lagrangeanos requerem muito pouco combustível para alcançar outros pontos lagrangeanos ou até outros planetas. Ao contrário de um lançamento a partir da superfície de um planeta, em que a maior parte do combustível é gasta para levantar a nave do chão, o lançamento a partir de um ponto lagrangeano seria semelhante a um navio saindo de uma doca seca, largado suavemente no oceano apenas com um investimento mínimo de combustível. Nos tempos modernos, em vez de pensar em colônias lagrangeanas autossustentadas de pessoas e fazendas, podemos pensar nos pontos lagrangeanos, como portões para o resto do sistema solar. Dos pontos lagrangeanos Sol-Terra, estamos a meio caminho de Marte; não em distância ou em tempo, mas na categoria extremamente importante do consumo de combustível.

Numa versão do nosso futuro de viagens pelo espaço, imagine postos de combustível em todo ponto lagrangeano do sistema solar, onde os viajantes enchem os tanques de combustível de seus foguetes a caminho das casas de amigos e parentes em outros lugares entre os planetas. Esse modelo de viagem, por mais futurista que pareça, não é inteiramente exagerado. Note-se que, sem postos de combustível fartamente espalhados pelos Estados Unidos, seu automóvel precisaria das proporções do foguete *Saturn V* para viajar de costa a costa: a maior parte do tamanho e da massa de seu veículo seria combustível, usado principalmente para transportar o combustível ainda a ser consumido durante sua travessia do país. Não viajamos dessa maneira na Terra. Talvez já tenha passado da hora de viajarmos dessa maneira pelo espaço.

DEZ

A ANTIMATÉRIA IMPORTA

A física de partículas ganha meu voto como a disciplina com o jargão mais cômico das ciências físicas. Onde mais um bóson vetorial neutro poderia ser trocado entre um múon negativo e um neutrino do múon? Ou que dizer de um glúon que é trocado entre um quark estranho (*strange*) e um quark encantado (*charmed*)? Ao lado dessas partículas aparentemente inumeráveis com nomes peculiares, existe um universo paralelo de *anti*partículas, conhecidas coletivamente como antimatéria. Apesar de sua persistente presença nas histórias de ficção científica, a antimatéria é definitivamente não ficção. E, sim, ela tende a se aniquilar em contato com a matéria comum.

O universo revela um romance peculiar entre antipartículas e partículas. Elas podem nascer juntas da pura energia e podem morrer juntas (se aniquilar) quando sua massa combinada é reconvertida em energia. Em 1932, o físico norte-americano Carl David Anderson descobriu o antielétron, a contrapartida antimatéria positivamente carregada do elétron negativamente carregado. Desde então, antipartículas de todas as variedades têm sido rotineiramente criadas nos aceleradores de partículas do mundo, mas só nos últimos tempos as antipartículas foram montadas em átomos inteiros. Um grupo internacional liderado por Walter Oelert do Instituto para a Pesquisa de Física Nuclear em Jülich, na Alemanha, criou átomos nos quais um antielétron estava alegremente ligado a um antipróton. Apresento-lhes o anti-hidrogênio. Esses primeiros antiátomos foram criados no acelerador de partículas da Organização Europeia para a Pesquisa Nuclear (mais conhecida pelo seu acrônimo francês CERN) em Genebra, na Suíça, onde têm ocorrido tantas contribuições importantes para a física de partículas.

O método é simples: criar um punhado de antielétrons e um punhado de antiprótons, uni-los em temperatura e densidade adequadas, e esperar que se combinem para formar átomos. Durante seu primeiro ciclo de experimentos, a equipe de Oelert produziu nove átomos de anti-hidrogênio. Mas, num mundo dominado pela matéria comum, a vida como átomo de antimatéria pode ser precária. O anti-hidrogênio sobreviveu por menos de 40 nanossegundos (40 bilionésimos de um segundo) antes de se aniquilar com átomos comuns.

A descoberta do antielétron foi um dos grandes triunfos da física teórica, pois sua existência fora predita, apenas alguns anos antes, pelo físico Paul A. M. Dirac nascido na Grã-Bretanha. Na sua equação para a energia de um elétron, Dirac observou dois conjuntos de soluções: uma positiva e uma negativa. A solução positiva respondia pelas propriedades observadas do elétron comum, mas a solução negativa inicialmente desafiou a interpretação – não tinha nenhuma correspondência óbvia com o mundo real.

Equações com soluções duplas não são incomuns. Um dos exemplos mais simples é a reposta à pergunta: "Que número multiplicado por ele mesmo é igual a 9?" É 3 ou -3? Claro que a resposta é ambos, porque $3\times3 = 9$ e $-3\times-3 = 9$. As equações não contêm a garantia de que suas soluções correspondem a eventos no mundo real, mas, se um modelo matemático de um fenômeno físico está correto, manipular suas equações pode ser tão útil quanto (e muito mais fácil do que) manipular o universo inteiro. Como no caso de Dirac e da antimatéria, esses passos conduzem frequentemente a predições verificáveis, e, se as predições não podem ser verificadas, a teoria deve ser descartada. Independentemente do resultado físico, um modelo matemático assegura que as conclusões a que podemos chegar são lógicas e internamente coerentes.

A teoria quântica, também conhecida como física quântica, foi desenvolvida na década de 1920 e vem a ser o subcampo da física que descreve a matéria na escala das partículas atômicas e subatômicas. Usando as recém-estabelecidas regras quânticas, Dirac postulou que um elétron fantasma do "outro lado" poderia ocasionalmente aparecer no mundo como um elétron comum, deixando atrás de si um buraco no mar das energias negativas. O buraco, sugeria Dirac, se revelaria experimentalmente como um antielétron positivamente carregado ou o que veio a ser conhecido como um pósitron.

As partículas subatômicas têm muitas características mensuráveis. Se uma determinada propriedade pode ter um valor oposto, a versão antipartícula terá o valor oposto, mas será sob todos os outros aspectos idêntica. O exemplo mais óbvio é a carga elétrica: o pósitron se parece com o elétron, exceto que o pósitron tem uma carga positiva, enquanto o elétron tem uma carga negativa. Da mesma forma, o antipróton é a antipartícula opostamente carregada do próton.

Acreditem ou não, o nêutron sem carga tem igualmente uma antipartícula. É chamada – você adivinhou – de antinêutron. O antinêutron é dotado de uma carga zero oposta à do nêutron comum. Essa aritmética mágica deriva do tripleto particular de partículas fracionariamente carregadas (os quarks) que compõe os nêutrons. Os quarks que compõem um nêutron têm cargas -1/3, -1/3 e +2/3, enquanto aqueles no antinêutron têm 1/3, 1/3 e -2/3. Cada conjunto de três contribui para uma carga líquida de zero, mas, como você pode ver, os componentes correspondentes têm cargas opostas.

A antimatéria pode dar a impressão de aparecer a partir do nada. Se um par de raios gama tiver energia suficientemente alta, eles podem interagir e transformar-se espontaneamente num par elétron-pósitron, convertendo assim muita energia numa pequena quantidade de matéria, conforme descrito pela famosa equação de Albert Einstein em 1905:

$$E = mc^2$$

que, em termos simples, é lida como

Energia = (massa) × (velocidade da luz)^2

que, em termos ainda mais simples, é lida como

Energia = (massa) × (um número muito grande)

Na linguagem da interpretação original de Dirac, o raio gama chutou um elétron para fora do domínio das energias negativas, criando um elétron comum e um buraco elétron. O processo inverso também pode ocorrer. Se uma partícula e uma antipartícula colidem, elas se aniquilam tornando a preencher o buraco e emitindo raios gama. Raios gama são a espécie de radiação que deve ser evitada. Quer uma prova? Apenas lembre-se de como o personagem Hulk das histórias em quadrinhos se tornou grande, verde e feio.

Se conseguisse manufaturar uma bolha de antipartículas em casa, você teria imediatamente um problema de armazenamento, porque suas antipartículas se aniquilariam com qualquer embalagem ou saco de supermercado (fosse de papel ou de plástico) em que decidisse carregá-las. Uma solução mais inteligente captura as antipartículas carregadas dentro dos confins de um forte campo magnético, onde elas são repelidas pelas "paredes" magnéticas. Com o campo magnético embutido num vácuo, as antipartículas também ficam livres da aniquilação com a matéria comum. Esse equivalente magnético de uma garrafa será também o melhor saco de escolha, sempre que tiver de manipular outros materiais hostis a recipientes, tais como os gases incandescentes de 100 milhões de graus implicados em experimentos (controlados) de fusão nuclear. O verdadeiro problema de armazenamento surge depois que você criou antiátomos inteiros (e, portanto, eletricamente neutros), porque eles não ricocheteiam normalmente numa parede magnética. Seria prudente manter seus pósitrons e antiprótons em garrafas magnéticas separadas, até que fosse absolutamente necessário reuni-los.

Gerar antimatéria requer ao menos tanta energia quanto a que se recupera no momento em que ela se aniquila para tornar a ser energia. A menos que você tivesse um tanque cheio de combustível de antemão, um motor autogerador de antimatéria sugaria lentamente a energia de sua nave estelar. Não sei se eles sabiam disso na série original *Jornada nas Estrelas* da televisão e do cinema, mas tenho uma vaga lembrança de que o Capitão Kirk vivia pedindo "mais energia" dos dispositivos matéria-antimatéria, e Scotty respondia invariavelmente com seu sotaque escocês que "os motores não conseguem tirá-la".

Embora não haja razão para esperar uma diferença, ainda não foi demonstrado que as propriedades do anti-hidrogênio sejam idênticas às propriedades correspondentes do hidrogênio comum. Duas coisas óbvias a checar são o comportamento detalhado do pósitron na companhia estreita de um antipróton – ele obedece a todas as leis da teoria quântica? – e a intensidade da força de gravidade de um antiátomo – ela mostra antigravidade em vez de gravidade comum? Nas escalas atômicas, a força da gravidade entre partículas é imensuravelmente pequena. As ações são dominadas por forças atômicas e nucleares, ambas muito, muito mais fortes que a gravidade. O que você precisa é de antiátomos suficientes para criar objetos de tamanho comum, de modo que suas propriedades de volume possam ser medidas e comparadas com as de matéria comum. Se um conjunto de bolas de bilhar (e, claro, também a mesa de bilhar e os tacos) fosse feito de antimatéria, um jogo de antissinuca seria indistinguível de um jogo de sinuca? Uma antibola oito cairia dentro da caçapa exatamente como uma bola oito comum? Os antiplanetas orbitariam uma antiestrela assim como os planetas comuns orbitam estrelas comuns?

Estou filosoficamente convencido de que as propriedades de volume da antimatéria se revelarão idênticas àquelas da matéria comum – gravidade normal, colisões normais, luz normal, tacadas normais etc. Infelizmente, isso significa que uma antigaláxia numa rota de colisão com a Via Láctea seria indistinguível de uma galáxia comum até ser tarde demais para tomar qualquer medida defensiva. Mas esse destino temível não deve ser comum no universo, porque, se, por exemplo, uma única antiestrela se aniquilasse com uma única estrela comum, a conversão de sua matéria e antimatéria em energia de raios gama seria rápida e total. Duas estrelas com massa semelhante à do Sol (cada uma contendo 10^{57} partículas) se tornariam tão luminosas que o sistema em colisão geraria temporariamente mais energia que o total energético de todas as estrelas de 100 milhões de galáxias. Não há nenhuma evidência convincente de que tal evento já tenha ocorrido. Assim, segundo nosso melhor julgamento, o universo é dominado pela matéria comum. Em outras palavras, ser aniquilado não precisa estar entre nossas principais preocupações de segurança em nossa próxima viagem intergaláctica.

Ainda assim, o universo continua perturbadoramente desequilibrado: quando criada, cada antipartícula é sempre acompanhada por sua partícula equivalente, mas as partículas comuns parecem estar perfeitamente felizes sem suas antipartículas. Há bolsões ocultos de antimatéria no universo que explicam o desequilíbrio? Uma lei da física foi violada (ou havia em funcionamento uma lei desconhecida da física) durante o universo primitivo, sempre inclinando a balança em favor da matéria sobre a antimatéria? Talvez nunca saibamos as respostas a essas perguntas, mas por ora, se um alienígena pairar sobre o gramado na frente de sua casa e estender um apêndice como um gesto de cumprimento, atire nele sua bola oito antes de se tornar amistoso demais. Se o apêndice explodir, o alienígena era provavelmente feito de antimatéria. Se não, você pode prosseguir e conduzi-lo até seu líder.

SEÇÃO 3

MANEIRAS E MEIOS DA NATUREZA

COMO A NATUREZA SE APRESENTA À MENTE INVESTIGATIVA

ONZE

A IMPORTÂNCIA DE SER CONSTANTE

É só mencionar a palavra "constante" e os ouvintes podem pensar em fidelidade matrimonial ou em estabilidade financeira – ou talvez declarem que a mudança é a única constante da vida. Acontece que o universo tem suas próprias constantes, na forma de quantidades invariáveis que reaparecem interminavelmente na natureza e na matemática, e cujos valores numéricos exatos são de importância notável para o exercício da ciência. Algumas dessas constantes são físicas, baseadas em medições reais. Outras, embora iluminem o funcionamento do universo, são puramente numéricas, tendo como origem a própria matemática.

Algumas constantes são locais e limitadas, aplicáveis apenas a um único contexto, a um único objeto, a um único subgrupo. Outras são fundamentais e universais, relevantes para o espaço, o tempo, a matéria e a energia em toda parte, dando com isso aos investigadores o poder de compreender e predizer o passado, o presente e o futuro do universo. Os cientistas conhecem apenas algumas constantes fundamentais. As três principais nas listas da maioria das pessoas são a velocidade da luz no vácuo, a constante gravitacional de Newton e a constante de Planck, fundamento da física quântica e chave para o chocante princípio da incerteza de Heisenberg. Entre outras constantes universais estão a carga e a massa de cada uma das partículas subatômicas fundamentais.

Sempre que um padrão repetitivo de causa e efeito aparece no universo, há provavelmente uma constante em funcionamento. Mas, para medir causa e efeito, é preciso peneirar o que é e o que não é variável, e assegurar que uma simples correlação, por mais tentadora que possa ser, não seja tomada por uma causa. Na década de 1990, a população de cegonhas da Alemanha aumentou, e a taxa de natalidade dos alemães no país também subiu. Devemos dar às cegonhas o crédito de transportar os bebês pelo ar? Não acredito.

Mas, uma vez que estejamos certos de que a constante existe, e tendo medido seu valor, podemos fazer predições sobre lugares, coisas e fenômenos ainda a serem descobertos ou pensados.

Johannes Kepler, um matemático e místico ocasional alemão, fez a primeira descoberta de uma quantidade física imutável no universo. Em 1618, depois de uma década de envolvimento com bobagens místicas, Kepler decifrou que, se você eleva ao quadrado o tempo que um planeta leva para dar a volta ao Sol, essa quantidade é sempre proporcional ao cubo da distância média entre o planeta e o Sol. Acontece que essa surpreendente relação se mantém não apenas para cada planeta em nosso sistema solar, mas também para cada estrela em órbita ao redor do centro de sua galáxia, e para cada galáxia em órbita ao redor do centro de seu aglomerado galáctico. Como se poderia suspeitar, entretanto, sem que fosse do conhecimento de Kepler, uma constante estava em atividade: a constante gravitacional de Newton se achava escondida dentro das fórmulas de Kepler, a ser revelada como tal apenas dali a setenta anos.

Provavelmente a primeira constante que você aprendeu na escola foi pi – uma entidade matemática denotada, desde o início do século XVIII, pela letra grega π. Pi é, simplesmente, a razão entre a circunferência de um círculo e seu diâmetro. Em outras palavras, pi é o multiplicador se você quiser ir do diâmetro de um círculo para sua circunferência. Pi também aparece em muitos lugares populares e peculiares, inclusive as áreas de círculos e elipses, os volumes de certos sólidos, os movimentos de pêndulos, as vibrações das cordas e a análise de circuitos elétricos.

Não sendo um número inteiro, pi tem uma sequência ilimitada de dígitos decimais que não se repetem; quando truncado de modo a incluir todos os numerais arábicos, pi surge como 3,14159265358979323846 264338327950. Não importa quando ou onde você viva, não importa sua nacionalidade, idade ou tendências estéticas, não importa sua religião ou se você vota pelos democratas ou republicanos, se calcular o valor de pi, você obterá a mesma resposta de todos os demais seres do universo. As constantes como pi gozam de um nível de internacionalidade que os assuntos humanos não desfrutam, nunca desfrutaram e jamais desfrutarão – e por essa razão, se as pessoas se comunicarem algum dia com alienígenas, elas vão falar provavelmente em matemática, a língua franca do cosmos.

Assim, chamamos pi de número "irracional". Você não consegue representar o valor exato de pi com uma fração composta de dois números inteiros, como 2/3 ou 18/11. Mas os primeiros matemáticos, que não tinham nenhum indício sobre a existência de números irracionais, não foram muito além de representar pi como 25/8 (os babilônios, cerca de 2000 a.C.) ou 256/81 (os egípcios, cerca de 1650 a.C.). Depois, em aproximadamente 250 a.C., o matemático grego Arquimedes – envolvendo-se num laborioso exercício geométrico – apresentou não uma única fração, mas duas: 223/71 e 22/7. Arquimedes compreendeu que o valor exato de pi, um valor que ele próprio não afirmava ter descoberto, tinha de estar em algum ponto entre as duas frações.

Dado o progresso da época, uma estimativa um tanto precária de pi também aparece na Bíblia, numa passagem que descreve a mobília do templo do rei Salomão: "um mar de metal fundido, dez côvados de uma margem à outra: era redondo tudo ao redor [...] e uma linha de trinta côvados abrangia realmente tudo ao redor" (1 Reis 7:23). Isto é, o diâmetro tinha 10 unidades, e a circunferência 30, o que só pode ser verdade se pi fosse igual a 3. Três milênios mais tarde, em 1897, a câmara baixa do Legislativo do Estado de Indiana aprovou um projeto de lei que anunciava que, a partir daquele momento, no estado *hoosier* [gentílico relativo a Indiana], "a razão do diâmetro e circunferência é como cinco quartos para quatro" – em outras palavras, exatamente 3,2.

Apesar dos legisladores com deficiências em decimais, os maiores matemáticos – inclusive Muhammad ibn Musa al-Khwarizmi, um iraquiano do século IX cujo nome continua a viver na palavra "algoritmo", e até Newton – labutaram constantemente para aumentar a precisão de pi. O advento dos computadores eletrônicos, é claro, estourou todos os limites desse exercício. No início do século XXI, o número de dígitos conhecidos de pi passou da marca de 1 trilhão, superando qualquer aplicação física exceto o estudo (realizado por especialistas em pi) para determinar se a sequência de numerais deixará algum dia de parecer aleatória.

De muito mais importância que a contribuição de Newton para o cálculo de pi são as suas três leis universais do movimento e sua única lei da gravitação universal. Todas as quatro leis foram apresentadas pela primeira vez em sua obra-prima, *Philosophiae Naturalis Principia Mathematica*, ou abreviando, *Principia*, publicada em 1687.

Antes dos *Principia* de Newton, os cientistas (interessados no que era então chamado mecânica, e mais tarde foi chamado física) descreviam simplesmente o que viam, e esperavam que na próxima vez tudo acontecesse da mesma maneira. Armados com as leis de movimento de Newton, porém, eles podiam agora descrever as relações entre força, massa e aceleração sob todas as condições. A previsibilidade tinha entrado na ciência. A previsibilidade tinha entrado na vida.

Ao contrário da primeira e da terceira leis de sua autoria, a segunda lei do movimento de Newton é uma equação:

$$F = ma$$

Traduzido, isso significa que uma força líquida (F) aplicada a um objeto de uma determinada massa (m) resultará na aceleração (a) desse objeto. Em linguagem ainda mais simples, uma grande força produz uma grande aceleração. E elas mudam em sintonia: ao dobrar a força sobre um objeto, dobramos sua aceleração. A massa do objeto serve de constante da equação, tornando-nos capazes de calcular exatamente quanta aceleração se pode esperar de uma determinada força.

Mas, e se supormos que a massa de um objeto não seja constante? Ao lançar um foguete, sua massa cai continuamente até que os tanques de combustível se esvaziem. E, então, apenas de brincadeira, vamos supor que a massa mude ainda que não se acrescente nem se subtraia material do objeto. É o que acontece na teoria da relatividade especial de Einstein. No universo newtoniano, todo objeto tem uma massa que é sempre e para sempre sua massa. No universo relativista einsteiniano, ao contrário, os objetos têm uma "massa em repouso" imutável (a mesma "massa" da equação de Newton), à qual se acrescenta mais massa de acordo com a velocidade do objeto. O que acontece é que, se você acelera um objeto no universo de Einstein, a resistência do objeto a essa aceleração aumenta, aparecendo na equação como um aumento na massa do objeto. Newton não tinha como saber desses efeitos "relativistas", porque eles só se tornam significativos em velocidades comparáveis à da luz. Para Einstein, eles significavam que outra constante estava em atividade: a velocidade da luz, um assunto digno de ensaio próprio numa outra ocasião.

Como é verdade para muitas leis físicas, as leis de movimento de Newton são claras e simples. Sua lei da gravitação universal é um tanto mais complicada. Declara que a força da atração gravitacional entre dois objetos – seja entre uma bala de canhão em pleno voo e a Terra, seja entre a Lua e a Terra, seja entre dois átomos, seja entre duas galáxias – depende apenas das duas massas e da distância entre elas. Mais precisamente, a força da gravidade é diretamente proporcional à massa de um objeto vezes a massa do outro, e inversamente proporcional ao quadrado da distância entre eles. Essas proporcionalidades propiciam um profundo entendimento sobre como a natureza funciona: se a força da atração gravitacional entre dois corpos é por acaso uma força F numa dada distância, torna-se um quarto de F quando se dobra a distância, e um nono de F quando a distância é triplicada.

Mas essa informação por si só não é o suficiente para calcular os valores exatos das forças em atividade. Para isso, a relação requer uma constante – nesse caso, um termo conhecido como constante gravitacional G ou, entre as pessoas mais íntimas com a equação, "o G maiúsculo".

Reconhecer a correspondência entre a distância e a massa foi uma das muitas sacadas brilhantes de Newton, mas ele não tinha como medir o valor de G. Para fazê-lo, teria de possuir o conhecimento de tudo mais na equação, deixando G plenamente determinado. Na época de Newton, entretanto, não era possível conhecer toda a equação. Embora se pudesse medir facilmente a massa de duas balas de canhão e a distância entre elas, sua força mútua de gravidade seria tão pequena que não haveria aparelho capaz de detectá-la. Seria possível medir a força da gravidade entre a Terra e uma bala de canhão, mas não havia como medir a massa da própria Terra. Foi só em 1798, mais de um século depois de *Principia*, que o químico e físico inglês Henry Cavendish apresentou uma medida confiável de G.

Para fazer sua agora famosa medição, Cavendish usou um aparelho cuja característica central era um haltere, feito com um par de bolas de chumbo de 5 centímetros de diâmetro. Um arame fino e vertical suspendia o haltere no meio, permitindo que o aparelho girasse de um lado para o outro. Cavendish encerrou toda a geringonça numa caixa hermética, e colocou duas bolas de chumbo de 30 centímetros de diâmetro diagonalmente opostas fora da caixa. A tração gravitacional das bolas do lado de fora puxava o haltere e torcia o arame no qual estava pendurado. O melhor valor de Cavendish para G mal conseguiu uma precisão de quatro casas decimais ao final de uma série de zeros. Em unidades de metros cúbicos por quilograma por segundo ao quadrado, o valor era 0,00000000006754.

Apresentar um bom projeto para um aparelho não era exatamente fácil. A gravidade é uma força tão fraca que praticamente qualquer coisa, até correntes de ar suaves dentro da caixa do laboratório, anularia a assinatura da gravidade no experimento. No final do século XIX, o físico húngaro Loránd Eötvös, usando um novo e aperfeiçoado aparelho do tipo do de Cavendish, fez alguns pequenos melhoramentos na precisão de G. Esse experimento é tão difícil de fazer que, mesmo hoje em dia, G adquiriu apenas mais algumas casas decimais. Experimentos recentes realizados na Universidade de Washington em Seattle por Jens H. Gundlach e Stephen M. Merkowitz, que redesenharam o experimento, deduzem o valor 0,000000000066742. Falando de coisas fracas: como Gundlach e Merkowitz observam, a força gravitacional que tinham de medir equivale ao peso de uma única bactéria.

Uma vez conhecido o G, pode-se deduzir todo tipo de coisas, como a massa da Terra, que tinha sido a meta máxima de Cavendish. O melhor valor de Gundlach e Merkowitz para isso é aproximadamente $5,9722 \times 10^{24}$ quilogramas, muito perto do valor moderno.

Muitas constantes físicas descobertas no século passado se ligam a forças que influenciam as partículas subatômicas – um domínio regido mais pela probabilidade que pela precisão. A constante mais importante entre elas foi promulgada em 1900 pelo físico alemão Max Planck. A constante de Planck, representada pela letra h, foi a descoberta fundadora da mecânica quântica, mas Planck a apresentou enquanto investigava o que parece mundano: a relação entre a temperatura de um objeto e o alcance energético que ele emite.

A temperatura de um objeto mede diretamente a energia cinética média de seus átomos ou moléculas sacolejantes. Claro, dentro dessa média algumas das partículas sacolejam muito rápido, enquanto outras sacolejam relativamente devagar. Toda essa atividade emite um mar de luz, espalhado sobre uma gama de energias, exatamente como as partículas que as emitiram. Quando a temperatura se torna bastante elevada, o objeto começa a brilhar visivelmente. Nos dias de Planck, um dos maiores desafios da física era explicar o espectro total dessa luz, particularmente as faixas com a energia mais elevada.

A sacada de Planck foi que só poderíamos explicar o pleno alcance do espectro emitido, numa única equação, se admitíssemos que a própria energia é quantificada ou dividida em unidades diminutas que não podem ser mais subdivididas: *quanta*.

Depois que Planck introduziu h na sua equação para um espectro de energia, sua constante começou a aparecer por toda parte. Um bom lugar para encontrar h é na descrição e compreensão quântica da luz. Quanto mais alta a frequência da luz, mais alta a sua energia: os raios gama, a faixa com as frequências mais altas, são extremamente hostis à vida. As ondas de rádio, a faixa com as frequências mais baixas, passam através de você a cada segundo de todo dia, sem dano algum. A radiação de alta frequência pode lhe causar danos precisamente porque carrega mais energia. Quanto a mais? Em proporção direta à frequência. O que revela a proporcionalidade? A constante de Planck, h. E, se você acha que G é uma constante minúscula de proporcionalidade, dê uma olhada no melhor valor atual para h (em seus nativos quilogramas--metros quadrados por segundo): 0,00000000000000000000000000000 00000066260693.

Uma das maneiras mais provocativas e assombrosas de h aparecer na natureza surge do assim chamado princípio da incerteza, articulado pela primeira vez pelo físico alemão Werner Heisenberg. O princípio da incerteza estabelece os termos de um compromisso cósmico inescapável: para vários pares relacionados de atributos físicos variáveis e fundamentais – localização e velocidade, energia e tempo – é impossível medir ambas as quantidades com exatidão. Em outras palavras, se você reduz a indeterminação para um membro do par (localização, por exemplo), vai ter de se contentar com uma aproximação mais vaga do parceiro (velocidade). E h é que determina o limite da precisão que se pode atingir. Esses compromissos não têm muito efeito prático quando medimos as coisas na vida cotidiana. Mas, quando consideramos as dimensões atômicas, h levanta sua cabecinha profunda por toda parte ao nosso redor.

Talvez pareça mais do que um pouco contraditório, ou até perverso, mas em décadas recentes os cientistas têm procurado evidências de que as constantes não se mantêm por toda a eternidade. Em 1938, o físico inglês Paul A. M. Dirac propôs que o valor de nada menos do que a constante G de Newton poderia diminuir em proporção à idade do universo. Hoje há praticamente uma indústria doméstica de físicos que procuram desesperadamente constantes volúveis. Alguns estão à procura de uma mudança através do tempo; outros buscam os efeitos de uma mudança na localização; ainda outros estão explorando como as equações operam em domínios antes não testados. Mais cedo ou mais tarde, eles vão obter alguns resultados reais. Por isso, fique atento: notícias de inconstância podem estar por vir.

DOZE

LIMITES DE VELOCIDADE

Incluindo a estação espacial e o Super-Homem, poucas coisas na vida viajam mais rápido que uma bala. Mas nada se move mais rápido que a velocidade da luz no vácuo. Nada. Por mais rápido que se mova a luz, sua velocidade não é definitivamente infinita. Como a luz tem uma velocidade, os astrofísicos sabem que olhar para o espaço é o mesmo que olhar para trás no tempo. E, com uma boa estimativa para a velocidade da luz, podemos chegar perto de uma estimativa razoável para a idade do universo.

Esses conceitos não são exclusivamente cósmicos. Verdade, quando você dá um peteleco no interruptor na parede, não precisa esperar que a luz chegue até o chão. Mas certa manhã, ao tomar café e sentir a necessidade de algo novo em que pensar, você talvez queira ponderar o fato de que não está vendo seus filhos no outro lado da mesa como eles são, mas como eram antes, cerca de três nanossegundos atrás. Não parece muita coisa, mas coloque os garotos na galáxia vizinha, de Andrômeda, e quando os vir comendo colheradas de seus cereais eles terão envelhecido mais de 2 milhões de anos.

Sem suas casas decimais, a velocidade da luz através do vácuo do espaço, em unidades americanizadas, é 186.282 milhas (299.792 quilômetros) por segundo – uma quantidade que custou séculos de trabalho árduo para ser medida com essa alta precisão. Muito antes de os métodos e as ferramentas da ciência atingirem a maturidade, entretanto, alguns pensadores profundos já tinham pensado sobre a natureza da luz. A luz é uma propriedade do olho perceptivo ou a emanação de um objeto? É um feixe de partículas ou uma onda? Ela viaja ou simplesmente aparece? Se viaja, a que velocidade e até que distância?

Em meados do século V a.C., um grego de pensamento vanguardista, filósofo, poeta e cientista, chamado Empédocles de Acragas, perguntou-se se a luz poderia viajar a uma velocidade mensurável. Mas o mundo teve de esperar por Galileu, um defensor da abordagem empírica na aquisição do conhecimento, para iluminar a questão por meio de experimentos.

Ele descreve os passos em seu livro *Diálogos concernentes a duas novas ciências*, publicado em 1638. Na escuridão da noite, duas pessoas, cada uma segurando uma lanterna cuja luz pode ser rapidamente encoberta e descoberta, colocam-se bem distantes uma da outra, mas à vista de todos. A primeira pessoa faz brilhar brevemente sua lanterna. No instante em que a segunda pessoa vê a luz, ela faz brilhar a sua lanterna. Tendo feito o experimento apenas uma vez, a uma distância de menos de 1,5 quilômetro, Galileu escreveu:

> Não fui capaz de afirmar com certeza se a aparição da luz oposta foi instantânea ou não; mas, se não instantânea, foi extraordinariamente rápida – deveria dizer momentânea. (p. 43)

O fato é que o raciocínio de Galileu era lógico, mas ele se colocou muito perto de seu assistente para cronometrar a passagem de um raio de luz, particularmente com os relógios imprecisos de sua época.

Algumas décadas mais tarde, o astrônomo dinamarquês Ole Rømer diminuiu a especulação por meio da observação da órbita de Io, a lua mais interna do sistema de Júpiter. Desde janeiro de 1610, quando

Galileu e seu telescópio novo em folha avistaram pela primeira vez os quatro maiores e mais brilhantes satélites de Júpiter, os astrônomos passaram a rastrear as luas jovianas enquanto elas circulavam seu imenso planeta anfitrião. Anos de observação tinham mostrado que, para Io, a duração média de uma órbita – um intervalo facilmente cronometrado a partir do desaparecimento da Lua atrás de Júpiter, passando por seu ressurgimento, até o início de seu próximo desaparecimento – era apenas de cerca de 42,5 horas. O que Rømer descobriu foi que, quando a Terra estava mais próxima de Júpiter, Io desaparecia uns 11 minutos antes do esperado, e, quando a Terra estava mais longe de Júpiter, Io desaparecia uns 11 minutos mais tarde.

Rømer raciocinou que não era provável que o comportamento orbital de Io fosse influenciado pela posição da Terra relativa a Júpiter, e, assim, certamente a velocidade da luz era responsável por quaisquer variações inesperadas. A faixa de 22 minutos devia corresponder ao tempo necessário para que a luz atravessasse o diâmetro da órbita da Terra. A partir dessa pressuposição, Rømer deduziu que a velocidade da luz seria de cerca de 209.214 quilômetros por segundo. Está a menos de 30 por cento da resposta correta – nada mau para uma primeira estimativa, e muito mais acurada que a "se não instantânea..." de Galileu.

James Bradley, o terceiro Astrônomo Real da Grã-Bretanha, enterrou quase todas as dúvidas restantes de que a velocidade da luz fosse finita. Em 1725, Bradley observou sistematicamente a estrela Gamma Draconis e constatou uma mudança sazonal na posição dela no céu. Levou três anos para decifrá-la, mas acabou creditando a mudança à combinação do movimento orbital contínuo da Terra com a velocidade finita da luz. Assim Bradley descobriu o que é conhecido como a aberração da luz estelar.

Imagine uma analogia: é um dia chuvoso, e você está dentro de um carro parado num engarrafamento. Você está chateado, por isso (claro) segura um grande tubo de ensaio fora da janela para colher gotas de chuva. Se não há vento, a chuva cai verticalmente; para colher o máximo de água possível, você segura o tubo de ensaio na posição vertical. As gotas de chuva entram no topo do tubo e caem direto para o fundo.

Por fim o trânsito é liberado, e seu carro atinge de novo o limite de velocidade. Você sabe por experiência que a chuva que cai verticalmente vai agora deixar riscas diagonais nas janelas laterais do carro. Para capturar eficientemente as gotas, você tem de inclinar o tubo de ensaio para o ângulo que corresponda às riscas de chuva nas janelas. Quanto mais rápido se move o carro, maior o ângulo.

Nessa analogia, a Terra em movimento é o carro em movimento, o telescópio é o tubo de ensaio e a luz estelar que entra, por não se mover instantaneamente, pode ser comparada com a chuva que cai. Assim, para captar a luz de uma estrela, você terá de ajustar o ângulo do telescópio – apontar o telescópio para um ponto ligeiramente diferente da posição real da estrela no céu. A observação de Bradley pode parecer um pouco esotérica, mas ele foi o primeiro a confirmar – por meio de medição direta em vez de por inferência – duas ideias astronômicas capitais: que a luz tem velocidade finita e que a Terra está em órbita ao redor do Sol. Ele também melhorou a precisão da velocidade medida da luz, determinando 300.947 quilômetros por segundo.

No final do século XIX, os físicos estavam intensamente conscientes de que a luz – assim como o som – se propagava em ondas e presumiam que, se as ondas sonoras em movimento precisavam de um meio (como o ar) em que vibrar, então as ondas de luz precisavam igualmente de um meio. De que outra maneira uma onda poderia se mover através do vácuo do espaço? Esse meio místico foi chamado de "éter luminífero", e o físico Albert A. Michelson, que trabalhava com o químico Edward W. Morley, assumiu a tarefa de detectá-lo.

Anteriormente, Michelson tinha inventado um aparelho conhecido como interferômetro. Uma versão desse dispositivo divide um raio de luz e envia as duas partes resultantes em ângulos retos. Cada parte ricocheteia num espelho e retorna ao divisor do raio, que recombina os dois raios para análise. A precisão do interferômetro torna o experimentador capaz de fazer medições extremamente precisas de quaisquer diferenças nas velocidades dos dois raios de luz: o dispositivo perfeito para detectar o éter. Michelson e Morley achavam que, se alinhassem um dos raios com a direção do movimento da Terra e tornassem o outro transversal ao primeiro, a velocidade do primeiro raio combinaria com o movimento da Terra através do éter, enquanto a velocidade do segundo raio permaneceria inalterada.

Aconteceu que M & M obtiveram resultado nulo. Ir em duas direções diferentes não fazia diferença para a velocidade de nenhum dos dois raios de luz; eles retornaram ao divisor de raios exatamente ao mesmo tempo. O movimento da Terra através do éter simplesmente não tinha efeito sobre a velocidade medida da luz. Constrangedor! Se o éter supostamente tornava possível a transmissão da luz, mas não podia ser detectado, talvez o éter nem sequer existisse. A luz se revelou autopropagadora: não era necessário nem meio nem mágica para mover um raio de uma posição para outra no vácuo. Assim, com uma rapidez que se aproximava da velocidade da própria luz, o éter luminífero entrou no cemitério das ideias científicas desacreditadas.

Porém, graças à sua engenhosidade, Michelson também refinou o valor para a velocidade da luz para 299.982 quilômetros por segundo.

A partir de 1905, as investigações sobre o comportamento da luz se tornaram positivamente fantasmagóricas. Naquele ano, Einstein publicou sua teoria da relatividade especial, em que ampliava o resultado nulo de M & M para um nível audacioso. A velocidade da luz no espaço vazio, declarou, é uma constante universal, seja qual for a velocidade da fonte que emite luz ou a velocidade da pessoa que está fazendo a medição.

E se Einstein estiver certo? Para começar, se você está numa espaçonave viajando à metade da velocidade da luz e irradia um raio de luz bem à frente da nave, você, eu e todos os demais no universo que medirem a velocidade do raio encontrarão 299.792 quilômetros por segundo. Não apenas isso, mesmo que você irradie a luz da traseira, do topo ou dos lados da espaçonave, nós todos continuaremos a medir a mesma velocidade.

Estranho!

O senso comum diz que, se você dispara uma bala para a frente a partir de um trem em movimento, a velocidade da bala com referência ao solo é a velocidade da bala *mais* a velocidade do trem. E, se você dispara a bala para trás a partir da traseira do trem, a velocidade da bala com referência ao solo será a própria velocidade *menos* a do trem. Tudo isso vale para balas disparadas, mas não, segundo Einstein, para a luz.

Einstein estava certo, claro, e as implicações disso são assombrosas. Se todo mundo, em todo lugar e em todos os tempos, for medir a mesma velocidade para o raio disparado de sua espaçonave imaginária, várias coisas têm de acontecer. Em primeiro lugar, à medida que a velocidade de sua nave aumenta, o comprimento de tudo – de você, de seus aparelhos de medição, de sua espaçonave – encurta na direção do movimento, conforme visto por todos os demais. Além disso, o seu próprio tempo desacelera exatamente o bastante para que, ao puxar devagar a sua régua de medição recém-encurtada, você seja por certo induzido a medir o mesmo antigo valor constante para a velocidade da luz. O que temos aqui é uma conspiração cósmica da mais elevada ordem.

Métodos aperfeiçoados de medição logo acrescentaram casa decimal sobre casa decimal à velocidade da luz. Na verdade, os físicos se tornaram tão bons no jogo que acabaram caindo fora dele.

As unidades de velocidade sempre combinam unidades de comprimento e tempo – 80 quilômetros por hora, por exemplo, ou 800 metros por segundo. Quando Einstein começou seu trabalho sobre a relatividade especial, a definição do segundo estava progredindo muito bem, mas as definições do metro eram completamente desajeitadas. Em 1791, o metro foi definido como a décima milionésima parte da distância entre o Polo Norte e o Equador ao longo da linha da longitude que passa por Paris. E, depois de esforços prévios para realizar esse trabalho, em 1889 o metro foi redefinido como o comprimento de um protótipo de barra feito de uma liga de platina-irídio, guardado no Escritório Internacional de Pesos e Medidas, em Sèvres, na França, e medido à temperatura em que o gelo derrete. Em 1960, a base para definir o metro tornou a mudar, e a exatidão aumentou ainda mais: 1.650.763,73 comprimentos de onda, num vácuo, da luz emitida pela transição do nível de energia atômica inalterada $2p10$ para $5d5$ do isótopo do criptônio-86. Pensando bem, é óbvio.

Por fim, tornou-se claro para todos os interessados que a velocidade da luz podia ser medida com uma precisão muito maior do que o comprimento do metro. Assim, em 1983 a Conferência Geral sobre Pesos e Medidas decidiu definir – não medir, mas definir – a velocidade da luz no seu melhor valor mais recente: 299.792.458 metros por segundo. Em outras palavras, a definição do metro era agora forçada a ser definida em unidades da velocidade da luz, transformando o metro em exatamente 1/299.792.458 da distância que a luz percorre num segundo num vácuo. E assim, amanhã, qualquer um que medir a velocidade da luz com precisão ainda maior que a do valor de 1983 estará ajustando o valor do metro, e não a própria velocidade da luz.

Não se preocupe, entretanto. Quaisquer refinamentos na velocidade da luz serão pequenos demais para aparecer na sua régua escolar. Se você for um europeu comum, ainda vai ter um pouco menos que 1,80 metro de altura. E se você for um americano, ainda vai obter a mesma quilometragem ruim por galão no consumo de combustível de seu SUV.

A velocidade da luz talvez seja astrofisicamente sagrada, mas não é imutável. Em todas as substâncias transparentes – ar, água, vidro e, especialmente, diamantes – a luz viaja mais devagar do que no vácuo.

Mas a velocidade da luz num vácuo é uma constante, e, para que uma quantidade seja verdadeiramente constante, ela deve permanecer inalterada, não importa como, quando, onde ou por que é medida. A patrulha da velocidade da luz não admite nada sem questionar, entretanto, e nos últimos anos eles têm procurado evidências de mudança nos 13,7 bilhões de anos desde o *big bang*. Em particular, eles têm medido a assim chamada constante de estrutura fina, que é uma combinação da velocidade da luz no vácuo com várias outras constantes físicas, incluindo a constante de Planck, pi e a carga de um elétron.

Essa constante derivada é uma medida das pequenas mudanças nos níveis de energia dos átomos, que afetam os espectros das estrelas e galáxias. Como o universo é uma gigantesca máquina do tempo, em que podemos ver o passado distante ao olhar para os objetos distantes, qualquer mudança no valor da constante de estrutura fina ao longo do tempo se revelaria nas observações do cosmos. Por razões convincentes, os físicos não esperam que a constante de Planck ou a carga de um elétron variem, e pi certamente conservará seu valor – o que deixa apenas a velocidade da luz para ser responsabilizada, caso surjam discrepâncias.

Uma das maneiras como os astrofísicos calculam a idade do universo pressupõe que a velocidade da luz tenha sido sempre a mesma, por isso uma variação na velocidade da luz em qualquer lugar no cosmos não tem apenas um interesse passageiro. Mas, desde janeiro de 2006, as medições dos físicos não mostram nenhuma evidência de mudança na constante de estrutura fina através do tempo ou através do espaço.

TREZE

MOVIMENTO BALÍSTICO – SAINDO DE ÓRBITA

Em quase todos os esportes que usam bolas, num ou noutro momento as bolas seguem um movimento balístico. Se você estiver jogando beisebol, críquete, futebol americano, golfe, lacrosse, futebol ou polo aquático, uma bola é lançada, batida com a mão ou chutada, depois transportada pelo ar por um curto lapso de tempo antes de retornar à Terra.

A resistência do ar afeta a trajetória de todas essas bolas, mas, independentemente do que as colocou em movimento ou de onde possam aterrissar, seus caminhos básicos são descritos por uma equação simples encontrada em *Principia* de Newton, seu livro seminal de 1687 sobre movimento e gravidade. Vários anos mais tarde, Newton interpretou suas descobertas para o leitor leigo conhecedor de latim na parte 3 do livro "O sistema do mundo", que inclui uma descrição do que aconteceria se você atirasse pedras horizontalmente a velocidades cada vez maiores. Newton observa primeiro o óbvio: as pedras atingiriam o chão cada vez mais longe do ponto de lançamento, aterrissando finalmente além do horizonte. Ele então raciocina que, se a velocidade fosse bastante alta, uma pedra percorreria toda a circunferência da Terra, nunca atingiria o chão e retornaria para lhe dar uma pancada na nuca. Se você abaixasse a cabeça nesse instante, o objeto continuaria para sempre no que é comumente chamado uma órbita. Não dá para obter um movimento mais balístico do que esse.

A velocidade necessária para chegar à órbita terrestre baixa (afetuosamente chamada de LEO – *Low Earth Orbit*) é um pouco menos que 28.968 quilômetros por hora de lado, completando a viagem ida-volta em cerca de uma hora e meia. Se o *Sputnik I*, o primeiro satélite artificial, ou Yuri Gagarin, o primeiro humano a viajar além da atmosfera da Terra, não tivessem alcançado essa velocidade depois de serem lançados, eles teriam voltado à superfície da Terra antes de completar uma circum-navegação.

Newton também mostrou que a gravidade exercida por qualquer objeto esférico atua como se toda a massa do objeto estivesse concentrada em seu centro. Na verdade, qualquer coisa atirada entre duas pessoas na superfície da Terra está igualmente em órbita, só que no caso de a trajetória intersecta o chão. Isso vale tanto para o passeio de 15 minutos de Alan B. Shepard a bordo da nave espacial *Freedom 7* do projeto Mercury, em 1961, quanto para uma tacada de golfe de Tiger Woods, um *home run* de Alex Rodriguez no beisebol ou uma bola atirada por uma criança: eles executaram o que é sensatamente chamado de trajetórias suborbitais. Se a superfície da Terra não estivesse no meio do caminho, todos esses objetos executariam órbitas perfeitas, ainda que alongadas, ao redor do centro da Terra; e, embora a lei da gravidade não faça distinção entre essas trajetórias, a NASA o faz. A viagem de Shepard estava, na sua maior parte, livre da resistência do ar, porque atingiu uma altitude em que quase não há atmosfera. Somente por essa razão, os meios de comunicação logo o coroaram como o primeiro viajante espacial da América.

Os caminhos suborbitais são as trajetórias preferidas para os mísseis balísticos. Como uma granada de mão que percorre um arco até seu alvo depois de ser atirada, um míssil balístico só "voa" sob a ação da gravidade depois de ser lançado. Essas armas de destruição em massa viajam hipersonicamente, velozes o suficiente para atravessar metade da circunferência da Terra em 45 minutos, antes de mergulharem de volta à superfície a milhares de quilômetros por hora. Se um míssil balístico for bastante pesado, o troço pode causar mais estragos somente por cair do céu do que pela explosão da bomba convencional que carrega no nariz.

O primeiro míssil balístico do mundo foi o foguete V-2, projetado por uma equipe de cientistas alemães sob a liderança de Wernher von Braun e usado pelos nazistas durante a Segunda Guerra Mundial, principalmente contra a Inglaterra. Como primeiro objeto a ser lançado acima da atmosfera da Terra, o foguete em forma de bala e com grandes barbatanas V2 (o "V" representa *Vergeltungswaffen*, isto é, "arma de vingança") inspirou toda uma geração de ilustrações de naves espaciais. Depois de se render às forças dos Aliados, von Braun foi levado para os Estados Unidos, onde em 1958 dirigiu o lançamento do *Explorer 1*, o primeiro satélite norte-americano. Pouco depois, foi transferido para a recém-criada National Aeronautics and Space Administration (Administração Nacional da Aeronáutica e Espaço – NASA). Ali ele desenvolveu o *Saturn V*, o foguete mais potente jamais criado, tornando possível a realização do sonho norte-americano de aterrissar sobre a Lua.

Enquanto centenas de satélites artificiais orbitam a Terra, a própria Terra orbita o Sol. Em sua *magnum opus* de 1543, *De Revolutionibus*, Nicolau Copérnico colocou o Sol no centro do universo e afirmou que a Terra mais os cinco planetas conhecidos – Mercúrio, Vênus, Marte, Júpiter e Saturno – executavam órbitas circulares perfeitas ao redor do Sol. Fato desconhecido por Copérnico, o círculo é uma forma extremamente rara para uma órbita e não descreve o caminho de nenhum planeta em nosso sistema solar. A forma real foi deduzida pelo matemático e astrônomo alemão Johannes Kepler, que publicou seus cálculos em 1609. A primeira de suas leis do movimento planetário afirma que os planetas orbitam o Sol em elipses. A elipse é um círculo achatado, e o grau de achatamento é indicado por uma quantidade numérica chamada excentricidade, abreviada *e*. Se *e* for zero, você terá um círculo perfeito. À medida que *e* aumenta de zero a 1, a elipse se torna cada vez mais alongada.

Claro, quanto maior a excentricidade, maior a probabilidade de cruzar a órbita de outro corpo celeste. Os cometas que mergulham do sistema solar exterior percorrem órbitas altamente excêntricas, enquanto as órbitas da Terra e de Vênus lembram bastante círculos, cada uma delas com excentricidades muito baixas. O "planeta" mais excêntrico é Plutão, e, certamente, cada vez que gira ao redor do Sol, ele cruza a órbita de Netuno, comportando-se suspeitosamente como um cometa.

O exemplo mais extremo de uma órbita alongada é o caso famoso do buraco cavado até a China. Ao contrário das expectativas de nossos conterrâneos que não conhecem bem geografia, a China não está num lugar oposto aos Estados Unidos no globo. Um caminho reto que conecta dois pontos opostos na Terra deve passar pelo centro da Terra. O que está no lugar oposto aos Estados Unidos? O oceano Índico. Para evitar emergir através de 3 quilômetros de água, precisamos aprender um pouco de geografia e cavar a partir de Shelby, em Montana, através do centro da Terra, até as isoladas ilhas Kerguelen.

Agora vem a parte divertida. Salte para dentro do buraco. Acelere continuamente num estado de queda livre sem peso até chegar ao centro da Terra – onde você se vaporiza no feroz calor do núcleo de ferro. Mas vamos ignorar essa complicação. Você passa zunindo pelo centro, onde a força da gravidade é zero, e desacelera constantemente até chegar ao outro lado, quando então sua velocidade diminui até zero. Mas, a menos que um habitante de Kerguelen o agarre, você vai cair de volta no buraco e repetir o percurso indefinidamente. Além de deixar os adeptos de *bungee jumping* com inveja, você terá executado uma órbita genuína, em cerca de uma hora e meia – exatamente como a do ônibus espacial.

Algumas órbitas são tão excêntricas que nunca voltam ao início do circuito. Numa excentricidade de exatamente 1, você tem uma parábola, e, para excentricidades maiores que 1, a órbita traça uma hipérbole. Para visualizar essas formas, aponte uma lanterna diretamente para uma parede próxima. O cone de luz emergente vai formar um círculo de luz. Agora, aos poucos, incline a lanterna para cima, e o círculo se deformará para criar elipses de excentricidades cada vez mais elevadas. Quando seu cone aponta direto para cima, a luz que ainda cai sobre a parede próxima assume a forma exata de uma parábola. Incline a lanterna um pouco mais, e você criará uma hipérbole. (Agora você já tem algo diferente para fazer quando for acampar.) Qualquer objeto com uma trajetória parabólica ou hiperbólica se move tão rápido que nunca retornará ao início. Se os astrofísicos descobrirem um cometa com essa órbita, saberemos que ele saiu das profundezas do espaço interestelar e está num passeio único através do sistema solar interior.

A gravidade newtoniana descreve a força de atração entre quaisquer dois objetos em qualquer lugar do universo, não importa onde se encontrem, do que sejam feitos ou quão grandes ou pequenos possam ser. Por exemplo, você pode usar a lei de Newton para calcular o comportamento futuro e passado do sistema Terra-Lua. Mas acrescente um terceiro objeto – uma terceira fonte de gravidade – e você complicará gravemente os movimentos do sistema. Mais geralmente conhecido como o problema dos três corpos, esse *ménage à trois* produz trajetórias ricamente variadas cujo acompanhamento requer em geral um computador.

Algumas soluções inteligentes para esse problema merecem atenção. Num desses casos, chamado o problema restrito dos três corpos, você simplifica as coisas ao pressupor que o terceiro corpo tem tão pouca massa em comparação com os outros dois que você pode ignorar a sua presença na equação. Com essa aproximação, você consegue seguir com segurança os movimentos de todos os três objetos no sistema. E não estamos trapaceando. Muitos casos como esse existem no universo real. Considere o Sol, Júpiter e uma das luas minúsculas de Júpiter. Em outro exemplo tirado do sistema solar, uma família inteira de rochas se move em órbitas estáveis ao redor do Sol, 800 milhões de quilômetros à frente e atrás de Júpiter. São os asteroides troianos comentados na Seção 2, cada um deles fixado (como por raios tratores da ficção científica) pela gravidade de Júpiter e do Sol.

Outro caso especial do problema dos três corpos foi descoberto em anos recentes. Considere três objetos de massa idêntica e faça com que sigam um ao outro em fila, traçando um número oito no espaço. Ao contrário daquelas pistas de corrida de automóveis a que as pessoas acorrem para ver os carros se chocarem uns contra os outros na interseção de duas ovais, essa configuração cuida mais de seus participantes. As forças da gravidade requerem que o sistema "se equilibre" todas as vezes no ponto de interseção, e, ao contrário do complicado problema geral dos três corpos, todo o movimento ocorre num único plano. Para que esse caso especial seja tão estranho e tão raro que não há provavelmente nem um único exemplo entre as centenas de bilhões de estrelas em nossa galáxia, com talvez apenas alguns poucos exemplos no universo inteiro, o que torna a órbita dos três corpos que traça um número oito uma curiosidade matemática astrofisicamente irrelevante.

Além de um ou dois outros casos bem-comportados, a interação gravitacional de três ou mais objetos acaba tornando suas trajetórias loucamente irracionais. Para ver como isso acontece, pode-se simular as leis de movimento e gravidade de Newton num computador, empurrando cada objeto de acordo com a força de atração entre ele e qualquer outro objeto no cálculo. Recalcular todas as forças e repetir. O exercício não é simplesmente acadêmico. Todo o sistema solar é um problema de muitos corpos, com asteroides, luas, planetas e o Sol num estado de mútua atração contínua. Newton se preocupava muito com esse problema, que ele não conseguiu resolver com caneta e papel. Temendo que o sistema solar inteiro fosse instável e acabasse fazendo os planetas colidirem com o Sol ou se lançarem no espaço interestelar, ele postulou, como veremos na Seção 7, que Deus poderia intervir de vez em quando para ordenar as coisas.

Pierre-Simon Laplace apresentou uma solução para o problema de muitos corpos do sistema solar após mais de um século, em sua *magnum opus*, o *Traité de mécanique céleste*. Mas, para fazê-lo, ele teve de desenvolver uma nova forma de matemática conhecida como teoria da perturbação. A análise começa pressupondo que há apenas uma única grande força de gravidade e que todas as outras forças são menores, ainda que persistentes – exatamente a situação em nosso sistema solar. Laplace então demonstrou analiticamente que o sistema solar é na verdade estável, e que não precisamos de novas leis da física para demonstrar isso.

Será? Como veremos mais adiante na Seção 6, a análise moderna demonstra que em escalas de tempo de centenas de milhões de anos – períodos muito mais longos que os considerados por Laplace – as órbitas planetárias são caóticas. Uma situação que deixa Mercúrio vulnerável a cair no Sol, e Plutão passível de ser arremessado completamente para fora do sistema solar. Ainda pior, o sistema solar talvez tenha nascido com dúzias de outros planetas, a maioria há muito tempo perdida para o espaço interestelar. E tudo começou com os simples círculos de Copérnico.

Sempre que realiza um movimento balístico, você está em queda livre. Todas as pedras de Newton estavam em queda livre para a Terra. Aquela que realizou uma órbita estava também em queda livre para a Terra, mas a superfície de nosso planeta se curvou, sumindo debaixo dela exatamente à mesma velocidade com que ela caía – uma consequência do extraordinário movimento lateral da pedra. A *Estação Espacial Internacional* está também em queda livre para a Terra. Assim como a Lua. E, como as pedras de Newton, todos mantêm um prodigioso movimento lateral que impede que se espatifem no chão. Para esses objetos, bem como para o ônibus espacial, os deslocamentos desajeitados dos astronautas ao caminhar no espaço, e outros instrumentos em LEO, uma viagem ao redor do planeta leva cerca de 90 minutos.

Quanto mais alto você se elevar, entretanto, mais longo será o período orbital. Como observado antes, a 35.888 quilômetros de altitude o período orbital é o mesmo da velocidade de rotação da Terra. Os satélites lançados para essa localização são geoestacionários; eles "pairam" sobre um único local no nosso planeta, propiciando comunicações prolongadas e rápidas entre os continentes. Numa altura ainda muito mais elevada, à altitude de 386.242 quilômetros, está a Lua, que leva 27,3 dias para completar sua órbita.

Uma característica fascinante da queda livre é o estado persistente de ausência de peso a bordo de qualquer nave com tal trajetória. Na queda livre você e tudo mais ao seu redor caem exatamente à mesma velocidade. Uma balança colocada entre seus pés e o chão estaria também em queda livre. Como nada está comprimindo a balança, os astronautas não têm peso no espaço.

Mas, no momento em que a nave espacial acelera, começa a girar ou sofre resistência da atmosfera da Terra, o estado de queda livre acaba e os astronautas tornam a pesar alguma coisa. Todo fã de ficção científica sabe que, se você gira sua espaçonave à velocidade exata, ou acelera sua espaçonave à mesma velocidade com que um objeto cai na direção da Terra, você vai pesar exatamente o que pesa na balança de seu médico. Assim, se os engenheiros da espaçonave se sentissem compelidos a realizar a tarefa, eles poderiam projetar a espaçonave para simular a gravidade da Terra durante essas longas e tediosas expedições espaciais.

Outra aplicação inteligente da mecânica orbital de Newton é o efeito estilingue gravitacional. As agências espaciais lançam frequentemente sondas a partir da Terra com muito pouca energia para chegar a seus destinos planetários. Os engenheiros de órbita colocam as sondas ao longo de trajetórias astutas que passam por perto de uma fonte de gravidade pesada e móvel, como Júpiter. Ao cair rumo a Júpiter na mesma direção em que Júpiter se move, uma sonda pode roubar um pouco da energia joviana durante seu sobrevoo e depois se atirar para a frente como uma bola de pelota basca. Se os alinhamentos planetários estiverem corretos, a sonda poderá executar o mesmo truque quando girar por Saturno, Urano ou Netuno, roubando mais energia a cada encontro mais de perto. Esses não são pequenos empurrões; são grandes empurrões. Um único arremesso em Júpiter pode dobrar a velocidade da sonda através do sistema solar.

As estrelas que se movem mais rapidamente na galáxia, aquelas que emprestam significado coloquial a "saindo de órbita", são as que passam perto do buraco negro supermassivo no centro da Via Láctea. Uma descida para esse buraco negro (ou qualquer buraco negro) pode acelerar uma estrela até velocidades que se aproximam da velocidade da luz. Nenhum outro objeto tem potência para fazer isso. Se a trajetória de uma estrela tangencia um pouco o lado do buraco, quase atingindo o alvo, a estrela vai evitar ser devorada, mas sua velocidade aumentará dramaticamente. Agora imagine algumas centenas ou alguns milhares de estrelas engajados nessa atividade frenética. Os astrofísicos veem essas ginásticas estelares – detectáveis na maioria dos centros de galáxias – como uma evidência conclusiva da existência dos buracos negros.

O objeto mais distante visível a olho nu é a bela galáxia de Andrômeda, que é a galáxia espiral mais perto de nós. Essa é uma boa notícia. A má notícia é que todos os dados existentes levam a crer que as duas galáxias estão em rota de colisão. Ao mergulharmos cada vez mais fundo nesse abraço gravitacional mútuo, vamos nos tornar destroços retorcidos de estrelas dispersas e nuvens de gás em colisão. É só esperar uns 6 ou 7 bilhões de anos.

Em todo caso, você poderia provavelmente vender assentos para o espetáculo do encontro entre o buraco negro supermassivo de Andrômeda e o nosso, quando galáxias inteiras saírem de órbita.

CATORZE

SOBRE SER DENSO

Quando eu estava no 5º ano do ensino fundamental, um colega manhoso me fez a pergunta: "O que pesa mais, uma tonelada de penas ou uma tonelada de chumbo?". Não, eu não me deixei enganar, mas pouco sabia então como a compreensão crítica da densidade era útil para a vida e o universo. Um modo comum de computar a densidade, obviamente, é determinar a razão entre a massa de um objeto e o seu volume. Mas existem outros tipos de densidade, como a resistência da mente de alguém à comunicação do senso comum ou o número de pessoas por metro quadrado que vivem numa ilha exótica como Manhattan.

A gama de densidades medidas dentro de nosso universo é assombrosamente grande. Encontramos as densidades mais elevadas dentro de pulsares, onde os nêutrons estão tão firmemente comprimidos que um dedal de alguma coisa pesaria quase tanto quanto uma manada de 50 milhões de elefantes. E, quando um coelho desaparece no "nada" num espetáculo de mágica, ninguém nos diz que o nada já contém mais de 10.000.000.000.000.000.000.000.000 (dez setilhões) de átomos por metro cúbico. As melhores câmaras de vácuo de laboratórios podem reduzir seu conteúdo a tão somente 10.000.000.000 (dez bilhões) de átomos por metro cúbico. O espaço interplanetário se esvazia até quase 10.000.000 (dez milhões) de átomos por metro cúbico, enquanto o espaço interestelar é tão vazio quanto 500.000 átomos por metro cúbico.

O prêmio para o nada, entretanto, deve ser dado ao espaço entre as galáxias, onde é difícil encontrar mais que alguns átomos para cada 10 metros cúbicos.

A gama de densidades no universo abrange 44 potências de 10. Se classificássemos os objetos cósmicos apenas pela densidade, características salientes se revelariam com notável clareza. Por exemplo, objetos compactos densos como os buracos negros, os pulsares e as estrelas anãs brancas têm todos uma alta força de gravidade nas suas superfícies e agregam prontamente matéria num disco de acreção. Outro exemplo vem das propriedades do gás interestelar. Em todo lugar para onde olhamos na Via Láctea, e em outras galáxias, as nuvens de gás com a maior densidade são locais de estrelas recém-criadas. Nosso entendimento detalhado do processo de formação das estrelas continua incompleto, mas, compreensivelmente, quase todas as teorias da formação das estrelas incluem uma referência explícita à densidade alternante do gás quando as nuvens entram em colapso para formar estrelas.

Muitas vezes na astrofísica, em especial nas ciências planetárias, pode-se inferir a composição bruta de um asteroide ou de uma lua simplesmente pelo conhecimento de sua densidade. Como? Muitos ingredientes comuns no sistema solar têm densidades que são totalmente distintas umas das outras. Usando a densidade da água líquida como unidade de medição, a água congelada, a amônia, o metano e o dióxido de carbono (ingredientes comuns em cometas) todos têm densidade menor que 1; materiais rochosos, que são comuns entre os planetas interiores e os asteroides, têm densidades entre 2 e 5; o ferro, o níquel e vários outros metais que são comuns nos núcleos de planetas, e também em asteroides, têm densidades acima de 8. Objetos com densidades médias interpostas entre esses grupos amplos são normalmente interpretados como sendo compostos por uma mistura desses ingredientes comuns.

Para a Terra, podemos fazer um pouco melhor: a velocidade das ondas sonoras pós-terremoto através do interior da Terra está diretamente relacionada à variação da densidade do nosso planeta a partir de seu centro até a superfície. Os melhores dados sísmicos existentes indicam uma densidade do núcleo de cerca de 12, caindo para uma densidade da crosta exterior em torno de 3. Quando considerados em média, a densidade da Terra inteira é aproximadamente 5,5.

A densidade, a massa e o volume (tamanho) se juntam na equação para a densidade, de modo que, se medir ou inferir duas quaisquer dessas quantidades, você pode computar a terceira. O planeta ao redor da estrela 51 Pegasus – semelhante ao Sol e visível a olho nu –, teve sua massa e órbita computadas diretamente a partir dos dados. Uma hipótese subsequente sobre se o planeta é gasoso (provável) ou rochoso (improvável) permite uma estimativa básica do seu tamanho.

Frequentemente, quando as pessoas afirmam que uma substância é mais pesada que outra, a comparação implícita é de densidade, não de peso. Por exemplo, a afirmação simples, mas tecnicamente ambígua, de que "o chumbo pesa mais que penas" seria realmente compreendida por quase todo mundo como uma questão de densidade. Mas essa compreensão implícita falha em alguns casos notáveis. O creme de leite pesado é mais leve (menos denso) que o leite desnatado, e todas as naus marítimas, inclusive a *Queen Mary 2*, de 150 mil toneladas, são mais leves (menos densas) que a água. Se essas afirmações fossem falsas, o creme e os transatlânticos submergiriam até o fundo dos líquidos sobre os quais flutuam.

Mais um bocadinho de informação sobre densidade.

Sob a influência da gravidade, o ar quente não se eleva simplesmente porque é quente, mas porque é menos denso do que o ar circundante. Da mesma forma se poderia declarar que o ar frio mais denso afunda, e ambos os fenômenos devem acontecer para permitir a convecção no universo.

A água sólida (comumente conhecida como gelo) é menos densa que a água líquida. Se o inverso fosse verdade, então no inverno os grandes lagos e rios congelariam completamente, do fundo para a superfície, matando todos os peixes. O que protege os peixes é a camada superior flutuante e menos densa de gelo, que isola dos ares frios do inverno as águas mais quentes abaixo.

Sobre o caso de peixes mortos, quando encontrados de barriga para cima num tanque de peixes, eles são, claro, temporariamente menos densos que suas contrapartes vivas.

Ao contrário de qualquer outro planeta conhecido, Saturno tem densidade média menor que a da água. Em outras palavras, uma concha de Saturno flutuaria na sua banheira. Sabendo disso, sempre desejei como brinquedo de banheira um Saturno de borracha em vez de um patinho de borracha.

Se você alimenta um buraco negro, seu horizonte de eventos (aquela fronteira além da qual a luz não pode escapar) cresce em proporção direta à sua massa, o que significa que, quando a massa de um buraco negro aumenta, a densidade média dentro de seu horizonte de eventos na realidade diminui. Enquanto isso, pelo que podemos afirmar a partir de nossas equações, o conteúdo material de um buraco negro caiu para um único ponto de densidade quase infinita bem no seu centro.

E contemplem o maior mistério de todos: uma lata não aberta de Pepsi diet flutua na água enquanto uma lata não aberta de Pepsi normal afunda.

Se você dobrasse o número de bolas de gude numa caixa, sua densidade continuaria a mesma, claro, porque tanto a massa como o volume dobrariam, o que em combinação não tem nenhum efeito líquido sobre a densidade. Mas existem objetos no universo cuja densidade relativa à massa e ao volume produz resultados pouco familiares. Se a sua caixa contivesse uma penugem macia e fofa, e você dobrasse o número de penas, as do fundo se tornariam achatadas. Você teria dobrado a massa, mas não o volume, e ficaria com um aumento líquido na densidade. Todas as coisas amassáveis sob a influência de seu próprio peso se comportarão dessa maneira. A atmosfera da Terra não é exceção: encontramos metade de todas as suas moléculas comprimidas nos 4,83 quilômetros mais baixos acima da superfície da Terra. Para os astrofísicos, a atmosfera da Terra forma uma influência ruim sobre a qualidade dos dados, razão pela qual você frequentemente escuta que escapamos para os topos das montanhas a fim de realizar pesquisas, deixando a maior parte possível da atmosfera da Terra abaixo de nós.

A atmosfera da Terra termina onde ela se mistura indistintamente com o gás de densidade muito baixa do espaço interplanetário. Normalmente, essa mistura está vários milhares de quilômetros acima da superfície da Terra. Note-se que o ônibus espacial, o telescópio *Hubble* e outros satélites que orbitam a uma distância de apenas algumas centenas de quilômetros da superfície da Terra acabariam saindo de órbita em virtude da resistência residual do ar atmosférico, se não recebessem empurrões periódicos. Durante o pico da atividade solar, entretanto, (a cada onze anos) a atmosfera superior da Terra recebe uma dose mais elevada de radiação solar, forçando-a a esquentar e se expandir. Durante esse período, a atmosfera pode se estender 1.600 quilômetros a mais no espaço, deteriorando as órbitas dos satélites mais rapidamente que o normal.

Antes dos vácuos de laboratório, o ar era a coisa mais próxima do nada que alguém poderia imaginar. Com a terra, o fogo e a água, o ar era um dos quatro elementos aristotélicos originais que compunham o mundo conhecido. Na realidade, havia um quinto elemento conhecido como a "quinta"-essência. Do outro mundo, ainda mais leve que o ar e mais etéreo que o fogo, presumia-se que a quinta-essência rarefeita compreendia os céus. Que exótico!

Não precisamos olhar assim tão longe quanto os céus para encontrar ambientes rarefeitos. Bastará nossa atmosfera superior. Começando ao nível do mar, o ar pesa cerca de 1,03 quilograma por centímetro quadrado. Assim, se você cortasse 1 centímetro quadrado da atmosfera ao longo de milhares de quilômetros desde o topo dela até o nível do mar e colocasse a coluna resultante numa balança, ela pesaria 1,03 quilograma. Para efeito de comparação, uma coluna de água de 1 centímetro quadrado requer meros 10 metros para pesar 1,03 quilograma. Nos cumes das montanhas e lá no alto dentro de aviões, a coluna de ar recortada acima de você é mais curta e, portanto, pesa menos. No cume do Mauna Kea, no Havaí, a 4.267 metros de altura, onde estão abrigados alguns dos telescópios mais potentes do mundo, a pressão atmosférica cai para cerca de 0,69 quilograma por centímetro quadrado. Ao fazer observações no local, os astrofísicos respiram intermitentemente com tanques de oxigênio para reter sua acuidade intelectual.

Acima de 160 quilômetros, onde não há astrofísicos conhecidos, o ar é tão rarefeito que as moléculas de gás se movem por um tempo relativamente longo antes de colidirem umas com as outras. Se, entre as colisões, as moléculas são abalroadas por uma nova partícula, elas se tornam temporariamente excitadas e depois emitem um espectro único de cores antes de sua próxima colisão. Quando as novas partículas são componentes do vento solar, tais como prótons e elétrons, as emissões são cortinas de luz ondulante, a que comumente damos o nome de aurora. Quando o espectro da luz da aurora foi medido pela primeira vez, ele não tinha contraparte no laboratório. A identidade das moléculas brilhantes continuou desconhecida até aprendermos que as culpadas eram moléculas de nitrogênio e oxigênio excitadas, mas, sob todos os outros aspectos, comuns. Ao nível do mar, suas rápidas colisões mútuas absorvem esse excesso de energia muito antes de elas terem uma chance de emitir sua própria luz.

A atmosfera superior da Terra não está sozinha nessa produção de luzes misteriosas. As características espectrais da coroa do Sol há muito intrigavam os astrofísicos. Lugar extremamente rarefeito, a coroa é aquela bela e abrasadora região exterior do Sol que se torna visível durante um eclipse solar total. As novas características foram atribuídas a um elemento desconhecido apelidado de "corônio". Só quando descobrimos que a coroa solar é aquecida a milhões de graus é que compreendemos que o elemento misterioso era ferro altamente ionizado, um estado antes desconhecido, no qual a maior parte de seus elétrons exteriores são arrancados e ficam flutuando livres no gás.

O termo "rarefeito" é normalmente reservado aos gases, mas vou tomar a liberdade de aplicá-lo ao famoso cinturão de asteroides do sistema solar. Pelos filmes e por outras descrições, você pensaria que se trata de um lugar perigoso, criado sob a ameaça constante de colisões frontais com penedos do tamanho de uma casa. A receita real para o cinturão de asteroides? Tome meros 2,5 por cento da massa da Lua (ela própria, apenas 1/81 da massa da Terra), triture em milhares de pedaços sortidos, mas cuide para que três quartos da massa fiquem contidos em apenas quatro asteroides. Depois espalhe tudo por um cinturão com 160 milhões de quilômetros de largura que segue por um caminho de 2,4 bilhões de quilômetros ao redor do Sol.

As caudas dos cometas, por mais tênues e rarefeitas que sejam, representam um aumento na densidade por um fator 1.000 sobre as condições ambientais no espaço interplanetário. Por refletir a luz solar e reemitir a energia absorvida do Sol, a cauda de um cometa possui uma visibilidade extraordinária dada sua condição de nada ser. Fred Whipple, do Centro Harvard-Smithsoniano de Astrofísica, é geralmente considerado um dos pais de nossa compreensão moderna dos cometas. Ele descreveu sucintamente a cauda de um cometa como o máximo que já foi tirado do mínimo. Na verdade, se o volume inteiro da cauda de um cometa com 80 milhões de quilômetros de comprimento fosse comprimido até a densidade do ar comum, todo o gás da cauda preencheria um cubo de 800 metros. Quando o cianogênio (CN), um gás astronomicamente comum, mas mortal, foi descoberto em cometas, e quando se anunciou mais tarde que a Terra passaria pela cauda do cometa Halley durante a visita desse cometa ao sistema solar interior em 1910, farmacêuticos charlatães venderam pílulas anticometas a pessoas crédulas.

O núcleo do Sol, onde toda a energia termonuclear é gerada, não é um lugar para se encontrar material de baixa densidade. Mas o núcleo compreende mero 1 por cento do volume do Sol. A densidade média de todo o Sol é apenas um quarto da densidade da Terra, e apenas 40 por cento mais elevada que a da água comum. Em outras palavras, uma colherada do Sol afundaria na sua banheira, mas não afundaria rapidamente. No entanto, em 5 bilhões de anos o núcleo do Sol terá fundido quase todo o seu hidrogênio em hélio e, pouco depois, começará a fundir hélio em carbono. Nesse meio-tempo, a luminosidade do Sol aumentará mil vezes, enquanto a temperatura de sua superfície cairá para a metade do que é hoje em dia. Sabemos pelas leis da física que a única maneira de um objeto aumentar sua luminosidade e simultaneamente esfriar é tornar-se maior. Como será detalhado na Seção 5, o Sol acabará se expandindo e formando uma bola abaulada de gás rarefeito que preencherá completamente o volume da órbita da Terra e se estenderá ainda mais além, enquanto a densidade média do Sol cairá para menos que dez bilionésimos de seu valor atual. Claro que os oceanos e a atmosfera da Terra terão evaporado para o espaço e toda a vida terá se vaporizado, mas isso não precisa nos afetar aqui. A atmosfera exterior do Sol, por mais rarefeita que viesse a ser então, impediria ainda assim o movimento da Terra na sua órbita e nos forçaria a entrar numa espiral implacável rumo ao esquecimento termonuclear.

Mais além de nosso sistema solar, inicia-se nossa aventura pelo espaço interestelar. Os humanos enviaram quatro naves espaciais com bastante energia para viajar por ali: as *Pioneer 10* e *11* e as *Voyager 1* e *2*. A mais veloz delas, a *Voyager 2*, atingirá a distância da estrela mais próxima do Sol em 25 mil anos.

Sim, o espaço interestelar é vazio. Mas, como a extraordinária visibilidade das caudas de cometa rarefeitas no espaço interplanetário, as nuvens de gás lá fora, que têm de cem a mil vezes a densidade ambiente, revelam-se prontamente na presença de estrelas luminosas próximas. De novo, quando a luz dessas nebulosidades coloridas foi analisada pela primeira vez, seus espectros revelaram padrões desconhecidos. O elemento hipotético "nebúlio" foi proposto como um marcador de lugar para nossa ignorância. No final do século XIX, não havia claramente nenhum lugar na tabela periódica dos elementos que pudesse ser identificado com o nebúlio. Quando as técnicas de obter vácuo em laboratório melhoraram, e quando características espectrais desconhecidas se tornaram rotineiramente identificadas com elementos familiares, cresceram as suspeitas – que foram mais tarde confirmadas – de que o nebúlio era oxigênio comum num estado extraordinário. Que estado era esse? Cada um dos átomos estava despojado de dois elétrons, e eles viviam no vácuo quase perfeito do espaço interestelar.

Quando você sai da galáxia, deixa para trás quase todo o gás, poeira, estrelas, planetas e entulho. Você entra num vazio cósmico inimaginável. Vamos falar do vazio: um cubo de espaço intergaláctico de 200 mil quilômetros num lado contém aproximadamente o mesmo número de átomos que o ar que preenche o volume utilizável de seu refrigerador. Lá fora, o cosmos não só ama o vácuo, ele é esculpido a partir dele.

Puxa, um vácuo absoluto e perfeito pode ser impossível de atingir ou encontrar. Como vimos na Seção 2, uma das muitas predições bizarras da mecânica quântica sustenta que o vácuo real do espaço contém um mar de partículas "virtuais" que nascem e morrem continuamente junto com suas contrapartes da antimatéria. Sua virtualidade provém de terem períodos de vida tão curtos que sua existência direta jamais pode ser medida. Mais comumente conhecida como "energia do vácuo", ela pode atuar como uma pressão antigravidade que acabará levando o universo a se expandir com uma velocidade exponencialmente sempre maior – tornando o espaço intergaláctico ainda mais rarefeito.

O que existe além?

Entre aqueles que exploram a metafísica como amadores, alguns propõem a hipótese de que fora do universo, onde não há espaço, não há nada. Poderíamos dar a esse lugar hipotético de densidade zero o nome de nada-nada, não fosse nossa certeza de encontrarmos multidões de coelhos ainda não retirados da cartola.

QUINZE

ALÉM DO ARCO-ÍRIS

Sempre que os cartunistas desenham biólogos, químicos ou engenheiros, é comum os personagens usarem jalecos brancos protetores que têm várias canetas e lápis saindo do bolso no peito. Os astrofísicos utilizam muitas canetas e lápis, mas nunca usamos jalecos brancos, a não ser quando estamos construindo algo para lançar no espaço. Nosso laboratório primário é o cosmos, e, a menos que seja muito azarado e acabe atingido por um meteorito, você não corre o risco de ficar com a roupa chamuscada ou então manchada por líquidos cáusticos derramados do céu. Nisso reside o desafio. Como estudar algo que não pode sujar suas roupas? Como é que os astrofísicos sabem alguma coisa sobre o universo ou seus conteúdos, se todos os objetos a serem estudados estão a anos-luz de distância?

Felizmente, a luz que emana de uma estrela nos revela muito mais do que sua posição no céu ou quão brilhante ela é. Os átomos de objetos que brilham levam vidas agitadas. Seus pequenos elétrons não param de absorver e emitir luz. E, se o ambiente é suficientemente quente, as colisões energéticas entre os átomos podem dispersar alguns ou todos os seus elétrons, permitindo que eles espalhem luz de um lado para outro. Tudo considerado, os átomos deixam sua impressão digital na luz que está sendo estudada, que implica com exclusividade que elementos químicos ou moléculas são responsáveis.

Já em 1666, Isaac Newton passou a luz branca através de um prisma para produzir o agora familiar espectro de sete cores: vermelho, laranja, amarelo, verde, azul, índigo e violeta, que ele pessoalmente nomeou. (Sinta-se à vontade para chamá-las Roy G. Biv [Roy G. Biv – acrônimo em inglês para a sequência dos matizes do arco-íris: **R**ed, **O**range, **Y**ellow, **G**reen, **B**lue, **I**ndigo, **V**iolet].) Outros tinham brincado com prismas antes. Mas o que Newton fez a seguir não tinha precedente. Ele passou o espectro emergente de cores através de um segundo prisma e recuperou o branco puro com que tinha começado, demonstrando uma propriedade extraordinária da luz que não tem contrapartida na paleta do artista; essas mesmas cores nas tintas, quando misturadas, resultariam numa cor parecida com a da lama. Newton também tentou dispersar as próprias cores, mas descobriu que eram puras. E, apesar dos sete nomes, as cores espectrais mudam suave e continuamente de uma cor para a próxima. O olho humano não tem a capacidade de fazer o que fazem os prismas – outra janela para o universo se mantinha fechada diante de nós.

Uma inspeção cuidadosa do espectro do Sol, usando óptica de precisão e técnicas inexistentes no tempo de Newton, revela não só Roy G. Biv, mas segmentos estreitos dentro do espectro dos quais as cores estão ausentes. Essas "linhas" através da luz foram descobertas em 1802 pelo químico e médico inglês William Hyde Wollaston, que de modo ingênuo (embora sensato) sugeriu que elas eram naturalmente fronteiras que ocorriam entre as cores. Seguiram-se uma discussão e uma interpretação mais completas com o empenho do físico e óptico alemão Joseph von Fraunhofer (1787-1826), que dedicou sua carreira profissional à análise quantitativa dos espectros e à construção de dispositivos ópticos que os geram. Fraunhofer é frequentemente mencionado como o pai da espectroscopia moderna, mas eu ainda poderia afirmar que ele foi o pai da astrofísica. Entre 1814 e 1817, ele passou a luz de certas chamas através de um prisma e descobriu que o padrão das linhas se parecia com o que ele encontrou no espectro do Sol, que se parecia ainda mais com as linhas encontradas nos espectros de muitas estrelas, inclusive Capella, uma das mais brilhantes no céu noturno.

Em meados do século XIX, os químicos Gustav Kirchhoff e Robert Bunsen (famoso pelo bico de Bunsen das aulas de química) estavam promovendo um empreendimento caseiro de passar a luz de substâncias em chamas através de um prisma. Eles mapearam os padrões gerados pelos elementos conhecidos e descobriram uma legião de novos elementos, entre eles o rubídio e o césio. Cada elemento deixava seu próprio padrão de linhas – seu próprio cartão de visitas – no espectro então estudado. Tão fértil foi esse empreendimento que o segundo elemento mais abundante no universo, o hélio, foi descoberto no espectro do Sol *antes* de ser descoberto na Terra. O nome do elemento guarda essa história com seu nome derivado de *Helios*, "o Sol".

Uma explicação detalhada e acurada de como os átomos e seus elétrons formam linhas espectrais só apareceria na era da física quântica, meio século mais tarde, mas o salto conceitual já tinha sido dado: assim como as equações de Newton conectavam o domínio da física de laboratório ao sistema solar, Fraunhofer conectava o domínio da química de laboratório ao cosmos. O palco estava montado para identificar, pela primeira vez, que elementos químicos preenchiam o universo, e sob que condições de temperatura e pressão seus padrões se revelavam ao espectroscopista.

Entre as afirmações mais estúpidas feitas por filósofos de poltrona, encontramos a seguinte proclamação de 1835 em *Cours de la Philosophie Positive*, de Auguste Comte (1798-1857):

> Sobre o tema das estrelas, todas as investigações que em última análise não podem ser reduzidas a simples observações visuais são

[...] necessariamente negadas a nós [...] Jamais seremos capazes de estudar de algum modo sua composição química [...] Considero qualquer noção a respeito da temperatura média das várias estrelas como algo para sempre negado a nós. (p. 16)

Citações como essa podem incutir em você o medo de dizer qualquer coisa em papel impresso.

Apenas sete anos mais tarde, em 1842, o físico austríaco Christian Doppler propôs o que se tornou conhecido como efeito Doppler, que é a mudança na frequência de uma onda que está sendo emitida por um objeto em movimento. Pode-se pensar no objeto em movimento esticando as ondas atrás de si (reduzindo sua frequência) e comprimindo as ondas à sua frente (aumentando sua frequência). Quanto mais rápido o objeto se move, mais a luz é comprimida à sua frente e esticada atrás dele. Essa simples relação entre velocidade e frequência tem implicações profundas. Se você sabe que frequência foi emitida, mas ao medi-la constata um valor diferente, a diferença entre os dois valores é uma indicação direta da velocidade do objeto aproximando-se ou afastando-se de você. Num estudo de 1842, Doppler faz esta afirmação presciente:

> Deve ser quase aceito com certeza que este [efeito Doppler] oferecerá aos astrônomos em futuro não demasiado distante um meio bem-vindo para determinar os movimentos [...] daquelas estrelas que [...] até este momento não apresentaram a esperança de tais medições e determinações. (Schwippell 1992, pp. 46-54)

A ideia funciona para as ondas sonoras, para as ondas da luz e, de fato, para ondas de qualquer origem. (Aposto que Doppler ficaria surpreso ao saber que sua descoberta seria usada um dia nos "radares pistola" baseados em micro-ondas que os policiais manejam para arrancar dinheiro de pessoas que dirigem carros a velocidades acima do limite estabelecido por lei.) Em 1845, Doppler estava realizando experimentos com músicos que tocavam melodias em vagões ferroviários tipo plataforma, enquanto pessoas de ouvido absoluto anotavam as notas mutáveis que escutavam quando o trem se aproximava e depois se afastava.

Ao final do século XIX, com a utilização disseminada de espectrógrafos em astronomia, junto com a nova ciência da fotografia, o campo da astronomia renasceu como disciplina da astrofísica. Um dos periódicos de pesquisa preeminentes no meu campo, o *Astrophysical Journal*, foi fundado em 1895, e, até 1962, trazia o subtítulo: *Uma revisão internacional de espectroscopia e física astronômica*. Mesmo hoje em dia, quase todo estudo que apresenta observações do universo fornece uma análise de espectros ou é fortemente influenciado por dados espectroscópicos obtidos por outros.

Gerar o espectro de um objeto requer muito mais luz do que tirar um instantâneo; assim, os maiores telescópios do mundo, como os telescópios Keck de 10 metros, no Havaí, têm como tarefa primária obter espectros. Em suma, se não fosse nossa capacidade de analisar espectros, não saberíamos quase nada sobre o que acontece no universo.

Os educadores da astrofísica enfrentam um desafio pedagógico da mais elevada ordem. Os pesquisadores da astrofísica deduzem quase todo o conhecimento sobre a estrutura, formação e evolução das coisas no universo a partir do estudo dos espectros. Mas a análise dos espectros está afastada por vários níveis de inferência das coisas que estão sendo estudadas. As analogias e as metáforas ajudam ao ligar uma ideia complexa e um tanto abstrata a outra mais simples e mais tangível. O biólogo poderia descrever a forma da molécula do DNA como duas espirais, conectadas uma à outra como os degraus de uma escada de mão conecta os seus lados. Posso imaginar uma espiral. Posso imaginar duas espirais. Posso imaginar degraus numa escada de mão. Portanto, posso imaginar a forma da molécula. Cada parte da descrição está afastada apenas por um nível de inferência da própria molécula. E elas se reúnem apropriadamente para criar uma imagem tangível na mente. Independentemente da facilidade ou da dificuldade que o assunto possa ter, você é agora capaz de falar sobre a ciência da molécula.

Mas, para explicar como conhecemos a velocidade de uma estrela que retrocede, precisamos de cinco níveis encaixados de abstração:

Nível 0: uma estrela
Nível 1: imagem de uma estrela
Nível 2: luz da imagem de uma estrela
Nível 3: espectro da luz da imagem de uma estrela
Nível 4: padrões de linhas que embelezam o espectro da luz da imagem de uma estrela
Nível 5: mudanças nos padrões das linhas no espectro da luz da imagem da estrela

Ir do nível 0 para o nível 1 é um passo trivial que damos toda vez que tiramos uma foto com a câmera. Mas, quando a explicação chega ao nível 5, o público está atordoado ou apenas em sono profundo. É por isso que o público jamais escuta a parte sobre o papel dos espectros na descoberta cósmica – ele está apenas demasiado afastado dos próprios objetos para explicá-los com eficiência ou facilidade.

No projeto das exposições de um museu de história natural, ou de qualquer museu onde o que importa são as coisas reais, o que você procura normalmente são artefatos para mostruários – pedras, ossos, ferramentas, fósseis, *memorabilia* e assim por diante. Tudo isso são espécimes do "nível 0" e requerem pouco ou nenhum investimento cognitivo antes que sejam dadas as explicações do que é o objeto. Para as exposições da astrofísica, entretanto, qualquer tentativa de colocar estrelas ou quasares em exposição vaporizaria o museu.

Assim, a maioria das exposições da astrofísica é concebida no nível 1, o que acarreta principalmente exposições de fotos, algumas admiráveis e muito belas. O telescópio mais famoso dos tempos modernos, o *Telescópio Espacial Hubble*, é conhecido do público principalmente pelas belas imagens coloridas de alta resolução que ele obteve de objetos no universo. O problema aqui é que, depois de ver essas exposições, saímos mais poéticos sobre a beleza do universo, mas não estamos mais próximos de compreender como é que tudo funciona. Conhecer realmente o universo requer incursões nos níveis 3, 4 e 5. Embora grande parte da boa ciência tenha vindo do telescópio *Hubble*, nunca saberíamos pelos relatos na mídia que os fundamentos de nosso conhecimento cósmico continuam a fluir principalmente da análise dos espectros, e não da contemplação de belas imagens. Quero que as pessoas sejam estimuladas, não só pela exposição aos níveis 0 e 1, mas também pela exposição ao nível 5, que reconhecidamente requer um maior investimento intelectual da parte do estudante, mas também (e talvez em especial) da parte do educador.

Uma coisa é ver uma bela foto colorida, tirada à luz visível, de uma nebulosa em nossa própria galáxia da Via Láctea. Mas é outra história saber pelo seu espectro das ondas de rádio que ela também abriga estrelas recém-formadas de massa muito alta dentro de suas camadas de nuvem. Essa nuvem de gás é um berçário estelar, renovando a luz do universo.

Uma coisa é saber que de vez em quando estrelas de alta massa explodem. As fotografias podem mostrar esse fenômeno. Mas os espectros de raio X e da luz visível dessas estrelas moribundas revelam um esconderijo de elementos pesados que enriquecem a galáxia e podem ser diretamente ligados aos elementos constituintes da vida sobre a Terra. Não só vivemos entre as estrelas, as estrelas vivem dentro de nós.

Uma coisa é olhar para um pôster de uma bela galáxia espiral. Mas é outra história saber pelas mudanças Doppler em suas características espectrais que a galáxia está girando a 200 quilômetros por segundo, do que inferimos a presença de 100 bilhões de estrelas que usam as leis da gravidade de Newton. E, por sinal, a galáxia está se afastando de nós a um décimo da velocidade da luz, como parte da expansão do universo.

Uma coisa é olhar para as estrelas próximas que se parecem com o Sol em luminosidade e temperatura. Mas é outra história usar medições Doppler hipersensíveis do movimento da estrela para inferir a existência de planetas em órbita ao redor delas. Ao fechamento desta edição, nosso catálogo já tem mais de duzentos desses planetas, sem contar os conhecidos em nosso próprio sistema solar.

Uma coisa é observar a luz de um quasar na beirada do universo. Mas é outra história inteiramente diferente analisar o espectro do quasar e deduzir a estrutura do universo invisível, traçada ao longo do caminho de luz do quasar, enquanto nuvens de gás e outras obstruções tiram o seu naco dos espectros do quasar.

Felizmente, para todos os estudiosos de magneto-hidrodinâmica entre nós, a estrutura muda pouco sob a influência de um campo magnético. Essa mudança se manifesta no padrão espectral levemente alterado que é causado por esses átomos magneticamente afetados.

E, armados com a versão relativista de Einstein a respeito da fórmula de Doppler, deduzimos a taxa de expansão do universo inteiro a partir dos espectros de incontáveis galáxias próximas e longínquas, e assim deduzimos a idade e o destino do universo.

Poder-se-ia argumentar convincentemente que sabemos mais sobre o universo do que o biólogo marinho sobre o fundo do oceano ou o geólogo sobre o centro da Terra. Longe de uma existência como contempladores impotentes de estrelas, os astrofísicos modernos estão armados até os dentes com as ferramentas e as técnicas da espectroscopia, que nos tornam capazes de, estando firmemente plantados sobre a Terra, tocar por fim as estrelas (sem queimar os dedos) e afirmar que as conhecemos como nunca dantes.

DEZESSEIS

JANELAS CÓSMICAS

Como visto na Seção 1, o olho humano é frequentemente propagandeado como um dos órgãos mais impressionantes do corpo humano. Sua capacidade de focar perto e longe, de ajustar-se a uma ampla gama de níveis de luz e de distinguir cores está no topo da lista das características iluminadoras da maioria das pessoas. Mas, ao notar as muitas faixas de luz que são invisíveis para nós, você seria forçado a declarar que os humanos são praticamente cegos. Quão impressionante é a nossa audição? Os morcegos claramente voariam em círculos ao nosso redor com uma sensibilidade aos tons sonoros que supera a nossa por uma ordem de magnitude. E, se o sentido do olfato humano fosse tão bom quanto o dos cachorros, então seria Fred, e não Fido, o encarregado de farejar contrabando nas revistas da alfândega nos aeroportos.

A história da descoberta humana é caracterizada pelo desejo ilimitado de estender os sentidos além de nossos limites inatos. É por meio desse desejo que abrimos novas janelas para o universo. Por exemplo, começando na década de 1960 com as primeiras sondas soviéticas e da NASA para a Lua e os planetas, as sondas espaciais controladas por computador, que podemos chamar corretamente de robôs, tornaram-se (e ainda são) a ferramenta-padrão para a exploração espacial. Os robôs no espaço têm várias vantagens claras sobre os astronautas: são mais baratos de lançar; podem ser projetados para executar experimentos de precisão muito alta sem a interferência de roupas de pressão incômodas; e não são vivos em nenhum sentido tradicional da palavra, por isso não podem ser mortos num acidente espacial. Mas, até que os computadores possam simular a curiosidade humana e as centelhas de *insight* humanas, e até que os computadores possam sintetizar informações e reconhecer uma feliz descoberta casual quando ela aparecer diante de seus olhos (e talvez mesmo quando não for tão evidente), os robôs continuarão sendo ferramentas projetadas para descobrir o que já esperamos encontrar.

Infelizmente, perguntas profundas sobre a natureza podem estar ocultas entre aquelas que ainda têm de ser formuladas.

O aperfeiçoamento mais significativo de nossos frágeis sentidos é a extensão de nossa visão para as faixas invisíveis do que é coletivamente conhecido como espectro eletromagnético. No final do século XIX, o físico alemão Heinrich Hertz executou experimentos que ajudaram a unir conceitualmente o que era antes considerado como formas não relacionadas de radiação. Revelou-se que ondas de rádio, infravermelho, luz visível e ultravioleta eram todos primos numa família de luz que simplesmente diferia em energia. O espectro total, inclusive todas as partes descobertas depois do trabalho de Hertz, estende-se desde a parte de baixa energia que chamamos de ondas de rádio, e continua em ordem de energia crescente para micro-ondas, infravermelho, luz visível (que compreende as "sete do arco-íris": vermelho, laranja, amarelo, verde, azul, índigo e violeta), ultravioleta, raios X e raios gama.

O Super-Homem, com sua visão de raio X, não tem nenhuma vantagem especial sobre os cientistas dos tempos modernos. Sim, ele é um pouco mais forte que o astrofísico comum, mas os astrofísicos agora podem "ver" toda parte importante do espectro eletromagnético. Na ausência dessa visão estendida, somos não só cegos, mas ignorantes – a existência de muitos fenômenos astrofísicos se revela apenas por algumas janelas, e não por outras.

O que se segue é uma espiada seletiva através de cada janela aberta para o universo, a começar pelas ondas de rádio, que requerem detectores muito diferentes daqueles que você encontrará na retina humana.

Em 1932, Karl Jansky, a serviço dos Bell Telephone Laboratories e armado com uma antena de rádio, "viu" pela primeira vez sinais de rádio que emanavam de algum outro lugar que não a Terra; ele tinha descoberto o centro da galáxia da Via Láctea. O sinal de rádio era suficientemente intenso para que, se o olho humano fosse sensível apenas a ondas de rádio, o centro galáctico estivesse entre as fontes mais brilhantes no céu.

Com alguns dispositivos eletrônicos projetados com inteligência, é possível transmitir ondas de rádio especialmente codificadas que podem então ser transformadas em som. Esse aparelho engenhoso veio a ser conhecido como "rádio". Assim, em virtude de estendermos nosso sentido da visão, conseguimos também estender, na verdade, nosso sentido da audição. Mas qualquer fonte de ondas de rádio, ou praticamente qualquer fonte de energia, pode ser canalizada para vibrar o cone de um alto-falante, embora os jornalistas de vez em quando compreendam mal esse fato simples. Por exemplo, quando se descobriu emissão de rádio em Saturno, foi bastante simples para os astrônomos conectar um radiorreceptor equipado com um alto-falante. O sinal da onda de rádio foi então convertido em ondas sonoras audíveis, o que levou um jornalista a relatar que "sons" estavam vindo de Saturno e que a vida em Saturno estava tentando nos dizer alguma coisa.

Com detectores de rádio muito mais sensíveis e sofisticados do que os disponíveis para Karl Jansky, exploramos agora não somente a Via Láctea, mas o universo inteiro. Como um atestado de nosso viés inicial de "ver é crer", as primeiras detecções de fontes de rádio no universo eram frequentemente consideradas não fidedignas até serem confirmadas pelas observações com um telescópio convencional. Felizmente, a maioria das classes de objetos emissores de rádio também emite algum nível de luz visível, assim a fé cega nem sempre era requisitada. Por fim, os telescópios de onda de rádio produziram um rico desfile de descobertas que inclui os ainda misteriosos quasares (um acrônimo montado imprecisamente de *"quasi-stellar radio source"* [fonte de rádio quase estelar]), que são os objetos mais distantes no universo conhecido.

Galáxias ricas em gás emitem ondas de rádio a partir dos abundantes átomos de hidrogênio que estão presentes (mais de 90 por cento de todos os átomos no universo são de hidrogênio). Com grandes grupos de telescópios de rádio eletronicamente conectados, podemos gerar imagens de resolução muito alta do conteúdo de gás de uma galáxia, que revelam características intrincadas no gás hidrogênio, como torções, bolhas, buracos e filamentos. Em muitos aspectos a tarefa de mapear as galáxias não é diferente da que se apresentava aos cartógrafos dos séculos XV e XVI, cujos traçados dos continentes – por mais distorcidos que fossem – representavam uma nobre tentativa humana de descrever mundos além do seu alcance físico.

Se o olho humano fosse sensível às micro-ondas, essa janela do espectro permitiria que víssemos o radar emitido pelo radar pistola do policial da patrulha rodoviária escondido entre os arbustos. E as torres de retransmissão de telefonia, que emitem micro-ondas, ficariam flamejantes de luz. Observe, entretanto, que o interior de seu forno de micro-ondas não pareceria diferente, porque a malha embutida na porta reflete as micro-ondas de volta para a cavidade a fim de impedir seu escape. O humor vítreo dos globos oculares esquadrinhadores fica assim protegido de ser cozinhado juntamente com a comida.

Os telescópios de micro-ondas só foram ativamente empregados para estudar o universo no final da década de 1960. Eles nos permitem espiar as nuvens frias e densas do gás interestelar, que acabam entrando em colapso para formar estrelas e planetas. Os elementos pesados nessas nuvens se agrupam prontamente em moléculas complexas cuja assinatura na parte micro-onda do espectro é inequívoca por causa de sua correspondência com moléculas idênticas que existem na Terra.

Algumas moléculas cósmicas são familiares em casa:

NH_3 (amônia)
H_2O (água)

Enquanto outras são mortais:

CO (monóxido de carbono)
HCN (cianeto de hidrogênio)

Algumas nos lembram o hospital:

H_2CO (formaldeído)
C_2H_5OH (álcool etílico)

E algumas não nos lembram nada:

N_2H+ (íon mono-hidrido de dinitrogênio)
CHC_3CN (cianodiacetileno)

São conhecidas quase 130 moléculas, inclusive a glicina, que é um aminoácido que se constitui num bloco de construção para a proteína e, portanto, para a vida como a conhecemos.

Sem dúvida, um telescópio de micro-onda fez a descoberta singular mais importante em astrofísica. O calor restante do *big bang* originário do universo esfriou para uma temperatura de aproximadamente 3 graus na escala de temperatura absoluta. (Como plenamente detalhado adiante, nesta seção, a escala de temperatura absoluta estabelece muito razoavelmente a temperatura mais fria possível em zero grau, assim não há temperaturas negativas. O zero absoluto corresponde a aproximadamente -460 graus Fahrenheit [-273 graus Celsius], enquanto 310 graus absolutos correspondem à temperatura corporal.) Em 1965, esse resquício do *big bang* foi medido, por um feliz acaso, numa observação ganhadora do Prêmio Nobel realizada nos Bell Telephone Laboratories pelos físicos Arno Penzias e Robert Wilson. O resquício se manifesta como um oceano de luz onipresente e onidirecional que é dominado por micro-ondas.

Essa descoberta foi, talvez, a serendipidade em seu estado mais refinado. Penzias e Wilson começaram humildemente a procurar as fontes terrestres que interferiam com as comunicações por micro-ondas, mas o que encontraram foi uma evidência convincente para a teoria *big bang* da origem do universo, o que deve ser como tentar pescar um peixinho e fisgar uma baleia-azul.

Seguindo adiante ao longo do espectro eletromagnético, temos a luz infravermelha. Também invisível aos humanos, é muito familiar para os fanáticos do *fast-food*, cujas batatas fritas são mantidas aquecidas com lâmpadas infravermelhas por horas antes da venda. Essas lâmpadas também emitem luz visível, mas seu ingrediente ativo é uma abundância de fótons infravermelhos invisíveis, que a comida logo absorve. Se a retina humana fosse sensível ao infravermelho, uma cena familiar comum à noite, com todas as luzes apagadas, revelaria todos os objetos que sustentam uma temperatura superior à temperatura do ambiente, como o ferro de passar (desde que esteja ligado), o metal que circunda a luz piloto de um fogão a gás, os canos de água quente e a pele exposta de quaisquer humanos que entrassem na cena. Claramente, esse quadro não é mais esclarecedor do que o que você veria com a luz visível, mas você poderia imaginar um ou dois empregos criativos dessa visão, como olhar para sua casa no inverno procurando localizar onde o calor escapa pelas vidraças das janelas ou pelo telhado.

Quando criança, eu sabia que à noite, com as luzes apagadas, a visão infravermelha descobriria monstros escondidos no armário do quarto apenas se eles fossem de sangue quente. Mas todo mundo sabe que o monstro comum do quarto de dormir é reptiliano e de sangue frio. A visão infravermelha deixaria de ver o monstro no quarto, porque ele simplesmente se misturaria com as paredes e a porta.

No universo, a janela infravermelha é muito útil como uma sonda para explorar nuvens densas que contêm viveiros estelares. Estrelas recém-formadas estão frequentemente cobertas por restos de gás e poeira. Essas nuvens absorvem a maior parte da luz visível das estrelas nelas embutidas e tornam a irradiá-la no infravermelho, inutilizando totalmente nossa janela de luz visível. Enquanto a luz visível é fortemente absorvida pelas nuvens de poeira interestelares, a infravermelha passa por elas apenas com um mínimo de atenuação, o que é especialmente valioso para estudos no plano de nossa própria galáxia, porque esse é o local em que o obscurecimento da luz visível vinda das estrelas da Via Láctea está no seu auge. Aqui na Terra, as fotografias da superfície de nosso planeta tiradas em infravermelho por satélites revelam, entre outras coisas, os caminhos das correntes oceânicas quentes como a corrente da Deriva do Atlântico Norte, que redemoinha ao redor das ilhas Britânicas (que estão mais ao norte do que todo o estado de Maine), impedindo-as de se tornarem uma importante estação de esqui.

A energia emitida pelo Sol, cuja temperatura na superfície é aproximadamente de 6 mil graus absolutos, inclui uma grande quantidade de infravermelho, mas atinge seu pico na parte visível do espectro, assim como acontece com a sensibilidade da retina humana, razão pela qual, se você nunca pensou nisso, a nossa visão é tão útil durante o dia. Se não houvesse essa correspondência de espectro, poderíamos nos queixar, com razão, de que parte de nossa sensibilidade retiniana estaria desgastada. Não pensamos normalmente na luz visível como penetrante, mas a luz passa quase sem enfrentar obstáculos através do vidro e do ar. A ultravioleta, entretanto, é sumariamente absorvida pelo vidro comum, de modo que as janelas de vidro não seriam muito diferentes de janelas de tijolos, se nossos olhos fossem sensíveis apenas à luz ultravioleta.

As estrelas que são mais de três ou quatro vezes mais quentes que o Sol são produtoras furiosas de luz ultravioleta. Felizmente, essas estrelas são também brilhantes na parte visível do espectro, por isso descobri-las não depende do acesso a telescópios ultravioleta. A nossa atmosfera absorve a maior parte da luz ultravioleta, raios X e raios gama que a invadem, por isso uma análise detalhada dessas estrelas mais quentes pode ser mais bem realizada a partir da órbita da Terra ou mais além. Essas janelas de alta energia no espectro representam assim subdisciplinas relativamente jovens da astrofísica.

Como se fosse para anunciar um novo século de visão estendida, o primeiro Prêmio Nobel concedido aos estudos de física foi para o físico alemão Wilhelm C. Röntgen em 1901, por sua descoberta dos raios X. Tanto o ultravioleta como os raios X no universo podem revelar a presença de um dos objetos mais exóticos do universo: os buracos negros. Os buracos negros não emitem luz – sua gravidade é forte demais até para a luz escapar –, por isso sua existência deve ser inferida da energia emitida pela matéria que talvez espirale sobre sua superfície vinda de uma estrela companheira. A cena lembra muito a água espiralando privada abaixo. Com temperaturas superiores a vinte vezes a da superfície do Sol, o ultravioleta e os raios X são a forma predominante de energia liberada pelo material pouco antes de descer para dentro do buraco negro.

O ato de descoberta não requer que você compreenda, de antemão ou depois do fato, o que descobriu. Isso aconteceu com a radiação cósmica de fundo em micro-ondas e está se repetindo agora com as explosões de raios gama. Como veremos na Seção 6, a janela do raio gama tem revelado explosões misteriosas de raios gama de alta energia que estão espalhados pelo céu. Sua descoberta tornou-se possível por meio do uso de telescópios de raios gama com base no espaço, mas a origem e a causa dessas explosões continuam desconhecidas.

Se ampliarmos o conceito de visão para incluir a detecção de partículas subatômicas, teremos de usar os neutrinos. Como vimos na Seção 2, o esquivo neutrino é uma partícula subatômica que se forma a cada vez que um próton se transforma num nêutron comum e num pósitron, que é o parceiro antimatéria de um elétron. Por mais obscuro que pareça o processo, ele acontece no núcleo do Sol aproximadamente cem bilhões de bilhões de bilhões de bilhões (10^{38}) de vezes a cada segundo. Os neutrinos então saem diretamente do Sol como se ele nem estivesse ali. Um "telescópio" de neutrinos permitiria uma visão direta do núcleo do Sol e sua fusão termonuclear em andamento, o que nenhuma faixa do espectro eletromagnético pode revelar. Mas os neutrinos são extraordinariamente difíceis de capturar porque quase nunca interagem com a matéria, por isso um telescópio de neutrinos eficiente e efetivo é um sonho distante, se não uma impossibilidade.

A detecção das ondas gravitacionais, outra janela esquiva sobre o universo, revelaria eventos cósmicos catastróficos. Mas, até o momento em que escrevo, as ondas gravitacionais, preditas na teoria da relatividade geral de Einstein de 1916 como ondulações no tecido do espaço e do tempo, nunca foram detectadas a partir de nenhuma fonte. Os físicos do Instituto de Tecnologia da Califórnia estão desenvolvendo um detector de onda gravitacional especializado, que consiste num tubo de vácuo em forma de L com braços de 4 quilômetros de comprimento que abrigam raios *laser*. Se uma onda gravitacional passar perto, o comprimento do percurso da luz num dos braços vai diferir temporariamente do verificado no percurso do outro braço por um valor diminuto. O experimento é conhecido como LIGO, o Laser Interferometer Gravitacional-wave Observatory (Observatório de Ondas Gravitacionais por Interferômetro

Laser), e será bastante sensível para detectar ondas gravitacionais de estrelas em colisão a mais de 100 milhões de anos-luz de distância. É possível imaginar um tempo no futuro em que os eventos gravitacionais no universo – colisões, explosões e estrelas colapsadas – sejam observados rotineiramente dessa maneira. Na verdade, talvez um dia possamos escancarar essa janela para olhar mais além da parede opaca da radiação cósmica de fundo em micro-ondas e contemplar o início do próprio tempo.[5]

---

[5] Atualmente, o projeto LIGO já anunciou a detecção de ondas gravitacionais através de sinais vindos de dois buracos negros. (N. E.)

DEZESSETE

AS CORES DO COSMOS

No céu noturno da Terra são poucos os objetos suficientemente brilhantes para ativar os cones sensíveis a cores de nossa retina. O planeta vermelho Marte é um dos que conseguem. Assim como a estrela supergigante azul Rigel (na patela direita de Órion) e a supergigante vermelha Betelgeuse (na axila esquerda de Órion). Mas, à parte esses destaques, a colheita é escassa. A olho nu, o espaço é um lugar escuro e sem cores.

Somente ao apontar grandes telescópios para o céu é que o universo nos mostra suas verdadeiras cores. Objetos brilhantes, como estrelas, aparecem em três cores básicas: vermelho, branco e azul – um fato cósmico que teria agradado aos patriarcas fundadores dos Estados Unidos. Nuvens de gás interestelares podem assumir praticamente qualquer cor, dependendo de quais elementos químicos estão presentes e de como são fotografadas, enquanto a cor de uma estrela deriva diretamente da temperatura de sua superfície. As estrelas frias são vermelhas. As estrelas tépidas são brancas. As estrelas quentes são azuis. As estrelas muito quentes são ainda azuis. E que dizer de lugares muito, muito quentes, como o centro de 15 milhões de graus do Sol? Azul. Para um astrofísico, comidas picantes como brasa e amantes mandando brasa ainda têm muito que aperfeiçoar. Simples assim.

Será?

Uma conspiração de lei astrofísica e fisiologia humana barra a existência de estrelas verdes. E que dizer de estrelas amarelas? Alguns livros didáticos de astronomia, muitas histórias de ficção científica e quase todas as pessoas na rua fazem parte do movimento "o Sol é amarelo". Os fotógrafos profissionais, entretanto, jurariam que o Sol é azul; o filme para "luz do dia" tem um ajuste de cores na expectativa de que a fonte de luz (presumivelmente o Sol) seja forte no azul. Os antigos cubos de *flash blue-dot* (ponto azul) eram apenas um exemplo da tentativa de simular a luz azul do Sol para fotos de interiores ao se usar filme para luz do dia. Os artistas de sótão argumentariam, entretanto, que o Sol é puro branco, oferecendo-lhes a visão mais acurada de seus pigmentos de tinta selecionados.

Sem dúvida, o Sol adquire uma pátina amarelo-laranja perto do horizonte empoeirado durante o amanhecer e o anoitecer. Mas ao meio-dia em ponto, quando a dispersão atmosférica está em seu grau mínimo, a cor amarela não salta aos olhos. Na verdade, as fontes de luz que são verdadeiramente amarelas fazem as coisas brancas parecerem amarelas. Então, se o Sol fosse amarelo puro, a neve pareceria amarela – quer tivesse caído perto de hidrantes quer não.

Para um astrofísico, objetos "frios" têm temperaturas na superfície entre 1.000 e 4.000 Kelvin e são geralmente descritos como vermelhos. Mas o filamento de uma lâmpada incandescente de alta voltagem raramente passa de 3.000 Kelvin (o tungstênio derrete a 3.680 graus) e parece muito branco. Abaixo de aproximadamente 1.000 graus, os objetos se tornam dramaticamente menos luminosos na parte visível do espectro. Os orbes cósmicos com essas temperaturas são estrelas fracassadas. Nós as chamamos de anãs marrons mesmo que não sejam marrons nem emitam qualquer luz visível.

Por falar nesse tema, os buracos negros não são realmente negros. Eles na realidade se evaporam, muito lentamente, emitindo pequenas quantidades de luz a partir da beirada de seu horizonte de eventos, num processo descrito pela primeira vez pelo físico Stephen Hawking. Dependendo da massa de um buraco negro, ele pode emitir qualquer forma de luz. Quanto menores forem os buracos negros, mais rapidamente eles se evaporam, terminando sua vida num lampejo descontrolado de energia rico em raios gama, bem como em luz visível.

As imagens científicas modernas mostradas na televisão, em revistas e em livros usam frequentemente uma paleta falsa de cores. Os programas de previsão do tempo na TV seguiram esse caminho até o fim, denotando coisas como chuva forte com uma cor e chuva mais fraca com outra cor. Quando os astrofísicos criam imagens de objetos cósmicos, eles atribuem usualmente uma sequência arbitrária de cores à gama de luminosidade de um objeto. A parte mais brilhante poderia ser vermelha e as partes mais indistintas, azuis. Assim, as cores que vemos não têm nenhuma relação com as cores reais do objeto. Como na meteorologia, algumas dessas imagens têm sequências de cores que dizem respeito a outros atributos, como a composição química ou a temperatura do objeto. E não é incomum ver a imagem de uma galáxia espiral que foi codificada em cores com respeito à sua rotação: as partes que se aproximam do espectador são matizes de azul, enquanto as partes que se afastam são matizes de vermelho. Nesse caso, as cores atribuídas evocam os desvios Doppler para o azul e para o vermelho, amplamente reconhecidos, que revelam o movimento de um objeto.

Para o mapa da famosa radiação cósmica de fundo em micro-onda, algumas áreas são mais quentes que a média. E, como deve acontecer, outras áreas são mais frias que a média. A variação abrange cerca de cem milésimos de 1 grau. Como é que se mostra esse fato? Tornam-se os locais quentes azuis, e os locais frios vermelhos, ou vice-versa. Em qualquer dos casos, uma flutuação muito pequena na temperatura aparece como uma óbvia diferença na imagem.

Às vezes o público vê uma imagem colorida de um objeto cósmico que foi fotografado por meio de luz invisível, como infravermelha ou ondas de rádio. Na maioria desses casos, temos atribuído três cores, em geral vermelho, verde e azul (ou "RGB", abreviando [as letras são as iniciais em inglês de vermelho, verde e azul – em português, seria VVA]), a três regiões diferentes dentro da faixa. Com base nesse exercício, uma imagem colorida pode ser construída como se tivéssemos nascido com a capacidade de ver cores nessas partes invisíveis do espectro.

A lição é que cores comuns no linguajar coloquial podem significar coisas muito diferentes para os cientistas do que significam para as outras pessoas. Para as ocasiões em que os astrofísicos preferem falar sem ambiguidade, temos ferramentas e métodos que quantificam a cor exata emitida ou refletida por um objeto, evitando os gostos de quem cria as imagens ou o tema confuso da percepção humana da cor. Mas esses métodos não são palatáveis para o público leigo. Envolvem a razão logarítmica do fluxo emitido por um objeto, conforme medido por meio de múltiplos filtros num sistema bem definido corrigido para o perfil de sensibilidade do detector. (Veja bem, eu disse que não eram palatáveis para o público leigo.) Quando essa razão diminui, por exemplo, o objeto está se tornando tecnicamente azul, não importa a cor que pareça ser.

As extravagâncias da percepção humana da cor causaram danos a Percival Lowell, astrônomo americano rico e fanático por Marte. Durante o final do século XIX e início do XX, ele fez desenhos muito detalhados da superfície marciana. Para fazer essas observações, você precisa de ar seco constante, que reduz as distorções da luz do planeta a caminho de seu globo ocular. No ar árido do Arizona, no topo de Mars Hill, Lowell fundou o Observatório Lowell em 1894. A superfície enferrujada, rica em ferro, de Marte parece vermelha em qualquer magnificação, mas

Lowell também registrou muitas manchas verdes nas interseções do que ele descrevia e ilustrava como canais – vias aquáticas artificiais, presumivelmente feitas por marcianos vivos reais que estavam ansiosos por distribuir a água preciosa das calotas polares glaciais para suas cidades, vilas e terras cultivadas circundantes.

Não nos preocupemos aqui com o voyeurismo alienígena de Lowell. Em vez disso, vamos apenas focar em seus canais e manchas verdes de vegetação. Percival foi uma vítima inconsciente de duas ilusões de óptica bem conhecidas. Primeira, em quase todas as circunstâncias, o cérebro tenta criar uma ordem visual onde não existe ordem nenhuma. As constelações no céu são exemplos de primeira qualidade – o resultado de pessoas sonolentas e imaginativas assegurando uma ordem numa variedade aleatória de estrelas. Da mesma forma, o cérebro de Lowell interpretou características não correlatas da atmosfera e da superfície de Marte como padrões de grande escala.

A segunda ilusão é que o cinza, quando visto ao lado de amarelo--vermelho, parece verde-azul, um efeito apontado pela primeira vez pelo químico francês M. E. Chevreul em 1839. Marte exibe um vermelho fosco na sua superfície com regiões de cinza-marrom. O verde-azul surge de um efeito fisiológico em que uma área de cor neutra circundada por um amarelo-laranja parece verde-azulada aos nossos olhos.

Em outro efeito fisiológico peculiar, porém menos vergonhoso, o cérebro tende a balancear a cor do ambiente iluminado em que você está imerso. Sob o dossel de uma floresta tropical, por exemplo, onde quase toda a luz que atinge o chão da selva foi filtrada pelo verde (por ter passado através das folhas), uma folha de papel branca como leite deveria parecer verde. Mas não parece. O cérebro a torna branca apesar das condições de luz.

Num exemplo mais comum, passe ao lado de uma janela à noite, quando as pessoas no interior da casa estão vendo TV. Se a TV for a única luz na sala, as paredes vão brilhar com um azul suave. Mas os cérebros das pessoas imersas na luz da televisão balanceiam ativamente a cor em suas paredes e não veem essa descoloração ao seu redor. Esse pouco de compensação fisiológica talvez impeça que os residentes de nossa primeira colônia marciana notem o vermelho predominante da paisagem. Na verdade, as primeiras imagens enviadas para a Terra em 1976 pela nave espacial *Viking*, que pousou em Marte, embora pálidas, foram coloridas de propósito com um vermelho-escuro para satisfazer às expectativas visuais da imprensa.

Em meados do século XX, o céu noturno foi sistematicamente fotografado a partir de um local perto de San Diego, na Califórnia. Esse banco de dados seminal, conhecido como Varredura Celeste do Observatório Palomar, serviu como fundamento para observações focalizadas e repetidas do cosmos para toda uma geração. Os observadores cósmicos fotografavam o céu duas vezes, usando exposições idênticas em dois tipos diferentes de filme Kodak preto e branco – um ultrassensível à luz azul, o outro ultrassensível ao vermelho. (Na verdade, a empresa Kodak tinha um departamento inteiro dedicado a servir à fronteira fotográfica dos astrônomos, cujas necessidades coletivas ajudaram a impelir o R&D [Research and Development – Pesquisa e Desenvolvimento] da Kodak até seus limites.) Se um objeto celeste despertasse seu interesse, você certamente poderia olhar para imagens sensíveis ao vermelho e ao azul como uma primeira indicação da qualidade de luz que ele emitia. Por exemplo, objetos extremamente vermelhos são brilhantes na imagem vermelha, porém mal visíveis na azul. Esse tipo de informação instruía os programas de observação subsequentes para o objeto em questão.

Embora de tamanho modesto em comparação com os maiores telescópios com base na Terra, o *Telescópio Espacial Hubble* de 94 polegadas (2,39 metros) tirou fotos coloridas espetaculares do cosmos. As mais memoráveis dessas fotografias são parte da série

Herança do Hubble, que vai assegurar o legado do telescópio aos corações e mentes do público. O que os astrofísicos fazem para criar imagens coloridas vai surpreender a maioria das pessoas. Primeiro, usamos a mesma tecnologia CCD digital encontrada em câmeras filmadoras domésticas, exceto que já a usávamos uma década antes de você poder usá-la, e nossos detectores têm uma qualidade muito, muito mais elevada. Segundo, filtramos a luz em qualquer uma de várias dúzias de maneiras antes de ela atingir o CCD. Para uma foto colorida comum, obtemos três imagens sucessivas do objeto, visto através de filtros de banda larga vermelhos, verdes e azuis. Apesar de seus nomes, em conjunto esses filtros abarcam todo o espectro visível. A seguir, combinamos as três imagens num *software*, assim como o *wetware* (o sistema nervoso do cérebro humano) do cérebro combina os sinais vindos dos cones sensíveis ao vermelho, ao verde e ao azul na retina. Isso gera uma foto colorida que se parece muito com o que você veria se a íris do seu globo ocular tivesse 94 polegadas (2,39 metros) de diâmetro.

Vamos supor, entretanto, que o objeto estivesse emitindo luz fortemente em certos comprimentos de onda específicos em virtude das propriedades quânticas de seus átomos e moléculas. Se sabemos disso de antemão, e usamos filtros ajustados para essas emissões, podemos estreitar nossa sensibilidade de imagem apenas para esses comprimentos de onda, em vez de usar RGB de banda larga. O resultado? Características nítidas saltam da imagem, revelando uma estrutura e uma textura que do contrário passariam despercebidas. Um bom exemplo está em nosso quintal cósmico. Confesso que nunca vi realmente a mancha vermelha de Júpiter através de um telescópio. Embora ela às vezes seja mais fraca do que em outros momentos, a melhor maneira de vê-la é através de um filtro que isola os comprimentos de onda vermelhos da luz que provém das moléculas nas nuvens de gás.

Na galáxia, o oxigênio emite uma cor verde puro quando encontrado perto de regiões de formação de estrelas, entre o gás rarefeito do meio interestelar. (Esse era o misterioso elemento "nebúlio" descrito antes.) Basta filtrá-lo, e a assinatura do oxigênio chega ao detector sem ser poluída por qualquer luz verde ambiente que talvez também ocupe a cena. Os verdes vívidos que saltam de muitas imagens do *Hubble* vêm diretamente de emissões noturnas do oxigênio. Filtrando outras espécies atômicas ou moleculares, as imagens coloridas se tornam uma sonda química do cosmos. O *Hubble* pode fazer isso tão bem que sua galeria de imagens coloridas famosas guarda pouca semelhança com as imagens RGB clássicas dos mesmos objetos, tiradas por outros que tentaram simular a reação do olho humano à cor.

Debate-se furiosamente se essas imagens *Hubble* contêm cores "verdadeiras". Uma coisa é certa, elas não contêm cores "falsas". São as cores reais emitidas por objetos e fenômenos astrofísicos reais. Os puristas insistem em que estamos prestando um desserviço ao público por não mostrarmos as cores cósmicas como o olho humano as perceberia. Sustento, entretanto, que, se a retina fosse ajustável à luz de banda estreita, veríamos apenas o que o *Hubble* vê. Sustento ainda que meu "se" na frase anterior não é mais artificial do que o "se" em "se os olhos fossem do tamanho de grandes telescópios".

Permanece a questão: se você juntasse a luz visível de todos os objetos emissores de luz no universo, que cor obteria? Em termos mais simples: qual é a cor do universo? Felizmente, algumas pessoas sem nada melhor para fazer calcularam a resposta a essa questão. Depois de um relato errôneo de que o universo é um híbrido entre a água-marinha média e a turquesa clara, Karl Glazebrook e Ivan Baldry, da Johns Hopkins University, corrigiram seus cálculos e determinaram que o universo é realmente um matiz claro de bege, ou talvez, um café com leite cósmico. As revelações cromáticas de Glazebrook e Baldry resultaram de um levantamento da luz visível de mais de 200 mil galáxias, que ocupam um grande e representativo volume do universo.

Sir John Herschel, astrônomo inglês do século XIX, inventou a fotografia colorida. Para frequente confusão e eventual prazer do público, os astrofísicos têm se ocupado atabalhoadamente desse processo desde então – e continuarão a fazê-lo para todo o sempre.

DEZOITO

PLASMA CÓSMICO

Apenas em alguns poucos casos o vocabulário de um médico coincide com o de um astrofísico. O crânio humano tem duas "órbitas" que formam as cavidades redondas onde se encaixam os dois globos oculares; o plexo "solar" está no meio do peito; e os olhos, claro, têm, cada um, suas "lentes"; mas nosso corpo não contém quasares nem galáxias. Para órbitas e lentes, o emprego astrofísico e médico dos termos comporta semelhanças. O termo "plasma", entretanto, é comum a ambas as disciplinas, mas os dois significados não têm nada a ver um com o outro. Uma transfusão de plasma sanguíneo pode salvar uma vida, mas um breve encontro com uma bolha brilhante de plasma astrofísico de milhões de graus deixaria apenas um bafejo de fumaça no lugar em que você ainda há pouco estivesse.

Os plasmas astrofísicos são extraordinários por sua ubiquidade, mas eles nunca são discutidos em livros didáticos introdutórios ou na imprensa popular. Em escritos populares, os plasmas são frequentemente chamados de quarto estado da matéria, por causa da miríade de propriedades que os separa dos conhecidos sólidos, líquidos e gases. Um plasma tem átomos e moléculas que se movem livremente, assim como um gás, mas pode conduzir eletricidade e aderir a campos magnéticos que o atravessam. A maioria dos átomos dentro de um plasma foi despojada de seus elétrons por um ou outro mecanismo.

E a combinação de alta temperatura e baixa densidade é tal que os elétrons só de vez em quando tornam a se combinar com seus átomos anfitriões. Considerado como um todo, o plasma continua eletricamente neutro, porque o número total de elétrons (negativamente carregados) iguala o número total de prótons (positivamente carregados). Mas no interior o plasma fervilha com correntes elétricas e campos magnéticos, e assim, de muitas maneiras, ele não se comporta nem um pouco como o gás ideal que todos aprendemos a conhecer na aula de química do ensino médio.

Os efeitos dos campos elétrico e magnético sobre a matéria quase sempre eclipsam os efeitos da gravidade. A força elétrica de atração entre um próton e um elétron é quarenta potências de dez mais intensa que sua atração gravitacional. Tão fortes são as forças eletromagnéticas que o ímã de uma criança levanta facilmente um clipe de papel do tampo de uma mesa apesar do formidável puxão gravitacional da Terra. Quer um exemplo mais interessante? Se fosse possível desprender todos os elétrons de 1 milímetro cúbico de átomos no nariz do ônibus espacial, e se fossem todos afixados na base da plataforma de lançamento, a força atrativa inibiria o lançamento. Todos os motores disparariam e o ônibus nem se moveria. E se os astronautas da *Apollo* tivessem trazido para a Terra todos os elétrons de um dedal de poeira lunar (deixando para trás sobre a Lua os átomos dos quais vieram), sua força de atração excederia a atração gravitacional entre a Terra e a Lua na órbita lunar.

Os plasmas mais comuns sobre a Terra são o fogo, o raio, o rastro de uma estrela cadente, e, claro, o choque elétrico que você leva depois de arrastar os pés cobertos com meias de lã sobre o carpete da sala de estar e em seguida tocar no trinco da porta. As descargas elétricas são colunas dentadas de elétrons que se movem abruptamente através do ar, quando um número excessivo de elétrons se reúne num único lugar. Em todas as tempestades do mundo, a Terra é golpeada por raios milhares de vezes por hora. A coluna de ar de centímetros de largura através da qual um raio se desloca torna-se plasma numa fração de segundo quando se incandesce, tendo sido elevada a milhões de graus por esses elétrons fluidos.

    Cada estrela cadente é uma partícula diminuta de entulho interplanetário que se move tão rapidamente que vem a se queimar no ar, descendo sem danos para a Terra como poeira cósmica. Quase a mesma coisa acontece às naves espaciais que reentram na atmosfera. Como seus ocupantes não querem aterrissar à sua velocidade orbital de 29 mil quilômetros por hora (aproximadamente 8 quilômetros por segundo), a energia cinética deve ir para algum lugar. Ela transforma-se em calor na parte frontal da espaçonave durante a reentrada, sendo rapidamente eliminada pelos escudos de calor. Dessa maneira, ao contrário das estrelas cadentes, os astronautas não descem à Terra como poeira. Por vários minutos durante a descida, o calor é tão intenso que toda molécula ao redor da cápsula espacial se torna ionizada, envolvendo os astronautas numa barreira temporária de plasma, através da qual nenhum sinal de comunicação pode penetrar. Esse é o famoso período de blecaute, em que a espaçonave está incandescente e o Controle da Missão nada sabe sobre o bem-estar dos astronautas. À medida que a espaçonave continua a diminuir a velocidade através da atmosfera, a temperatura esfria, o ar se torna mais denso e o estado de plasma já não pode ser mantido. Os elétrons voltam para a casa de seus átomos, e as comunicações são rapidamente restauradas.

Embora relativamente raros sobre a Terra, os plasmas compreendem mais de 99,99 por cento de toda a matéria visível no cosmos. Esse cálculo inclui todas as estrelas e nuvens de gás que estão incandescentes. Quase todas as belas fotografias das nebulosas de nossa galáxia tiradas pelo *Telescópio Espacial Hubble* mostram nuvens de gás coloridas na forma de plasma. Em algumas, a forma e a densidade são fortemente influenciadas pela presença de campos magnéticos de fontes vizinhas. O plasma pode prender um campo magnético num lugar, e torcer ou de alguma outra maneira modelar o campo de acordo com seus caprichos. Esse casamento de plasma e campo magnético é uma característica importante do ciclo de atividade de onze anos do Sol. O gás perto do equador do Sol gira um pouco mais rápido que o gás perto de seus polos. Esse diferencial é ruim para a aparência do Sol. Com o campo magnético do Sol preso em seu plasma, o campo é esticado e torcido. Manchas solares, saliências e outros defeitos solares aparecem e desaparecem, enquanto o campo magnético turbulento perfura a superfície do Sol, carregando plasma solar consigo.

Por causa de todo o emaranhado, o Sol lança no espaço até 1 milhão de toneladas de partículas carregadas por segundo, o que inclui elétrons, prótons e núcleos de hélio nus. Essa corrente de partículas – ora um vendaval, ora um zéfiro – é mais comumente conhecida como vento solar. Esse plasma mais famoso de todos é responsável por assegurar que as caudas dos cometas apontem para longe do Sol, independentemente de o cometa estar se aproximando ou se afastando. Ao colidir com moléculas na atmosfera da Terra perto de nossos polos magnéticos, o vento solar é também a causa direta das auroras (as luzes do Norte e do Sul), não só sobre a Terra mas em todos os planetas com atmosferas e fortes campos magnéticos. Dependendo da temperatura do plasma e de sua mistura de espécies moleculares e atômicas, alguns elétrons livres vão se recombinar com átomos indigentes e cair em cascata pelas miríades de níveis de energia no interior. Durante o trajeto, os elétrons emitem luz de comprimentos de onda prescritos. As auroras devem suas belas cores a essa farra dos elétrons, assim como os tubos de neon, as luzes fluorescentes, e também aqueles globos de plasma brilhantes à venda perto das lâmpadas de lava em lojas de presentes cafonas.

Nos dias atuais, os observatórios de satélites nos propiciam uma capacidade sem precedentes de monitorar o Sol e fornecer relatórios sobre o vento solar, como se ele fizesse parte da previsão de tempo diária. Minha primeira entrevista na televisão para o noticiário noturno foi provocada pelo relato de uma torta de plasma arremessada pelo Sol diretamente para a Terra. Todo mundo (ou ao menos os repórteres) temia que coisas ruins acontecessem à civilização quando ele atingisse a Terra. Disse aos telespectadores que eles não precisavam se preocupar – que estávamos protegidos pelo nosso campo magnético – e convidei todo mundo a aproveitar a oportunidade de viajar para o Norte e contemplar a aurora que o vento solar causaria.

A coroa rarefeita do Sol, visível durante os eclipses solares totais como um halo brilhante ao redor do lado próximo silhuetado da Lua, é um plasma de 5 milhões de graus que constitui a parte mais exterior da atmosfera solar. Com temperaturas dessa magnitude, a coroa é a principal fonte de raios X vindos do Sol, mas quanto ao mais não é visível aos olhos humanos. Usando apenas a luz visível, o brilho da superfície do Sol eclipsa o da coroa, que se perde facilmente no clarão.

Há uma camada inteira da atmosfera da Terra em que os elétrons são chutados de seus átomos anfitriões pelo vento solar, criando um cobertor de plasma próximo a que damos o nome de ionosfera. Essa camada reflete certas frequências de ondas de rádio, inclusive as da faixa AM do seu rádio. Em função dessa propriedade da ionosfera, os sinais de rádio AM podem atingir centenas de quilômetros, enquanto o rádio de "ondas curtas" pode atingir milhares de quilômetros além do horizonte. Os sinais de FM e os da radiodifusão televisiva, entretanto, têm frequências muito mais altas e passam direto, viajando para o espaço à velocidade da luz. Qualquer escuta de uma civilização alienígena saberá tudo sobre nossos programas de TV (provavelmente uma coisa ruim), escutará toda a nossa música FM (provavelmente uma coisa boa) e não compreenderá a política dos programas de entrevistas AM (provavelmente uma coisa certa).

A maioria dos plasmas não é amistosa com a matéria orgânica. A pessoa com o trabalho mais arriscado na série televisiva *Jornada nas Estrelas* é a que deve investigar as bolhas brilhantes de plasma nos planetas inexplorados que visitam. (Minha memória me diz que essa pessoa estava sempre com uma camisa vermelha.) Cada vez que esse membro da tripulação encontra uma bolha de plasma, ela acaba vaporizada. Nascidos no século XXV, você imaginaria que esses viajantes do espaço que percorrem a trilha das estrelas teriam há muito aprendido a tratar o plasma com respeito (ou a não usar roupas vermelhas). No século XXI, nós tratamos o plasma com respeito, sem ter estado em lugar nenhum.

No centro de nossos reatores de fusão termonuclear, onde os plasmas são vistos a partir de distâncias seguras, tentamos juntar núcleos de hidrogênio a altas velocidades e transformá-los em núcleos de hélio mais pesados. Ao fazê-lo, liberamos energia que poderia suprir a necessidade de eletricidade da sociedade. O problema é que ainda não conseguimos obter do processo mais energia do que a energia nele investida. Para realizar essas colisões em tão alta velocidade, a bolha de átomos de hidrogênio deve ser elevada a dezenas de milhões de graus. Não há chance de haver elétrons ligados aqui. A essas temperaturas, todos foram arrancados de seus átomos de hidrogênio e vagam livres. Como é que você poderia segurar uma bolha brilhante de plasma de hidrogênio a milhões de graus? Em que contêiner você a colocaria? Nem o Tupperware à prova de micro-onda daria conta do recado. O que você precisa é de uma garrafa que não vá se derreter, vaporizar ou decompor. Como vimos brevemente na Seção 2, podemos usar a relação entre plasma e campos magnéticos para nosso proveito e projetar uma espécie de "garrafa" cujas paredes sejam campos magnéticos intensos que o plasma não possa atravessar. O rendimento econômico de um reator de fusão bem-sucedido estará em parte no projeto dessa garrafa magnética e em nossa compreensão de como o plasma interage com ela.

Entre as formas mais exóticas de matéria já inventada está o recém-isolado plasma de quark-glúon, criado pelos físicos nos Laboratórios Nacionais de Brookhaven, as instalações de um acelerador de partículas em Long Island, em Nova York. Em vez de ser preenchido com átomos despojados de seus elétrons, um plasma de quark-glúon compreende uma mistura dos constituintes mais básicos da matéria, os quarks fracionariamente carregados e os glúons que normalmente os mantêm unidos para criarem eles próprios prótons e nêutrons. Essa forma inusitada de plasma se parece muito com o estado do universo inteiro uma fração de segundo depois do *big bang*. Esse foi aproximadamente o tempo em que o universo observável ainda podia caber dentro da esfera de 27 metros do Centro Rose para a Terra e o Espaço. Na verdade, numa ou noutra forma, cada centímetro cúbico do universo se manteve num estado de plasma até se passarem quase 400 mil anos.

Até então, o universo tinha esfriado desde milhões de graus a uns poucos milhares. Ao longo de todo esse tempo, toda a luz era espalhada à esquerda e à direita pelos elétrons livres de nosso universo preenchido por plasma – um estado que se parece muito com o que acontece com a luz quando ela passa através de vidro fosco ou do interior do Sol. A luz não pode passar através de nenhum dos dois sem se espalhar, tornando-os ambos translúcidos em vez de transparentes. Abaixo de alguns milhares de graus, o universo esfriou o bastante para que cada elétron no cosmos se combinasse com um núcleo atômico, criando átomos completos de hidrogênio e hélio.

O estado de plasma difundido deixou de existir imediatamente depois que todo elétron encontrou um lar. E assim continuaria a ser por centenas de milhões de anos, ao menos até o surgimento dos quasares, com seus buracos negros centrais que se nutrem de gases em torvelinho. Pouco antes de o gás cair dentro do buraco, ele libera luz ultravioleta ionizante, que viaja através do universo, tornando a chutar desenfreadamente os elétrons para fora de seus átomos. Até o aparecimento dos quasares, o universo tinha desfrutado o único intervalo de tempo (antes de ou desde que) em que não havia plasma em nenhuma parte. Damos a essa era o nome de Idade das Trevas, e a consideramos um tempo em que a gravidade estava silenciosa e visivelmente reunindo a matéria em bolas de plasma, que se tornaram a primeira geração de estrelas.

DEZENOVE

FOGO E GELO

Quando Cole Porter compôs "Too Darn Hot" [Danado de quente] para seu musical na Broadway de 1948, *Kiss Me Kate*, a temperatura que ele deplorava não era certamente mais alta que 35 a 37 graus. Não há dano em tomar os versos de Porter como uma fonte autorizada a respeito do limite máximo de temperatura para namorar com algum conforto. Combine isso com o que uma ducha fria faz com os impulsos eróticos da maioria das pessoas, e você tem uma estimativa bastante boa do quanto é estreita a zona de conforto para o corpo humano despido: um intervalo de aproximadamente dezessete graus Celsius, com a temperatura ambiente mais ou menos na metade.

O universo é outra história bem diferente. Como é que uma temperatura de 100.000.000.000.000.000.000.000.000.000 de graus nos arrebata? São cem mil bilhões de bilhões de bilhões de graus. Acontece que é também a temperatura do universo uma fração diminuta de um segundo depois do *big bang* – um tempo em que toda a energia, matéria e espaço, que se transformariam em planetas, petúnias e físicos de partículas, era uma bola de fogo de plasma de quark-glúon em expansão. Coisa alguma poderia existir antes que houvesse um esfriamento do cosmos da ordem de multibilhões de vezes.

Como decretam as leis da termodinâmica, dentro de aproximadamente um segundo depois do *big bang*, a bola de fogo em expansão tinha esfriado até 10 bilhões de graus e inflado desde algo menor que um átomo até um colosso cósmico cerca de mil vezes o tamanho de nosso sistema solar. Quando já se tinham passado três minutos, o universo exibia um amenizante bilhão de graus e trabalhava arduamente para formar os núcleos atômicos mais simples. A expansão é a criada do esfriamento, e os dois têm continuado a trabalhar, sem trégua, desde então.

Hoje a temperatura média do universo é 2,73 Kelvin. Todas as temperaturas mencionadas até agora, exceto as que envolvem a libido humana, estão apresentadas em Kelvin. O grau Kelvin, conhecido simplesmente como Kelvin, foi concebido para ser o mesmo intervalo de temperatura do grau Celsius, mas a escala Kelvin não tem números negativos. Zero é zero, ponto-final. De fato, para acabar com todas as dúvidas, zero na escala Kelvin é chamado de zero absoluto.

O engenheiro e físico escocês William Thomson, depois mais conhecido como lorde Kelvin, articulou pela primeira vez a ideia da temperatura mais fria possível em 1848. Os experimentos de laboratório ainda não chegaram lá. Por uma questão de princípio, nunca o farão, embora já tenham chegado terrivelmente perto. A temperatura inequivocamente fria de 0,0000000005 K (ou 500 picokelvins, como diriam os peritos métricos) foi alcançada por meios artificiais em 2003, no laboratório de Wolfgang Ketterle, um físico, no MIT.

Fora do laboratório, os fenômenos cósmicos abrangem uma gama assombrosa de temperaturas. Entre os lugares mais quentes do universo atual está o núcleo de uma estrela supergigante azul durante as horas de seu colapso. Pouco antes de explodir como supernova, criando drásticos efeitos de aquecimento na vizinhança, sua temperatura atinge 100 bilhões K. Compare com a do núcleo do Sol: meros 15 milhões K.

As superfícies são muito mais frias. O invólucro de uma supergigante azul se apresenta com aproximadamente 25.000 K – quente o suficiente, claro, para brilhar azul. O nosso Sol registra 6.000 K – quente o suficiente para brilhar branco, e quente o suficiente para derreter e depois vaporizar qualquer coisa na tabela periódica de elementos. A superfície de Vênus é de 740 K, quente o suficiente para fritar os dispositivos eletrônicos que normalmente impulsionam as sondas espaciais.

Bem abaixo na escala está o ponto de congelamento da água, 273,15 K, que parece francamente quente comparado aos 60 K da superfície de Netuno, a quase 5 bilhões de quilômetros do Sol. Ainda mais frio é Tritão, uma das luas de Netuno. Sua superfície glacial de nitrogênio despenca a 40 K, tornando-a o lugar mais frio do sistema solar aquém de Plutão.

Onde é que os seres terrestres se encaixam? A temperatura corporal média dos humanos (tradicionalmente 37 graus Celsius) é registrada em pouco acima de 310 na escala Kelvin. As temperaturas de superfície oficialmente registradas sobre a Terra vão de uma máxima estival de 331 K (57,77 graus Celsius em Al'Aziziyah, na Líbia, em 1922) a uma mínima hibernal de 184K (-89,4 graus Celsius, na Base Vostok, na Antártica, em 1983). Mas as pessoas não conseguem sobreviver sem assistência nesses extremos. Sofreremos hipertermia no Saara se não tivermos abrigo contra o calor, e hipotermia no Ártico se não tivermos montes de roupas e caravanas de alimentos. Enquanto isso, os microrganismos extremófilos que habitam a Terra, tanto os termofílicos (amantes do calor) como os psicrofílicos (amantes do frio), são variadamente adaptados a temperaturas que nos fritariam ou nos congelariam. Um fermento viável, sem roupagem alguma, foi descoberto na camada gelada do solo siberiano de 3 milhões de anos. Uma espécie de bactéria presa na camada gelada do solo do Alasca por 32 mil anos acordou e começou a nadar, assim que seu meio se derreteu. E neste exato momento, várias espécies de arqueias e bactérias estão levando suas vidas na lama fervente, em fontes quentes borbulhantes e em vulcões submarinos.

Até organismos complexos conseguem sobreviver em circunstâncias similarmente espantosas. Quando provocados, os invertebrados minúsculos conhecidos como tardígrados podem suspender seu metabolismo.

Nesse estado, eles conseguem sobreviver a temperaturas de 424 K (150 graus Celsius) por vários minutos e a 73 K (-200 graus Celsius) por dias a fio, o que os torna bastante resistentes para suportar um encalhe em Netuno. Assim, da próxima vez que você precisar de viajantes espaciais com o "traquejo correto", talvez opte por fermento e tardígrados, deixando os astronautas, cosmonautas e taikonautas[6] em casa.

É comum confundir temperatura com calor. Calor é a energia total de todos os movimentos de todas as moléculas numa determinada substância. Acontece que, dentro da mistura, a variação de energias é grande: algumas moléculas se movem rapidamente, outras se movem devagar. A temperatura simplesmente mede sua energia média. Por exemplo, uma xícara de café recém-preparado pode ter uma temperatura mais alta que uma piscina aquecida, mas toda a água na piscina contém muito mais calor que uma única xícara de café. Se você rudemente derrama o seu café de 93 graus na piscina de 37 graus, a piscina não vai de repente passar a 65 graus. E, enquanto duas pessoas numa cama são uma fonte de duas vezes mais calor que uma só pessoa numa cama, as temperaturas médias de seus dois corpos – 37 graus e 37 graus – não formam normalmente um forno sob as cobertas com temperatura de 74 graus.

Os cientistas dos séculos XVII e XVIII consideravam que o calor estava intimamente ligado à combustão. E a combustão, assim como a compreendiam, acontecia quando o flogístico, uma substância hipotética semelhante a terra e caracterizada principalmente pela sua combustibilidade, era removido de um objeto. Quando se queima uma tora na lareira, o ar leva embora o flogístico, e a tora deflogisticada se revela uma pilha de cinzas.

No final do século XVIII, o químico francês Antoine-Laurent Lavoisier tinha substituído a teoria do flogístico pela teoria calórica. Lavoisier

---

[6] Nome que os chineses dão a seus astronautas. (N. T.)

classificava o calor, que ele chamava calórico, como um dos elementos químicos, e afirmava que era um fluido invisível, sem gosto, inodoro, sem peso, que passava entre os objetos por meio de combustão ou de fricção. O conceito de calor só foi plenamente compreendido no século XIX, no pico da revolução industrial, quando o conceito mais amplo de energia tomou forma dentro do novo ramo da física chamado de termodinâmica.

Embora o calor como uma ideia científica propusesse muitos desafios a mentes brilhantes, tanto cientistas como não cientistas compreenderam intuitivamente o conceito de temperatura ao longo de milênios. As coisas quentes têm uma temperatura alta. As coisas frias têm uma temperatura baixa. Os termômetros confirmam a conexão.

    Embora Galileu receba frequentemente o crédito pela invenção do termômetro, os primeiros desses instrumentos talvez tenham sido construídos pelo inventor do século I d.C. Heron de Alexandria. O livro de Heron, *Pneumatica*, inclui a descrição de um "termoscópio", dispositivo que mostrava a mudança no volume de um gás quando era aquecido ou esfriado. Como muitos outros textos antigos, *Pneumatica* foi traduzido para o latim durante a Renascença. Galileu o leu em 1594 e, como fez mais tarde quando ficou sabendo do recém-inventado telescópio, construiu imediatamente um termoscópio melhor. Vários de seus contemporâneos fizeram o mesmo.

    Para um termômetro, a escala é crucial. Há uma tradição curiosa, iniciada nos primeiros anos do século XVIII, de calibrar as unidades de temperatura de tal maneira que os fenômenos comuns sejam designados por números que possam ser descritos por frações com muitos divisores. Isaac Newton propôs uma escala a partir de zero (neve derretendo) até 12 (o corpo humano); 12 é, claro, perfeitamente divisível por 2, 3, 4 e 6. O astrônomo dinamarquês Ole Rømer apresentou uma escala de zero a 60 (60 sendo divisível por 2, 3, 4, 5, 6, 10, 12, 15, 20 e 30). Na escala de Rømer, zero era a temperatura mais baixa que ele conseguia atingir com uma mistura de gelo, sal e água; 60 era o ponto de fervura da água.

Em 1724, um alemão fabricante de instrumentos chamado Dániel Gabriel Fahrenheit (que desenvolveu o termômetro de mercúrio em 1714) sugeriu uma escala mais precisa, dividindo cada grau da escala de Rømer em quatro partes iguais. Na nova escala, a água fervia a 240 graus e congelava a 30, e a temperatura do corpo humano era cerca de 90. Depois de outros ajustes, o intervalo de zero até a temperatura do corpo tornou-se 96 graus, outro campeão no quesito de divisibilidade (seus divisores são 2, 3, 4, 6, 8, 12, 16, 24, 32 e 48). O ponto de congelamento da água tornou-se 32 graus. Ainda outros ajustes e uma nova padronização impuseram aos fãs da escala Fahrenheit uma temperatura corporal que não é um número inteiro, e um ponto de fervura de 212 graus.

Seguindo um caminho diferente, em 1742 o astrônomo sueco Anders Celsius propôs para a temperatura uma escala centígrada amiga dos decimais. Ele estabeleceu o ponto de congelamento em 100 e o ponto de fervura em zero. Essa não foi a primeira nem a última vez em que um astrônomo classificou uma escala de trás para a frente. Alguém, muito provavelmente o camarada que fabricou os termômetros Celsius, fez um favor ao mundo e inverteu a numeração, dando-nos a agora familiar escala Celsius. O número zero parece ter um efeito paralisante sobre a compreensão de algumas pessoas. Certa noite, umas duas décadas atrás, quando eu estava passando umas férias de inverno da pós-graduação na casa de meus pais ao norte da cidade de Nova York, liguei o rádio para escutar música clássica. Uma massa de ar congelante canadense avançava sobre o nordeste, e o locutor, entre os movimentos da *Música aquática* de Georg Friedrich Handel, acompanhava a descida contínua da temperatura exterior: "Cinco graus Fahrenheit." "Quatro graus." "Três graus." Finalmente, parecendo aflito, ele anunciou: "Se continuar assim, logo não sobrará mais nenhuma temperatura!".

Em parte para evitar esses exemplos constrangedores de analfabetismo matemático, a comunidade internacional de cientistas usa a escala de temperatura Kelvin, que coloca o zero no lugar correto: no fundo absoluto. Qualquer outra localização para o zero é arbitrária e não se presta a comentários aritméticos lance por lance.

Vários dos predecessores de Kelvin, ao medir o volume encolhido de um gás ao esfriar, tinham estabelecido -273,15 graus Celsius (-459,67 graus F) como a temperatura em que as moléculas de qualquer substância têm a menor energia possível. Outros experimentos mostraram que -273,15 °C é a temperatura em que um gás, quando mantido em pressão constante, cairia para volume zero. Como não existe gás com volume zero, -273,15 °C tornou-se o limite inferior inatingível da escala Kelvin. E que melhor termo para indicá-lo do que "zero absoluto"?

O universo como um todo age mais ou menos como um gás. Se você força um gás a se expandir, ele esfria. Nos tempos remotos, quando o universo tinha apenas meio milhão de anos, a temperatura cósmica era aproximadamente 3.000 K. Hoje é menos que 3 K. Expandindo-se inexoravelmente rumo ao esquecimento térmico, o universo atual é mil vezes maior, e mil vezes mais frio, que o universo na sua primeira infância.

Sobre a Terra, medimos normalmente as temperaturas ao introduzir um termômetro no orifício de uma criatura ou deixar o termômetro entrar em contato com um objeto de um modo menos intrusivo. Essa forma de contato direto permite que as moléculas móveis dentro do termômetro atinjam a mesma energia média das moléculas no objeto. Quando um termômetro fica ocioso no ar em vez de estar executando sua tarefa dentro de um assado de costela, a velocidade média das moléculas colidentes do ar é que diz ao termômetro que temperatura registrar.

Falando em ar, num dado tempo e lugar na Terra a temperatura do ar em pleno sol é basicamente a mesma que a temperatura do ar embaixo de uma árvore próxima. O que a sombra faz é nos proteger da energia radiante do Sol, pois quase toda essa energia atravessa a atmosfera sem ser absorvida e pousa em nossa pele, fazendo que sintamos mais calor do que o próprio ar sentiria. Mas no espaço vazio, onde não existe ar, não há moléculas móveis para desencadear uma leitura de termômetro. Assim a pergunta "Qual é a temperatura do espaço?" não tem nenhum significado evidente. Sem nada para entrar em contato com ele, o termômetro só pode registrar a energia radiante de toda a luz, vinda de todas as fontes, que pousa sobre ele.

No lado iluminado de nossa Lua sem ar, um termômetro registraria 400 K (126 °C). Caminhe alguns metros para se colocar à sombra de um penedo ou viaje para o lado escuro da Lua, e o termômetro cairá instantaneamente para 40 K (-234 °C). Para sobreviver a um dia lunar sem um traje espacial de temperatura controlada, você teria de fazer piruetas, assando e esfriando alternadamente todos os lados de seu corpo, apenas para manter uma temperatura confortável.

Quando o ambiente se torna realmente frio e você quer absorver o máximo de energia radiante, use uma roupa escura em vez de algo que reflita a luz. O mesmo vale para um termômetro. Em vez de discutir como vesti-lo no espaço, trate de tornar o termômetro perfeitamente absorvente. Se então você o colocar no meio do nada, como na metade do caminho entre a Via Láctea e a galáxia de Andrômeda, longe de todas as fontes óbvias de radiação, o termômetro vai se estabilizar em 2,73 K, a atual temperatura de fundo do universo.

Um recente consenso entre os cosmólogos sustenta que o universo vai se expandir para todo o sempre. Quando o universo dobrar de tamanho, sua temperatura cairá pela metade. Quando tornar a dobrar de tamanho, sua temperatura será dividida por dois mais uma vez.

Com a passagem de trilhões de anos, todo o gás remanescente terá sido utilizado para criar estrelas, e todas as estrelas terão esgotado seus combustíveis termonucleares. Enquanto isso, a temperatura do universo em expansão continuará a declinar, aproximando-se cada vez mais do zero absoluto.

SEÇÃO 4

O SIGNIFICADO DA VIDA

OS DESAFIOS E OS TRIUNFOS DE SABER
COMO CHEGAMOS AQUI

VINTE

DA POEIRA À POEIRA

Uma espiada casual na Via Láctea a olho nu revela uma faixa enevoada de luz e manchas escuras que se estendem de horizonte a horizonte. Com a ajuda de um simples binóculo ou de um telescópio de quintal, as áreas escuras e monótonas da Via Láctea se revelam, bem, áreas escuras e monótonas – mas as áreas brilhantes se revelam em incontáveis estrelas e nebulosas.

Num pequeno livro intitulado *Sidereus Nuncius* [O mensageiro sideral], publicado em Veneza em 1610, Galileu apresenta um relato dos céus vistos através de um telescópio, inclusive a primeira descrição das manchas de luz da Via Láctea. Referindo-se a seu instrumento ainda a ser nomeado como um "óculo de alcance", ele está tão emocionado que mal consegue se conter:

> A própria Via Láctea, que, com a ajuda do óculo de alcance, pode ser observada tão bem que todas as disputas, que por tantas gerações têm exasperado os filósofos, são destruídas pela certeza visível, e assim ficamos livres de argumentos palavrosos. Pois a Galáxia não passa de um amontoado de inumeráveis estrelas distribuídas em aglomerados. Em qualquer região para a qual você aponte seu óculo de alcance, um imenso número de estrelas aparecerá imediatamente à vista, entre as quais muitas parecem bastante grandes e muito vistosas,

mas a multidão das pequenas é verdadeiramente insondável. (Van Helden, 1989, p. 62)

Sem dúvida, é no "imenso número de estrelas" que está a ação. Por que alguém se interessaria pelas áreas escuras de onde as estrelas estão ausentes? São provavelmente buracos cósmicos para o infinito e o vazio mais além.

Três séculos se passariam antes que alguém compreendesse que as manchas escuras são nuvens grossas e densas de gás e poeira, que obscurecem os campos de estrelas mais distantes e mantêm os viveiros de estrelas bem lá no fundo. Seguindo suposições anteriores do astrônomo americano George Cary Comstock, que se perguntava por que as estrelas distantes eram muito mais indistintas do que sua distância por si só indicava, foi apenas em 1909 que o astrônomo holandês Jacobus Cornelius Kapteyn (1851-1922) deu o nome do culpado. Em dois relatos de pesquisa, ambos intitulados "Sobre a absorção da luz no espaço", Kapteyn apresentou evidências de que as nuvens, seu recém-descoberto "meio interestelar", não só espalhavam a luz global das estrelas, mas o faziam irregularmente através do arco-íris de cores no espectro de uma estrela, atenuando mais a luz azul que a vermelha. Essa absorção seletiva faz as estrelas distantes na Via Láctea parecerem, em geral, mais vermelhas que as estrelas próximas.

O hidrogênio comum e o hélio, os principais constituintes das nuvens de gás cósmicas, não avermelham a luz. Mas as moléculas maiores o fazem – especialmente aquelas que contêm os elementos carbono e silício. E, quando as moléculas se tornam grandes demais para serem chamadas de moléculas, nós as chamamos de poeira.

A maioria das pessoas conhece a poeira da variedade doméstica, embora poucas saibam que, numa casa fechada, ela consiste principalmente em células mortas e desprendidas da pele humana (mais caspa de animal de estimação, se você tiver um mamífero em casa). Na última vez que verifiquei, a poeira cósmica no meio interestelar não continha epiderme de ninguém. Mas ela tem um extraordinário conjunto de moléculas complexas que emite principalmente nas partes infravermelho e micro-onda do espectro. Os telescópios de micro-onda não eram parte importante do *kit* de ferramentas de um astrofísico antes da década de 1960; os telescópios de infravermelho nada eram antes dos anos 1970. E assim a verdadeira riqueza química do material entre as estrelas era desconhecida até então. Nas décadas que se seguiram, surgiu uma imagem intrincada e fascinante do nascimento de uma estrela.

Nem todas as nuvens de gás da Via Láctea podem formar estrelas em todos os tempos. Muito frequentemente, a nuvem está confusa sobre o que fazer a seguir. Na realidade, os astrofísicos são os confusos aqui. Sabemos que a nuvem quer entrar em colapso sob seu próprio peso para criar uma ou mais estrelas. Mas a rotação, bem como o movimento turbulento dentro da nuvem, agem contra esse destino. Essa ação também é realizada pela pressão de gás comum que você estudou na aula de química do ensino médio. Os campos magnéticos galácticos lutam igualmente contra o colapso: eles penetram na nuvem e fixam-se em quaisquer partículas carregadas errantes ali contidas, restringindo as maneiras como a nuvem reagirá à sua própria gravidade. A parte assustadora é que se nenhum de nós soubesse de antemão que existem estrelas, a pesquisa de ponta ofereceria muitas razões convincentes para a impossibilidade da formação de estrelas.

Como centenas de bilhões de estrelas da Via Láctea, as nuvens de gás orbitam o centro da galáxia. As estrelas são pontinhos (alguns segundos-luz de extensão) num vasto oceano de espaço permeável, e elas passam umas pelas outras como navios dentro da noite. As nuvens de gás, por outro lado, são imensas. Abrangendo em geral centenas de anos-luz, elas contêm massa equivalente à de 1 milhão de Sóis. Quando essas nuvens se movem pesadamente através da galáxia, é frequente elas colidirem umas com as outras, emaranhando seus conteúdos internos. Às vezes, dependendo de suas velocidades relativas e de seus ângulos de impacto, as nuvens se grudam como *marshmallows* quentes; outras vezes, para aumentar ainda mais os estragos, elas se rasgam mutuamente.

Se uma nuvem esfria até uma temperatura bastante baixa (menor que aproximadamente 100 graus acima do zero absoluto), seus átomos constituintes vão colidir e aderir entre si, em vez de se esquivar obliquamente uns dos outros como fazem em temperaturas mais elevadas. Essa transição química tem consequências para todo mundo. As partículas em crescimento – que agora contêm dezenas de átomos – começam a rebater a luz visível de um lado para o outro, atenuando muito a luz das estrelas por trás da nuvem. Quando as partículas se tornam grãos de poeira plenamente desenvolvidos, contêm mais de 10 bilhões de átomos. Com esse tamanho, já não espalham a luz visível das estrelas que estão atrás: elas a absorvem, depois tornam a irradiar a energia como infravermelho, que é uma parte do espectro que escapa livremente da nuvem. Mas o ato de absorver a luz visível cria uma pressão que empurra a nuvem na direção oposta à da fonte de luz. A nuvem fica então acoplada à luz estelar.

As forças que tornam a nuvem cada vez mais densa podem acabar levando-a a seu colapso gravitacional, e este, por sua vez, leva ao nascimento de estrelas. Assim, estamos diante de uma situação estranha: para criar uma estrela com um núcleo de 10 milhões de graus, suficientemente quente para passar pela fusão termonuclear, devemos primeiro alcançar as condições mais frias possíveis dentro de uma nuvem.

Nesse momento na vida de uma nuvem, os astrofísicos só conseguem expressar por meio de gestos dramáticos o que acontece a seguir. Os teóricos e os modelos de computador enfrentam um problema de muitos parâmetros para introduzir todas as leis conhecidas da física e da química em seus supercomputadores antes de poderem sequer pensar em acompanhar o comportamento dinâmico de grandes e massivas nuvens sob todas as influências externas e internas. Outro desafio é o fato humilhante de que a nuvem original é bilhões de vezes mais larga e cem sextilhões de vezes menos densa do que a estrela que estamos tentando criar – e o que importa numa escala de tamanho não é necessariamente aquilo que deve nos causar preocupação em outra.

Ainda assim, uma coisa que podemos afirmar com segurança é que, nas regiões mais profundas, mais escuras e mais densas de uma nuvem interestelar, com temperaturas baixas em torno de 10 graus acima do zero absoluto, bolsões de gás entram realmente em colapso sem resistência, convertendo sua energia gravitacional em calor. A temperatura em cada região – a ser transformada em breve no núcleo de uma estrela recém-nascida – sobe rapidamente, desmantelando todos os grãos de poeira na vizinhança imediata. Por fim, o gás em colapso atinge 10 milhões de graus. Nessa temperatura mágica, os prótons (que são apenas átomos de hidrogênio nus) se movem com suficiente rapidez para vencer sua repulsa, e eles se ligam sob a influência de uma força nuclear forte de curto alcance, denominada tecnicamente "força nuclear forte". Essa fusão termonuclear cria o hélio, cuja massa é menor que a soma de suas partes. A massa perdida foi convertida em montes de energia, conforme descrito pela famosa equação de Einstein: $E = mc^2$, na qual E é energia, m é massa e c é a velocidade da luz. Quando o calor se move para fora, o gás se torna luminoso, e a energia que antes tinha sido massa sai então de cena. E, embora a região de gás quente ainda permaneça como um útero dentro da nuvem maior, podemos anunciar para a Via Láctea que uma estrela nasceu.

Sabemos que as estrelas apresentam uma ampla gama de massas: de um mero décimo a quase cem vezes a do Sol. Por razões ainda não adivinhadas, a nossa nuvem de gás gigantesca contém uma multidão de bolsões frios, todos se formando mais ou menos ao mesmo tempo, e cada um gerando uma estrela. Para toda estrela de alta massa nascida, há mil estrelas de baixa massa. Mas apenas cerca de 1 por cento de todo o gás na nuvem original participa no nascimento de uma estrela, e isso apresenta um desafio clássico: descobrir como e por que o rabo abana o cachorro.

O limite de massa na extremidade inferior é fácil de determinar. Abaixo de aproximadamente um décimo da massa do Sol, o bolsão de gás em colapso não tem suficiente energia gravitacional para elevar a temperatura de seu núcleo até os requisitados 10 milhões de graus. Uma estrela não nasceu. Em vez disso obtemos o que é comumente chamado de anã marrom. Sem fonte de energia própria, ela apenas se torna cada vez mais tênue com o tempo, vivendo do pouco calor que foi capaz de gerar desde seu colapso original. As camadas gasosas externas de uma anã marrom são tão frias que muitas das moléculas grandes, normalmente destruídas nas atmosferas de estrelas mais quentes, continuam vivas e bem dentro de seu interior. Com essa luminosidade tão fraca, uma anã marrom é extremamente difícil de detectar, requerendo métodos similares aos usados para a detecção de planetas. Na verdade, apenas em anos recentes foram descobertas anãs marrons suficientes para que fossem classificadas em mais de uma categoria. O limite de massa na extremidade superior é também fácil de determinar. Acima de aproximadamente cem vezes a massa do Sol, a estrela é tão luminosa que qualquer massa adicional que talvez queira se juntar à estrela acaba afastada pela intensa pressão da luz da estrela sobre os grãos de poeira dentro da nuvem, que carrega a nuvem de gás com ela. Aqui o acoplamento da luz estelar com a poeira é irreversível. Tão potentes são os efeitos dessa pressão de radiação que a luminosidade de apenas algumas estrelas de alta massa pode dispersar quase toda a massa da nuvem original escura e obscurecedora, deixando com isso a descoberto dúzias, se não centenas, de estrelas novas em folha – irmãs, realmente – bem à vista do resto da galáxia.

A Grande Nebulosa de Órion – situada logo abaixo do Cinturão de Órion, na metade de sua espada – é um berçário estelar exatamente desse tipo. Dentro da nebulosa, milhares de estrelas estão nascendo num único aglomerado gigantesco. Quatro das várias estrelas massivas formam o Trapézio de Órion e estão atarefadas esvaziando um buraco gigante no meio da nuvem da qual elas se formaram. Novas estrelas são claramente visíveis nas imagens da região obtidas pelo telescópio *Hubble*, cada recém-nascida envolvida num disco, protoplanetário nascente, feito de poeira e de outras moléculas tiradas da nuvem original. E, dentro de cada disco, um sistema solar está se formando.

Por um longo tempo, as estrelas recém-nascidas não incomodam ninguém. Mas por fim, a partir de perturbações gravitacionais constantes e prolongadas de nuvens enormes que passam, o aglomerado acaba por se desfazer, seus membros se dispersam no conjunto geral de estrelas na galáxia. As estrelas de baixa massa vivem praticamente para sempre, tão eficiente é seu consumo de combustível. As estrelas de massa intermediária, como o nosso Sol, se tornam mais cedo ou mais tarde gigantes vermelhas, expandindo-se cem vezes em tamanho enquanto marcham rumo à morte. Suas camadas gasosas mais externas tornam-se tão tenuemente conectadas à estrela que saem à deriva pelo espaço, expondo os combustíveis nucleares gastos que deram energia a suas vidas de 10 bilhões de anos. O gás que retorna ao espaço acaba arrebatado pelas nuvens que passam, só para participar de novos ciclos de formação de estrelas.

Apesar da raridade das estrelas de alta massa, elas têm nas mãos quase todas as cartas evolutivas. Vangloriam-se da luminosidade mais intensa (1 milhão de vezes a do Sol) e, como consequência, das vidas mais curtas (apenas alguns milhões de anos). E, como veremos em breve, as estrelas de alta massa fabricam em seus núcleos dúzias de elementos pesados, um após o outro, começando com o hidrogênio e passando ao hélio, ao carbono, ao nitrogênio, ao oxigênio e assim por diante, seguindo toda a série até o ferro. Findam com mortes espetaculares em explosões de supernovas, criando ainda mais elementos em seus fogos e, por pouco tempo, brilhando mais que toda a sua galáxia natal. A energia explosiva dissemina os elementos recém-cunhados através da galáxia, formando buracos em sua distribuição do gás e enriquecendo as nuvens próximas com as matérias-primas para criar uma poeira própria. As ondas da explosão da supernova se movem supersonicamente através das nuvens, comprimindo o gás e a poeira, e possivelmente criando bolsões de densidade muito alta necessários para formar estrelas em primeiro lugar.

Como veremos no próximo capítulo, a maior dádiva da supernova ao cosmos é enviar nuvens com os elementos pesados que formam planetas, protistas e pessoas, para que de novo, mais dotada pelo enriquecimento químico de uma geração anterior de estrelas de alta massa, nasça outra estrela.

VINTE E UM

FORJADOS NAS ESTRELAS

Nem todas as descobertas científicas são feitas por pesquisadores solitários e antissociais. E as descobertas também não são todas acompanhadas de manchetes na mídia e livros *best-seller*. Algumas envolvem muitas pessoas, prolongam-se por muitas décadas, requerem cálculos complicados, e não são facilmente resumidas pela imprensa. Essas descobertas passam quase despercebidas do público em geral.

    Meu voto para a descoberta mais subestimada do século XX é a compreensão de que as supernovas – a agonia explosiva mortal das estrelas de alta massa – são a fonte primária para a origem e a relativa mistura de elementos pesados no universo. Essa descoberta não divulgada assumiu a forma de um extenso estudo de pesquisa publicado em 1957 na revista *Reviews of Modern Physics* com o título de "A síntese dos elementos nas estrelas", assinado por E. Margaret Burbidge, Geoffrey R. Burbidge, William Fowler e Fred Hoyle. No estudo, eles construíram uma estrutura teórica e computacional que interpretava com um novo enfoque quarenta anos de reflexões de outros cientistas sobre tópicos quentes como as fontes da energia estelar e a transmutação dos elementos.

    A química nuclear cósmica é um negócio confuso. Era confusa em 1957 e continua sendo confusa agora. As questões relevantes sempre incluíram: Como é que os vários elementos da famosa tabela periódica de elementos se comportam quando submetidos a variadas temperaturas e pressões? Os elementos se fundem ou se dividem? Com que facilidade isso é realizado? O processo libera ou absorve energia?

A tabela periódica é, claro, muito mais que apenas uma lista misteriosa de cem ou mais caixas com símbolos crípticos nelas. É uma sequência de todos os elementos conhecidos no universo, arranjada pelo número crescente de prótons em seus núcleos. Os dois mais leves são o hidrogênio, com um próton, e o hélio, com dois prótons. Sob as condições corretas de temperatura, densidade e pressão, você pode usar o hidrogênio e o hélio para sintetizar qualquer outro elemento da tabela periódica.

Um problema perene na química nuclear envolve calcular seções de choque acuradas, que são simplesmente as medidas da proximidade que uma partícula pode atingir em relação a outra, antes que passem a interagir de modo significativo. As seções de choque são fáceis de calcular para coisas como misturadores de cimento ou casas que descem a rua sobre caminhões plataforma, mas podem ser um desafio para partículas subatômicas elusivas. Uma compreensão detalhada das seções de choque é o que possibilita predizer taxas e trajetórias de uma reação nuclear. Muitas vezes pequenas incertezas nas tabelas de seções de choque podem nos forçar a tirar conclusões loucamente errôneas. O problema se parece muito com o que aconteceria se você tentasse fazer todo o percurso do sistema de metrô de uma cidade usando o mapa do metrô de outra cidade como guia.

À parte essa ignorância, os cientistas tinham suspeitado por algum tempo de que, se existisse um processo nuclear exótico em alguma parte do universo, os centros das estrelas seriam um bom lugar para encontrá-lo. Em particular, em 1920 o astrofísico teórico britânico Sir Arthur Eddington publicou um estudo, intitulado "A constituição interna das estrelas", em que argumentava que o Laboratório Cavendish, na Inglaterra, o mais famoso centro de pesquisa física nuclear e atômica da época, não podia ser o único lugar no universo que conseguia transformar alguns elementos em outros:

Mas será possível admitir que tal transmutação esteja ocorrendo? É difícil afirmar, mas talvez mais difícil negar, que isso esteja acontecendo [...] e o que é possível no Laboratório Cavendish não pode ser demasiado difícil no Sol. Acho que se tem contemplado geralmente a suspeita de que as estrelas são os cadinhos em que os átomos mais leves que abundam nas nebulosas são combinados para formar elementos mais complexos. (p. 18)

O estudo de Eddington antecipa em vários anos a descoberta da mecânica quântica, sem a qual nosso conhecimento da física de átomos e núcleos seria débil, na melhor das hipóteses. Com uma presciência admirável, Eddington começou a formular um roteiro da energia gerada pelas estrelas por meio da fusão termonuclear do hidrogênio em hélio, e mais:

Não precisamos nos ater à formação do hélio a partir do hidrogênio como a única reação que supre a energia [para uma estrela], embora pareça que os estágios posteriores na construção dos elementos impliquem muito menos liberação, e às vezes até absorção, de energia. A posição pode ser resumida nos seguintes termos: os átomos de todos os elementos são compostos de átomos de hidrogênio unidos, e presumivelmente foram formados em certo momento a partir do hidrogênio; o interior de uma estrela parece um lugar bem provável para que a evolução tenha ocorrido. (p. 18)

A mistura de elementos observada sobre a Terra e em outros lugares do universo era outra coisa que se desejava ver explicada por um modelo da transmutação dos elementos. Mas primeiro era preciso um mecanismo. Em 1931, a física quântica foi desenvolvida (embora o nêutron ainda não tivesse sido descoberto) e o astrofísico Robert d'Escourt Atkinson publicou um estudo extenso, que ele resume em sua sinopse como uma "teoria síntese da energia estelar e da origem dos elementos [...] em que os vários elementos químicos são construídos passo a passo a partir dos mais leves nos interiores estelares, pela incorporação sucessiva de prótons e elétrons um de cada vez" (p. 250).

Mais ou menos na mesma época, o químico nuclear William D. Harkins publicou um estudo e observou que "elementos de baixo peso atômico são mais abundantes que os de alto peso atômico, e que, em média, os elementos com números atômicos pares são umas dez vezes mais abundantes que aqueles com números atômicos ímpares de valor similar" (Lang e Gingerich 1979, p. 374). Harkins supunha que as abundâncias relativas dos elementos dependiam antes dos processos químicos nucleares que dos convencionais, e que os elementos pesados deviam ter sido sintetizados a partir dos leves.

O mecanismo detalhado da fusão nuclear nas estrelas poderia em última análise explicar a presença cósmica de muitos elementos, especialmente daqueles obtidos cada vez que se acrescenta o núcleo de hélio com dois prótons a um elemento previamente forjado. Esses constituem os elementos abundantes com "números atômicos pares" a que Harkins se refere. Mas a existência e a relativa mistura de muitos outros elementos continuavam inexplicáveis. Outros meios de construção de elementos deviam estar em andamento.

O nêutron, descoberto em 1932 pelo físico britânico James Chadwick, que então trabalhava no Laboratório Cavendish, desempenha um papel significativo na fusão nuclear que Eddington não poderia ter imaginado. Reunir prótons requer trabalho duro, porque eles naturalmente se repelem. Devem ser aproximados o suficiente (frequentemente por meio de altas temperaturas, pressões e densidades) para que a força nuclear "forte" de curto alcance supere essa repulsão e os una. O nêutron sem carga, entretanto, não repele nenhuma outra partícula, por isso pode entrar em núcleo alheio e juntar-se às outras partículas reunidas. Esse passo ainda não criou outro elemento; ao acrescentar um nêutron, criamos simplesmente um "isótopo" do original. Mas, para alguns elementos, o recém-capturado nêutron é instável e converte-se espontaneamente em um próton (que fica parado no núcleo) e em um elétron (que logo escapa). Como os soldados gregos que conseguiram abrir uma brecha nos muros troianos escondendo-se dentro do cavalo de Troia, os prótons podem efetivamente entrar sorrateiramente num núcleo disfarçados de nêutron.

Se o fluxo ambiente de nêutrons for alto, o núcleo de um átomo poderá absorver muitos de uma vez antes que o primeiro se deteriore. Esses nêutrons rapidamente absorvidos ajudam a criar um conjunto de elementos que são identificados com o processo e diferem do grupo de elementos que resultam de nêutrons que são capturados devagar.

Todo o processo é conhecido como captura do nêutron, sendo responsável por criar muitos elementos que não são de outro modo formados pela fusão termonuclear tradicional. Os elementos restantes da natureza podem ser produzidos por alguns outros meios, inclusive fazendo a luz de alta energia (raios gama) incidir nos núcleos de átomos pesados, que então se rompem em núcleos menores.

Sob o risco de simplificar por demais o ciclo de vida de uma estrela de alta massa, basta reconhecer que uma estrela cuida de criar e liberar energia, o que ajuda a sustentá-la contra a gravidade. Sem isso, a grande bola de gás entraria simplesmente em colapso sob seu próprio peso. O núcleo de uma estrela, depois de converter seu suprimento de hidrogênio em hélio, a seguir fundirá o hélio em carbono, depois o carbono em oxigênio, o oxigênio em neon, e assim por diante até o ferro. Fundir sucessivamente essa sequência de elementos cada vez mais pesados requer temperaturas cada vez mais altas para que os núcleos superem sua repulsão natural. O que felizmente acontece de modo natural, porque ao final de cada etapa intermediária a fonte de energia da estrela estanca temporariamente, as regiões internas entram em colapso, a temperatura se eleva, e a próxima trajetória de fusão entra em cena. Mas há um problema. A fusão do ferro absorve energia em vez de liberá-la. Isso é muito ruim para a estrela, porque então ela já não pode se sustentar contra a gravidade. A estrela entra imediatamente em colapso sem resistência, o que força a temperatura a se elevar com tanta rapidez que se segue uma explosão titânica quando o interior da estrela se desfaz em pedacinhos. Durante a explosão, a luminosidade da estrela pode aumentar 1 bilhão de vezes. Damos a essas explosões o nome de supernovas, embora eu sempre tenha achado que o termo "maravilhosas novas" seria mais apropriado.

Durante toda a explosão, a existência de nêutrons, prótons e energia possibilita que os elementos sejam criados de muitas maneiras diferentes. Combinando (1) os bem testados princípios da mecânica quântica, (2) a física das explosões, (3) as mais recentes seções de choque, (4) os processos variados pelos quais os elementos podem se transmutar uns nos outros, e (5) o básico da teoria evolutiva estelar, Burbidge, Burbidge, Fowler e Hoyle denunciaram definitivamente as explosões de supernovas como a fonte primária de todos os elementos mais pesados que o hidrogênio e o hélio no universo.

Com as supernovas como evidências incontestáveis, eles tiveram de resolver um outro problema de graça: quando se forjam elementos mais pesados que o hidrogênio e o hélio dentro das estrelas, isso não faz bem ao resto do universo, a menos que esses elementos sejam de algum modo lançados ao espaço interestelar e disponibilizados para formar planetas e pessoas. Sim, somos poeira das estrelas.

Não pretendo sugerir que todas as nossas questões químicas cósmicas estejam resolvidas. Um mistério contemporâneo curioso envolve o tecnécio, que, em 1937, foi o primeiro elemento a ser sintetizado no laboratório. (O nome "tecnécio", junto com outras palavras que usam o prefixo radical "tec-", deriva da palavra grega *technetos*, que se traduz por "artificial".) O elemento ainda está para ser descoberto naturalmente na Terra, mas foi encontrado na atmosfera de uma pequena fração de estrelas gigantes vermelhas da nossa galáxia. Por si só, isso não seria causa para alarme, não fosse o fato de que o tecnécio tem meia-vida de meros 2 milhões de anos, muito, muito mais curta que a idade e a expectativa de vida das estrelas em que é encontrado. Em outras palavras, a estrela não pode ter nascido com o material, porque, se assim fosse, não haveria sobra nenhuma dele a esta altura. Não há tampouco nenhum mecanismo conhecido para criar o tecnécio no núcleo de uma estrela e fazê-lo subir à superfície, onde é observado, o que tem gerado teorias exóticas que ainda não alcançaram consenso na comunidade astrofísica.

As gigantes vermelhas com propriedades químicas peculiares são raras, mas ainda assim bastante comuns para que haja um grupo de astrofísicos (na maior parte espectroscopistas) especializados no tema. De fato, meus interesses de pesquisa profissionais coincidem bastante com o assunto para que eu receba regularmente a *Newsletter of Chemically Peculiar Red Giant Stars*, de distribuição internacional (inexistente nas bancas). Ela contém habitualmente notícias de conferências e atualiza o progresso das pesquisas. Para o cientista interessado, esses mistérios químicos atuais não são menos sedutores que as questões relacionadas com os buracos negros, os quasares e o universo primitivo. Mas você quase nunca lerá sobre eles. Por quê? Porque mais uma vez a mídia predeterminou o que não vale a pena ser noticiado, mesmo quando o item da notícia é algo tão desinteressante quanto a origem cósmica de todos os elementos do seu corpo.

VINTE E DOIS

ENVIAR PELAS NUVENS

Durante quase todos os primeiros quatrocentos milênios depois do nascimento do universo, o espaço era uma sopa quente de núcleos atômicos nus que se moviam rapidamente, sem nenhum elétron para chamarem de seu. As reações químicas mais simples ainda eram apenas um sonho distante, e os primeiros rebuliços da vida sobre a Terra estavam 10 bilhões de anos no futuro.

Noventa por cento dos núcleos formados pelo *big bang* eram de hidrogênio, a maior parte do restante era de hélio, e uma fração diminuta era de lítio: de formação mais simples de elementos. Somente quando a temperatura ambiente no universo em expansão esfriou de trilhões para aproximadamente 3.000 Kelvin é que os núcleos capturaram elétrons. Ao fazê-lo, eles se transformaram legalmente em átomos e introduziram a possibilidade da química. Enquanto o universo continuava a se tornar maior e mais frio, os átomos se reuniam em estruturas cada vez maiores – nuvens de gás nas quais as primeiras moléculas, de hidrogênio (H_2) e de hidrido de lítio (LiH), se formavam a partir dos primeiros ingredientes existentes no universo. Essas nuvens de gás geraram as primeiras estrelas, cada uma apresentando massa cerca de cem vezes a do nosso Sol. E no núcleo de cada estrela ardia uma fornalha termonuclear, obcecada em fabricar elementos químicos muito mais pesados que os três primeiros mais simples.

Quando essas primeiras estrelas titânicas esgotaram seus suprimentos de combustível, elas explodiram em pedacinhos e espalharam suas entranhas elementares através do cosmos. Nutridas pela energia de suas próprias explosões, elas formaram elementos ainda mais pesados. Nuvens de gás ricas em átomos, capazes de uma química mais ambiciosa, então se reuniram no espaço.

Vamos apertar o botão de avançar e acelerar até as galáxias, as principais organizadoras da matéria visível no universo – e, dentro delas, as nuvens de gás pré-enriquecidas pelos despojos das primeiras explosões de estrelas. Logo essas galáxias hospedariam geração após geração de explosões de estrelas, e geração após geração de enriquecimento químico – o manancial daquelas caixinhas crípticas que compõem a tabela periódica de elementos.

Na ausência desse drama épico, a vida sobre a Terra – ou em qualquer outro lugar – simplesmente não existiria. A química da vida, na verdade a química de qualquer coisa, requer que os elementos formem moléculas. O problema é que as moléculas não são formadas e não conseguem sobreviver em fornalhas termonucleares ou em explosões estelares. Elas precisam de um ambiente mais frio e mais calmo. Então como é que o universo chegou a ser o lugar rico em moléculas que agora habitamos?

Vamos retornar, por um momento, à fábrica de elementos lá bem dentro de uma estrela de alta massa de primeira geração.

Como acabamos de ver, ali no núcleo, a temperaturas superiores a 10 milhões de graus, núcleos de hidrogênio velozes (prótons únicos) batem aleatoriamente uns contra os outros. O evento gera uma série de reações nucleares que, ao final do dia, produzem principalmente hélio e muita energia. Enquanto a estrela estiver "ligada", a energia liberada pelas suas reações nucleares gerará bastante pressão para fora com o objetivo de impedir que a enorme massa da estrela colapse sob seu próprio peso. Ao fim e ao cabo, entretanto, a estrela simplesmente fica sem combustível de hidrogênio. O que resta é uma bola de hélio, que apenas se mantém ali sem nada para fazer. Pobre hélio! Exige um aumento de dez vezes na temperatura antes de se fundir em elementos mais pesados.

Sem uma fonte de energia, o núcleo colapsa e, ao fazê-lo, aquece mais. A aproximadamente 100 milhões de graus, as partículas aceleram e os núcleos de hélio finalmente se fundem, batendo-se com velocidade suficiente para se combinar em elementos mais pesados. Quando se fundem, a reação libera bastante energia para deter outro colapso – ao menos por algum tempo. Os núcleos de hélio fundidos passam um pequeno período como produtos intermediários (o berílio, por exemplo), mas por fim três núcleos de hélio acabam se tornando um único núcleo de carbono. (Muito mais tarde, quando se torna um átomo completo com seu complemento de elétrons no devido lugar, o carbono reina como o átomo mais quimicamente fértil da tabela periódica.)

Enquanto isso, dentro da estrela, a fusão prossegue apressadamente. Por fim, a zona quente fica sem hélio, deixando atrás de si uma bola de carbono circundada por uma casca de hélio que está, por sua vez, circundada pelo resto da estrela. O núcleo então colapsa de novo. Quando sua temperatura se eleva a aproximadamente 600 milhões de graus, o carbono também começa a bater em seus vizinhos – fundindo-se em elementos mais pesados por meio de trajetórias nucleares cada vez mais complexas, emitindo durante todo esse tempo bastante energia para protelar outro colapso. A usina está então em plena atividade, fabricando nitrogênio, oxigênio, sódio, magnésio, silício.

Vamos descer pela tabela periódica, até o ferro. A responsabilidade última cabe ao ferro, o elemento final a ser fundido no núcleo das estrelas de primeira geração. Se você funde o ferro, ou qualquer coisa mais pesada, a reação absorve energia em vez de emiti-la. Mas a atividade das estrelas é produzir energia, por isso é um dia ruim para uma estrela quando ela se depara com uma bola de ferro no seu núcleo. Sem uma fonte de energia para equilibrar a força inexorável de sua própria gravidade, o núcleo da estrela entra rapidamente em colapso. Em segundos, o colapso e a rápida elevação concomitante de temperatura desencadeiam uma explosão monstruosa: uma supernova. Agora há muita energia para fazer elementos mais pesados que o ferro. Como consequência da explosão, uma imensa nuvem de todos os elementos herdados e manufaturados pela estrela se dispersa na vizinhança estelar. E considere os principais ingredientes da nuvem: átomos de hidrogênio, hélio, oxigênio, carbono e nitrogênio. Soa familiar? À exceção do hélio, que é quimicamente inerte, esses elementos são os principais ingredientes da vida assim como a conhecemos. Dada a variedade espantosa de moléculas que esses átomos podem formar, com eles próprios e com outros, é provável que eles sejam também os ingredientes da vida assim como *não* a conhecemos.

O universo está agora pronto, desejoso e capaz de formar as primeiras moléculas no espaço e construir a geração seguinte de estrelas.

Se as nuvens de gás irão produzir moléculas resistentes, elas devem conter algo mais que os ingredientes certos. Elas devem ser também frias. Em nuvens mais quentes que alguns milhares de graus, as partículas se movem demasiado rápido – e assim as colisões atômicas são muito energéticas – para ficarem grudadas e sustentarem as moléculas. Ainda que alguns átomos consigam se unir e criar uma molécula, outro átomo logo vai bater neles com energia suficiente para despedaçá-los. As altas temperaturas e os impactos em alta velocidade, que contribuíram tão bem para a fusão, agora trabalham contra a química.

As nuvens de gás podem ter vidas longas e felizes, desde que os movimentos turbulentos de seus bolsões de gás internos as conservem. De vez em quando, entretanto, algumas regiões da nuvem diminuem a velocidade o suficiente – e esfriam o bastante – para que a gravidade vença, causando o colapso da nuvem. Na verdade, o próprio processo que forma as moléculas também serve para esfriar a nuvem: quando dois átomos colidem e grudam um no outro, parte da energia que os uniu é capturada em seus laços recém-formados ou emitida como radiação.

O esfriamento tem um efeito extraordinário sobre a composição de uma nuvem. Os átomos então colidem como se fossem barcos lentos, aderindo uns aos outros, construindo moléculas em vez de destruí-las. Como o carbono logo se liga consigo mesmo, as moléculas baseadas no carbono podem se tornar grandes e complexas. Algumas se tornam fisicamente emaranhadas, como a poeira que se junta em felpas embaixo da cama. Quando os ingredientes são favoráveis, a mesma coisa pode acontecer com moléculas baseadas em silício. Em qualquer um dos dois casos, cada grão de poeira se torna um lugar de acontecimentos, guarnecido com fendas e vales hospitaleiros onde os átomos podem se encontrar à vontade e construir ainda mais moléculas. Quanto mais baixa a temperatura, maiores e mais complexas podem se tornar as moléculas.

Entre os primeiros e mais comuns compostos a se formarem – assim que a temperatura cai abaixo de alguns milhares de graus – estão várias moléculas diatômicas (dois átomos) e triatômicas (três átomos) familiares. O monóxido de carbono (CO), por exemplo, se estabiliza muito antes que o carbono se condense em poeira, e o hidrogênio molecular (H_2) se torna o constituinte principal das nuvens de gás em processo de esfriamento, então sensatamente chamadas nuvens moleculares. Entre as moléculas triatômicas que se formam a seguir estão a água (H_2O), o dióxido de carbono (CO_2), o cianeto de hidrogênio (HCN), o sulfeto de hidrogênio (H_2S) e o dióxido de enxofre (SO_2). Há também a molécula triatômica altamente reativa H_3+, ansiosa por alimentar seus vizinhos famintos com seu terceiro próton, instigando outros encontros amorosos químicos.

À medida que a nuvem continua a esfriar, caindo abaixo de uns 100 Kelvin, surgem moléculas maiores, algumas das quais podem estar presentes em sua garagem ou na cozinha: acetileno (C_2H_2), amônia (NH_3), formaldeído (H_2CO), metano (CH_4). Em nuvens ainda mais frias, você pode encontrar os ingredientes principais de outras importantes misturas: anticongelante (feito com etilenoglicol), bebida alcoólica (álcool etílico), perfume (benzeno) e açúcar (glicoaldeído), bem como o ácido fórmico, cuja estrutura é similar à dos aminoácidos, os blocos de construção das proteínas.

O inventário atual das moléculas que vagam a esmo entre as estrelas está chegando a 130. As maiores e estruturalmente mais intrincadas são o antraceno ($C_{14}H_{10}$) e o pireno ($C_{16}H_{10}$), descobertos em 2003 na nebulosa do Retângulo Vermelho, a aproximadamente 2.300 anos-luz da Terra, por Adolf N. Witt, da Universidade de Toledo em Ohio, e seus colegas. Formados por anéis estáveis e interconectados de carbono, o antraceno e o pireno pertencem a uma família de moléculas que os químicos amantes de sílabas chamam hidrocarbonetos policíclicos aromáticos, ou HPA. E, assim como as moléculas mais complexas no espaço são baseadas em carbono, é claro que nós também somos.

A existência de moléculas no espaço livre, algo agora aceito como natural, era em grande parte desconhecida dos astrofísicos antes de 1963 – uma descoberta notavelmente tardia, considerando-se o estado das outras ciências. A molécula do DNA já tinha sido descrita. A bomba atômica, a bomba de hidrogênio e os mísseis balísticos, todos tinham sido "aperfeiçoados". O programa Apollo para que os homens pousassem na Lua estava em andamento. Onze elementos mais pesados que o urânio tinham sido criados em laboratório.

A deficiência astrofísica ocorreu porque uma janela inteira do espectro eletromagnético – as micro-ondas – ainda não tinha sido aberta. Acontece, como vimos na Seção 3, que a luz absorvida e emitida pelas moléculas cai na parte das micro-ondas no espectro, e, assim, foi só quando os telescópios de micro-ondas apareceram na década de 1960 que a complexidade molecular do universo se revelou em todo o seu esplendor. Logo se mostrou que as regiões escuras da Via Láctea eram fábricas químicas em plena atividade. A hidroxila (OH) foi detectada em 1963, a amônia em 1968, a água em 1969, o monóxido de carbono em 1970, o álcool etílico em 1975 – todos misturados num coquetel gasoso no espaço interestelar. Em meados da década de 1970, tinham sido encontradas assinaturas em micro-ondas de quase quarenta moléculas.

As moléculas têm estrutura definida, mas as ligações dos elétrons que mantêm os átomos unidos não são rígidas: elas bamboleiam e meneiam, enrolam-se e esticam. Acontece que as micro-ondas têm exatamente a gama de energias certa para estimular essa atividade. (É por essa razão que os fornos de micro-ondas funcionam: um banho de micro-ondas, na energia certa, faz as moléculas da água vibrarem na sua comida. O atrito entre essas partículas dançantes gera calor, cozinhando o alimento rapidamente a partir de dentro.)

Assim como acontece com os átomos, toda espécie de molécula no espaço é identificada pelo padrão único de características em seu espectro. Esse padrão pode ser logo comparado com padrões catalogados em laboratórios aqui na Terra; sem os dados do laboratório, frequentemente suplementados por alguns cálculos teóricos, não saberíamos para o que estávamos olhando. Quanto maior a molécula, mais ligações são encarregadas de mantê-la unida, e mais suas ligações podem bambolear e menear. Cada tipo de bamboleio e meneio tem um comprimento de onda espectral característico, ou "cor"; algumas moléculas usurpam centenas ou até milhares de "cores" no espectro das micro-ondas, comprimentos de onda em que elas absorvem ou emitem luz quando seus elétrons dão uma espreguiçada. E extrair a assinatura de uma molécula do restante das assinaturas é trabalho duro, quase como captar o som da voz de seu filho pequeno num quarto cheio de crianças a berrar durante o recreio. É difícil, mas possível de fazer. Você só precisa ter uma percepção aguçada dos tipos de sons que seu garoto produz. É para isso que serve seu modelo de laboratório.

Uma vez formada, uma molécula não leva necessariamente uma vida estável. Em regiões onde nascem estrelas violentamente quentes, a luz estelar inclui quantidades copiosas de UV, a luz ultravioleta. A UV é ruim para as moléculas, porque sua alta energia rompe as ligações entre os átomos constituintes de uma molécula. É por isso que a UV é igualmente ruim para você: é sempre melhor evitar coisas que decompõem as moléculas de sua carne. Então esqueça que uma nuvem de gás gigantesca pode ser fria o bastante para que moléculas se formem dentro dela; se a vizinhança for banhada em UV, as moléculas na nuvem serão torradas. E, quanto maior a molécula, menos ela consegue resistir a um ataque desses.

Algumas nuvens interestelares são tão grandes e densas, entretanto, que suas camadas externas podem servir de escudo a suas camadas internas. A UV é detida na periferia por moléculas que dão a vida para proteger seus irmãos no interior, retendo com isso a complexa química de que as nuvens frias desfrutam.

Mas por fim o carnaval molecular chega a seu término. Assim que o centro da nuvem de gás – ou qualquer outro bolsão de gás – fica bastante denso e frio, a energia média das partículas de gás em movimento torna--se demasiado fraca para impedir que a estrutura entre em colapso sob seu próprio peso. Esse encolhimento gravitacional espontâneo torna a elevar a temperatura, transformando a antiga nuvem de gás num lócus de calor abrasador com a fusão termonuclear já em andamento.

Nasce mais uma estrela!

Inevitavelmente, inescapavelmente, poder-se-ia dizer até tragicamente, as ligações químicas – incluindo todas as moléculas orgânicas que a nuvem tão diligentemente fabricou a caminho do estrelato – então se desfazem no calor ressecante. As regiões mais difusas da nuvem de gás, entretanto, escapam desse destino. Além disso, existe o gás que se acha suficientemente perto da estrela para ser afetado pela sua crescente força de gravidade, mas não tão perto que acabe sendo puxado para dentro da própria estrela. Dentro desse casulo de gás poeirento, discos grossos de material condensante entram numa órbita segura ao redor da estrela. E, dentro desses discos, antigas moléculas podem sobreviver e novas podem se formar.

O que temos então é um sistema solar em formação, que logo compreenderá planetas ricos em moléculas e cometas ricos em moléculas. Uma vez que exista algum material sólido, o céu é o limite. As moléculas podem se tornar tão gordas quanto quiserem. Solte o carbono nessas condições, e você até poderia obter a química mais complexa que conhecemos. Que grau de complexidade? Isso atende por outro nome: biologia.

VINTE E TRÊS

CACHINHOS DE OURO E OS TRÊS PLANETAS

Era uma vez um passado – há uns 4 bilhões de anos –, em que a formação do sistema solar estava quase completa. Vênus tinha se formado suficientemente perto do Sol para que a intensa energia solar evaporasse o que poderia ter sido seu suprimento de água. Marte se formou tão longe que seu suprimento de água se tornou congelado para sempre. Apenas um planeta, a Terra, tinha a distância "perfeita" para que a água permanecesse líquida e sua superfície se tornasse um refúgio para a vida. Essa região ao redor do Sol veio a ser conhecida como a zona habitável.

Cachinhos de Ouro (famosa pelo conto de fadas) também gostava das coisas "perfeitas". Uma das tigelas de mingau na casa dos Três Ursos estava quente demais. A outra estava fria demais. A terceira estava perfeita, por isso ela comeu o mingau. Também na casa dos Três Ursos, uma cama era dura demais. A outra era mole demais. A terceira era perfeita, por isso Cachinhos de Ouro dormiu nela. Quando vieram para casa, os Três Ursos não só descobriram que faltava o mingau de uma tigela, mas também que Cachinhos de Ouro estava profundamente adormecida numa das camas. (Não me lembro de como a história termina, mas se eu fosse os Três Ursos – onívoros e ocupando o topo da cadeia alimentar – teria devorado Cachinhos de Ouro.)

A relativa habitabilidade de Vênus, Terra e Marte intrigaria Cachinhos de Ouro, embora a história real desses planetas seja bem mais complicada que a das três tigelas de mingau. Há 4 bilhões de anos, cometas ricos em água e asteroides ricos em minerais, sobras da formação do sistema solar, ainda estavam golpeando as superfícies planetárias, embora numa taxa muito mais baixa que antes. Durante esse jogo de bilhar cósmico, alguns planetas tinham migrado para dentro das órbitas onde se formaram, enquanto outros foram chutados para órbitas maiores. E, entre as dúzias de planetas que tinham se formado, alguns se moviam em órbitas instáveis e colidiram com o Sol ou Júpiter. Outros foram totalmente ejetados para fora do sistema solar. No final, os poucos planetas que permaneceram tinham órbitas "perfeitas" para sobreviver bilhões de anos.

A Terra se acomodou numa órbita a uma distância média de 93 milhões de milhas (150 milhões de quilômetros) do Sol. A essa distância, a Terra intersecta tão somente dois bilionésimos da energia total irradiada pelo Sol. Se pressupormos que a Terra absorve toda a energia incidente do Sol, a temperatura média de nosso planeta natal será aproximadamente 280 Kelvin (50 °F [10 °C]), isto é, a meio caminho entre as temperaturas de inverno e verão. A pressões atmosféricas normais, a água congela a 273 Kelvin e ferve a 373 graus, de modo que estamos bem posicionados para que quase toda a água sobre a Terra permaneça felizmente em seu estado líquido.

Não tão rápido. Na ciência, às vezes, é possível obter a resposta certa pelas razões erradas. A Terra absorve realmente apenas dois terços da energia que a atinge vinda do Sol. O resto é refletido de volta para o espaço pela superfície da Terra (especialmente pelos oceanos) e por suas nuvens. Se nas equações levarmos em conta essa refletividade, a temperatura média da Terra cai para cerca de 255 Kelvin, bem abaixo do ponto de congelamento da água. Deve haver alguma coisa que opera nos tempos modernos para elevar nossa temperatura média até um grau um pouco mais confortável.

Mas espere mais uma vez. Todas as teorias da evolução estelar nos dizem que há 4 bilhões de anos, quando a vida estava se formando a partir da proverbial sopa primordial da Terra, o Sol era um terço menos luminoso do que é atualmente, o que teria deixado a temperatura média da Terra ainda mais abaixo do ponto de congelamento.

Talvez a Terra no passado distante estivesse simplesmente mais próxima do Sol. Uma vez terminado o primeiro período de bombardeamento pesado, entretanto, nenhum mecanismo conhecido poderia ter deslocado órbitas estáveis para lá e para cá dentro do sistema solar. Talvez o efeito estufa da atmosfera da Terra fosse mais forte no passado. Não sabemos ao certo. O que sabemos é que zonas habitáveis, conforme originalmente concebidas, têm apenas relevância periférica para a possível existência da vida num planeta que se encontra dentro delas.

A famosa equação de Drake, invocada na busca de inteligência extraterrestre, fornece uma estimativa simples para o número de civilizações que se poderia esperar encontrar na galáxia da Via Láctea. Quando a equação foi concebida na década de 1960 pelo astrônomo americano Frank Drake, o conceito de zona habitável não se estendia além da ideia de que haveria alguns planetas a uma distância "perfeita" de suas estrelas anfitriãs. Uma versão da equação de Drake diz: comece com o número de estrelas na galáxia (centenas de bilhões). Multiplique esse número grande pela fração de estrelas com planetas. Multiplique o que resta pela fração de planetas na zona habitável. Multiplique o que resta pela fração daqueles planetas que desenvolveram a vida. Multiplique o que resta pela fração que desenvolveu vida inteligente. Multiplique o que resta pela fração que poderia ter desenvolvido uma tecnologia com que se comunicar através do espaço interestelar. Finalmente, quando você introduzir uma taxa de formação de estrela e o esperado período de vida de uma civilização tecnologicamente viável, obterá o número de civilizações avançadas que estão lá fora no presente, possivelmente esperando um telefonema nosso.

Estrelas pequenas, frias e de baixa luminosidade vivem por centenas de bilhões e talvez até trilhões de anos, o que deve dar muito tempo para que os planetas ao seu redor desenvolvam uma ou duas formas de vida, mas suas zonas habitáveis caem muito perto da estrela anfitriã. Um planeta que ali se formar será rapidamente preso pelas marés e sempre mostrará a mesma face para a estrela (assim como a Lua sempre mostra a mesma face para a Terra), criando um extremo desequilíbrio no aquecimento planetário – toda a água do planeta no lado "perto" da estrela evaporaria, enquanto toda a água no lado "longe" da estrela congelaria. Se Cachinhos de Ouro vivesse ali, nós a encontraríamos comendo seu mingau de aveia, enquanto se viraria em círculos (como um frango assando no espeto giratório) bem na fronteira entre a eterna luz solar e a eterna escuridão. Outro problema com as zonas habitáveis ao redor dessas estrelas de longa vida é que elas são extremamente estreitas; é improvável que um planeta numa órbita aleatória se descubra a uma distância que seja "perfeita".

Ao contrário, estrelas grandes, quentes e luminosas têm zonas habitáveis enormes onde encontrar seus planetas. Infelizmente essas estrelas são raras, e vivem apenas alguns milhões de anos antes de explodir violentamente, por isso seus planetas são candidatos ruins para a busca da vida como a conhecemos – a menos, é claro, que ocorresse alguma rápida evolução. Mas os animais que sabem fazer cálculos avançados não foram provavelmente as primeiras coisas a deslizar para fora do lodo primordial.

Poderíamos pensar na equação de Drake como a matemática de Cachinhos de Ouro – um método para explorar as chances de conseguir coisas perfeitas. Mas a equação de Drake, como originalmente concebida, não contempla Marte, que está bem além da zona habitável do Sol. Marte exibe incontáveis leitos sinuosos de rios secos, deltas e planícies aluviais, que constituem uma evidência que "está na cara" para a existência de água corrente no passado marciano.

E que dizer de Vênus, o planeta "irmão" da Terra? Ele cai bem no meio da zona habitável do Sol. Coberto completamente por um espesso dossel de nuvens, o planeta tem a mais elevada refletividade de qualquer planeta no sistema solar. Não há nenhuma razão óbvia para Vênus não poder ter sido um lugar confortável. Mas acontece que ele padece de um monstruoso efeito estufa. A espessa atmosfera de dióxido de carbono de Vênus aprisiona quase 100 por cento das pequenas quantidades de radiação que atingem sua superfície. Com 750 Kelvin (482 °C), Vênus é o planeta mais quente do sistema solar, no entanto orbita a quase duas vezes a distância entre Mercúrio e o Sol.

Se a Terra tem sustentado a contínua evolução da vida ao longo de bilhões de anos de tempestade e drama, talvez a própria vida providencie um mecanismo de retroalimentação que mantenha a água líquida. Essa noção foi proposta pelos biólogos James Lovelock e Lynn Margulis na década de 1970, sendo referida como hipótese Gaia. Essa ideia influente, mas controversa, requer que a mistura de espécies na Terra em qualquer momento aja como um organismo coletivo que ajusta continuamente (ainda que inconscientemente) a composição atmosférica e o clima da Terra para promover a presença da vida – e por implicação, a presença de água líquida. A ideia me intriga. Tornou-se até a predileta do movimento Nova Era. Mas eu apostaria que alguns marcianos e venusianos mortos apresentaram a mesma teoria sobre seus próprios planetas há 1 bilhão de anos.

O conceito de uma zona habitável, quando ampliado, requer simplesmente uma fonte de energia de qualquer variedade para liquefazer a água. Uma das luas de Júpiter, a gelada Europa, é aquecida pelas forças de maré do campo gravitacional de Júpiter. Como uma bola de raquetebol, que aquece depois das pressões contínuas de ser rebatida, Europa é aquecida pelas pressões variadas induzidas pelo fato de Júpiter puxar com mais força um lado dessa lua que o outro. A consequência?

A atual evidência da teoria e da observação leva a crer que abaixo do gelo da superfície com quilômetros de espessura existe um oceano de água líquida, possivelmente em lama. Dada a fecundidade da vida dentro dos oceanos da Terra, Europa permanece o lugar mais excitante do sistema solar quanto à possibilidade de vida extraterrestre.

Outro recente avanço em nosso conceito de zona habitável são os recém-classificados extremófilos, que são formas de vida que não só existem como prosperam em extremos climáticos de quente e frio. Se houvesse biólogos entre os extremófilos, eles certamente se classificariam como normais, e a qualquer vida que prosperasse na temperatura ambiente como um extremófilo. Entre os extremófilos estão os termófilos amantes de calor, comumente encontrados em dorsais oceânicas, onde a água pressurizada, superaquecida muito além de seu ponto normal de ebulição, jorra lá debaixo da crosta da Terra para a fria bacia oceânica. As condições não são diferentes das verificadas dentro de uma panela de pressão doméstica, na qual as altas pressões são supridas por uma panela pesada com uma tampa hermeticamente fechada e a água é aquecida além das temperaturas comuns de ebulição, sem que realmente chegue a ferver.

No fundo frio do oceano, minerais dissolvidos precipitam-se instantaneamente dos respiradouros de água quente e formam chaminés porosas gigantescas, com uma altura de até uma dúzia de andares, que são quentes em seus interiores e mais frias nas beiradas, onde entram em contato direto com a água do oceano. Nesse gradiente de temperatura vivem incontáveis formas de vida que nunca viram o Sol e não dariam a mínima bola se ele ali estivesse. Esses insetos resistentes vivem de energia geotérmica, que é uma combinação das sobras de calor da formação da Terra com o calor que filtra continuamente para dentro da crosta da Terra a partir da decomposição radioativa de isótopos naturais, mas instáveis, de elementos químicos familiares como o alumínio 26, que dura milhões de anos, e o potássio 40, que dura bilhões.

No fundo do oceano, temos o que talvez seja o ecossistema mais estável sobre a Terra. E se um asteroide gigante colidisse com a Terra e extinguisse toda a vida da superfície? Os termófilos oceânicos certamente continuariam indômitos seu modo de vida feliz. Poderiam até evoluir para repovoar a superfície da Terra depois de cada episódio de extinção. E se o Sol fosse misteriosamente arrancado do centro do sistema solar e a Terra saísse da órbita, ficando à deriva no espaço? Esse evento certamente não mereceria atenção da imprensa termófila. Mas em 5 bilhões de anos o Sol se tornará uma gigante vermelha, ao se expandir para ocupar o sistema solar interior. Enquanto isso, os oceanos da Terra vão desaparecer pela ebulição e a própria Terra será evaporada. Isso seria uma manchete e tanto.

Se os termófilos são ubíquos sobre a Terra, somos levados a fazer uma pergunta profunda: poderia haver vida bem no fundo de todos esses planetas aparentemente errantes que foram ejetados do sistema solar durante sua formação? Esses reservatórios "geo"térmicos podem durar bilhões de anos. E que dizer dos inúmeros planetas que foram ejetados à força por qualquer outro sistema solar que já se formou? O espaço interestelar poderia estar fervilhando de vida formada e evoluída bem no fundo desses planetas sem lar? Longe de ser uma região bem-arrumada ao redor de uma estrela, recebendo a quantidade justa de luz solar, a zona habitável está na verdade por toda parte. Assim, a casa dos Três Ursos talvez não fosse um lugar especial entre os contos de fadas. A residência de qualquer um, até a dos Três Porquinhos, poderia conter bem à vista uma tigela de comida a uma temperatura perfeita. Aprendemos que a fração correspondente na equação de Drake àquela responsável pela existência de um planeta dentro de uma zona habitável pode chegar a 100 por cento.

Que conto de fadas promissor! A vida, longe de ser rara e preciosa, pode ser tão comum quanto os próprios planetas.

E as bactérias termofílicas viveram felizes para sempre – por cerca de 5 bilhões de anos.

VINTE E QUATRO

ÁGUA, ÁGUA

Pelo aspecto de alguns lugares que parecem secos e inamistosos em nosso sistema solar, você poderia pensar que a água, embora abundante sobre a Terra, é uma mercadoria rara em outros lugares da galáxia. Mas de todas as moléculas com três átomos a água é de longe a mais abundante. E, numa classificação da abundância cósmica de elementos, o hidrogênio e oxigênio constituintes da água são o primeiro e o terceiro na lista. Assim, em vez de perguntar por que alguns lugares têm água, podemos aprender mais perguntando por que nem todos os lugares não a possuem.

Começando no sistema solar, se você estiver procurando um lugar sem água e sem ar para visitar, não precisa olhar para mais longe do que a Lua da Terra. A água evapora rapidamente sob a pressão atmosférica perto de zero da Lua e em seus dias, a 93 graus Celsius, que duram duas semanas. Durante a noite de duas semanas, a temperatura pode cair a 250 graus abaixo de zero, uma condição que congelaria praticamente qualquer coisa.

Os astronautas da *Apollo* transportaram com eles, indo e voltando da Lua, todo o ar e a água (e o ar-condicionado), de que precisavam para sua viagem de ida e volta. Mas as missões no futuro distante talvez não precisem levar água ou outros produtos dela derivados. A evidência do orbitador lunar *Clementine* sustenta com bastante força uma alegação há muito mantida de que talvez haja lagos congelados escondidos no fundo das profundas crateras perto dos polos Norte e Sul da Lua. Pressupondo-se que a Lua sofra um número regular de impactos de destroços interplanetários a cada ano, a mistura dos objetos impactantes deveria incluir cometas de tamanho apreciável ricos em água. De que tamanho? O sistema solar contém muitos cometas que, quando derretidos, poderiam criar um charco do tamanho do lago Erie.

Apesar de ninguém esperar que um lago recém-estabelecido sobrevivesse a muitos dias lunares assados pelo Sol a 93 graus, qualquer cometa que por acaso ali se espatifasse e vaporizasse lançaria parte de suas moléculas de água no fundo de profundas crateras perto dos polos. Essas moléculas afundariam nos solos lunares, onde permaneceriam para sempre, porque esses locais são os únicos lugares sobre a Lua onde o "Sol não brilha". (Se você pensava que a Lua tinha um lado escuro perpétuo, você foi mal orientado por muitas fontes, inclusive, sem dúvida, pelo álbum de rock do Pink Floyd que alcançou grande sucesso em 1973, *Dark Side of the Moon*.)

Como os moradores famintos de luz do Ártico e da Antártica sabem muito bem, o Sol nunca se eleva muito alto no céu em qualquer período do dia ou ano. Agora imagine viver no fundo de uma cratera cuja orla fosse mais alta do que o nível mais alto que o Sol jamais atingiu. Numa dessas crateras da Lua, onde não existe ar para espalhar a luz solar em sombras, você viveria na eterna escuridão.

Embora o gelo no frio e no escuro de seu congelador evapore com o passar do tempo (basta olhar para os cubos de gelo no seu congelador na volta de umas férias longas), o fundo dessas crateras é tão frio que a evaporação efetivamente parou para todas as necessidades desta discussão. Não há dúvida, se um dia estabelecermos uma estação sobre a Lua, ela se beneficiará muito por estar localizada perto dessas crateras. À parte as vantagens óbvias de ter gelo para derreter, filtrar e depois beber, é também possível separar o hidrogênio da água de seu oxigênio. Usar o hidrogênio e parte do oxigênio como ingredientes ativos de combustível para foguetes e guardar o resto para respirar. E, no tempo livre entre as missões espaciais, você sempre pode patinar no gelo do lago congelado criado com a água extraída.

Sabendo que a Lua tem sido atingida por objetos impactantes, como nos mostra seu registro prístino de crateras, seria de esperar que a Terra também o tivesse sido. Dado o tamanho maior e a gravidade mais forte da Terra, até seria de esperar que ela tivesse sido atingida muito mais vezes. Foi atingida – desde o nascimento até os dias de hoje. No início, a Terra não foi simplesmente chocada num vácuo interestelar como uma bolha esférica pré-formada. Surgiu da condensação de uma nuvem de gás protossolar, a partir da qual os outros planetas e o Sol foram formados. A Terra continuou a crescer agregando pequenas partículas sólidas e, enfim, pelos impactos incessantes com asteroides ricos em minerais e cometas ricos em água. Quão incessantes? Suspeita-se que a taxa primitiva de impacto de cometas foi suficientemente elevada para providenciar todo o nosso suprimento oceânico de água. Mas permanecem incertezas (e controvérsias). Quando comparada com a água nos oceanos da Terra, a água observada nos cometas tem uma taxa anomalamente alta de deutério, uma forma de hidrogênio que contém um nêutron extra em seu núcleo. Se os oceanos foram gerados pelos cometas, então os cometas existentes durante o sistema solar primitivo que atingiram a Terra deviam ter um perfil químico um tanto diferente.

E, bem quando você pensava que era seguro sair por aí, um estudo recente sobre o nível de água na atmosfera superior da Terra indica que a Terra é regularmente atingida por pedaços de gelo do tamanho de casas. Essas bolas de neve interplanetárias se evaporam rapidamente no impacto com o ar, mas elas também contribuem para o orçamento de água da Terra. Se a taxa observada tem sido constante ao longo dos 4,6 bilhões de anos da história da Terra, essas bolas de neve talvez sejam também responsáveis pelos oceanos do mundo. Quando acrescentadas ao vapor de água que sabemos ser de gases provenientes de erupções vulcânicas, não há escassez de maneiras para explicar como a Terra poderia ter adquirido seu suprimento de água superficial.

Nossos poderosos oceanos compreendem agora mais de dois terços da área da superfície da Terra, mas apenas cerca de cinco milésimos da massa total da Terra. Embora uma fração pequena do total, os oceanos pesam portentoso 1,5 quintilhão de toneladas, 2 por cento do qual estão congelados em qualquer período de tempo determinado. Se a Terra viesse a sofrer um efeito estufa (como o que aconteceu em Vênus), nossa atmosfera prenderia quantidades excessivas de energia solar, a temperatura do ar se elevaria e os oceanos se evaporariam rapidamente na atmosfera num volteio de ebulições em sequência. Isso seria ruim. À parte os modos óbvios como a fauna e a flora acabariam morrendo, uma causa especialmente premente de morte resultaria de a atmosfera da Terra se tornar trezentas vezes mais massiva à medida que engrossasse com o vapor de água. Seríamos todos esmagados.

Muitas características distinguem Vênus dos outros planetas do sistema solar, inclusive sua grossa, densa e pesada atmosfera de dióxido de carbono, que produz cem vezes a pressão da atmosfera da Terra. Nós todos também seríamos esmagados ali. Mas meu voto para a característica mais peculiar de Vênus é a presença de crateras que são todas relativamente jovens e uniformemente distribuídas sobre sua superfície. Essa característica que parece inócua indica uma única catástrofe em todo o planeta, que zerou o relógio das crateras e eliminou toda a evidência de impactos anteriores. Um importante fenômeno climático erosivo, como uma inundação global, seria capaz de fazer isso. Mas também poderia fazê-lo uma atividade geológica (venusiológica?) difundida, como fluxos de lava, transformando toda a superfície de Vênus no sonho automotivo americano – um planeta totalmente pavimentado. O que quer que tenha zerado o relógio deve ter tido uma interrupção abrupta.

Mas continuam as perguntas. Se na verdade houve uma inundação global em Vênus, onde é que está toda a água agora? Afundou abaixo da superfície? Evaporou na atmosfera? Ou a inundação foi composta de outra substância comum que não a água?

Nosso fascínio (e ignorância) planetário não é limitado a Vênus. Com leitos de rio sinuosos, planícies aluviais, deltas de rio, redes de tributários e cânions de erosão fluvial, Marte era no passado uma lagoa. A evidência é bastante forte para declararmos que, se algum outro lugar no sistema solar que não a Terra já se vangloriou de um esplêndido suprimento de água, esse lugar foi Marte. Por razões desconhecidas, a superfície de Marte é hoje completamente seca. Sempre que olho para Vênus e Marte, nossos planetas irmãos, olho para a Terra mais uma vez e me pergunto quão frágil poderia ser o suprimento de água líquida em nossa superfície.

Como já sabemos, as observações imaginativas do planeta feitas por Percival Lowell o levaram a supor que colônias de marcianos engenhosos tinham construído uma elaborada rede de canais para redistribuir a água das calotas polares glaciais de Marte nas latitudes médias mais povoadas. Para explicar o que ele julgava ver, Lowell imaginou uma civilização moribunda que estava, de algum modo, ficando sem água. Em seu tratado abrangente, mas curiosamente equivocado *Mars as the Abode of Life* [Marte como o domicílio da vida], publicado em 1909, Lowell lamenta o fim iminente da civilização marciana que ele imaginava ver:

> É certo que o ressecamento do planeta vá prosseguir até sua superfície já não poder sustentar nenhuma vida. Devagar, mas com segurança, o tempo vai consumi-lo. Quando a última brasa for então extinta, o planeta rolará como um mundo morto através do espaço, sua carreira evolutiva para sempre terminada. (p. 216)

Lowell acertou por acaso uma coisa. Se é que houve uma civilização (ou qualquer forma de vida) que requeria água na superfície marciana, em algum período desconhecido na história de Marte, e por alguma razão desconhecida, toda a água da superfície *realmente* secou, acarretando o destino exato para a vida que Lowell descreve. A água que falta em Marte pode estar subterrânea, presa na camada de terra congelada do planeta. A evidência? É mais provável que as grandes crateras na superfície marciana exibam derramamentos de lama sobre suas orlas do que as pequenas crateras. Pressupondo-se que a camada de terra congelada seja bem profunda, atingi-la requereria uma grande colisão. O depósito de energia de tal impacto derreteria esse gelo na subsuperfície com o contato, tornando-o capaz de espirrar para o alto. As crateras com essa assinatura são mais comuns nas latitudes polares, frias – exatamente onde se esperaria que a camada de terra congelada estivesse mais próxima da superfície marciana. Por algumas estimativas, se toda a água que se suspeita estar escondida na camada de terra congelada marciana e que se sabe estar trancada nas calotas polares glaciais fosse derretida e espalhada uniformemente sobre a sua superfície, Marte se veria coberto por um oceano global com dezenas de metros de profundidade. Uma busca meticulosa de vida contemporânea (ou fóssil) em Marte deve incluir um plano para examinar muitos lugares, especialmente abaixo da superfície marciana.

Ao pensar sobre onde a água líquida (e, por associação, a vida) poderia ser encontrada, os astrofísicos se inclinavam primeiro a considerar planetas que orbitassem na distância correta de sua estrela anfitriã para manter a água em forma líquida – nem próximos demais nem distantes demais. Essa zona habitável inspirada em Cachinhos de Ouro, como veio a ser conhecida, era um bom início. Mas negligenciava a possibilidade de vida em lugares onde outras fontes de energia talvez fossem responsáveis por manter a água como líquido quando, do contrário, ela teria se transformado em gelo. Um efeito estufa suave faria isso. Assim também uma fonte interna de energia, como uma sobra de calor da formação do planeta ou o decaimento radioativo de elementos pesados instáveis, cada um dos quais contribui para o calor residual da Terra e a consequente atividade geológica.

Outra fonte de energia são as marés planetárias, um conceito mais geral do que simplesmente a dança entre uma lua e um oceano agitado. Como vimos, a lua Io de Júpiter é continuamente tensionada pelas marés alternantes ao passar um pouco mais perto e depois um pouco mais longe de Júpiter durante sua órbita quase circular. Com uma distância do Sol que de outro modo garantiria um mundo para sempre congelado, o nível de tensão sobre Io lhe confere o título de lugar mais geologicamente ativo de todo o sistema solar – completo com vulcões que expelem lava, fissuras na superfície e movimentação das placas tectônicas. Alguns têm feito analogias entre a Io dos tempos atuais e a Terra primitiva, quando nosso planeta ainda era extremamente quente por causa do episódio de sua formação.

Uma lua de Júpiter igualmente intrigante é Europa, que por acaso é também aquecida por marés. Como suspeitado por algum tempo, confirmou-se recentemente (a partir de imagens tiradas pela sonda planetária *Galileu*) que Europa é um mundo coberto com lençóis de gelo espessos e migrantes, que flutuam sobre um oceano de lama ou água líquida na subsuperfície. Um oceano de água! Imagine ir pescar ali. Na verdade, os engenheiros e os cientistas do Laboratório de Propulsão a Jato estão começando a pensar numa missão em que uma sonda espacial aterrissa, encontra (ou corta, ou derrete) um buraco no gelo e estende uma câmera submersível para dar uma espiada. Como os oceanos foram o lugar provável da origem da vida sobre a Terra, a existência de vida nos oceanos de Europa se torna uma fantasia plausível.

Na minha opinião, a característica mais notável da água não é a insígnia bem conquistada de "solvente universal" que todos aprendemos na aula de química; tampouco é a gama de temperaturas inusitadamente ampla em que ela permanece líquida. Como já vimos, a característica mais notável da água é que, enquanto a maioria das coisas – inclusive a água – se encolhe e se torna mais densa ao esfriar, a água se expande quando esfria abaixo de 4 graus Celsius, tornando-se menos e menos densa. Quando a água congela a zero grau, torna-se ainda menos densa que a qualquer temperatura quando líquida, o que é má notícia para os canos de drenagem, mas uma notícia muito boa para os peixes. No inverno, quando o ar lá fora cai abaixo do ponto de congelamento, a água a 4 graus desce para o fundo e ali permanece, enquanto uma camada flutuante de gelo se forma extremamente devagar na superfície, isolando a água mais quente abaixo.

Sem essa inversão de densidade abaixo de 4 graus, sempre que a temperatura do ar exterior caísse abaixo do ponto de congelamento, a superfície superior de um leito de água esfriaria e desceria para o fundo, enquanto a água mais quente subiria a partir do fundo. Essa convecção forçada faria a temperatura da água cair rapidamente para zero grau, quando a superfície começa a congelar. O gelo sólido mais denso desceria para o fundo e forçaria todo o leito de água a congelar e tornar-se sólido de baixo para cima. Num mundo desses, não haveria pesca no gelo porque todos os peixes estariam mortos – congelados frescos. E os pescadores no gelo se veriam sentados sobre uma camada de gelo submersa abaixo de toda a água líquida restante, ou acima de um corpo de água completamente congelado. Já não seriam necessários quebra-gelos para atravessar o Ártico congelado – ou todo o oceano Ártico estaria congelado e sólido, ou as partes congeladas teriam descido para o fundo e o navio poderia navegar sem incidentes. Você poderia caminhar sobre o gelo, sem medo de cair dentro da água. Nesse mundo alterado, os cubos de gelo e os *icebergs* afundariam, e em 1912 o *Titanic* teria entrado com segurança em seu porto de escala na cidade de Nova York.

A existência de água na galáxia não está limitada aos planetas e suas luas. As moléculas de água, com vários outros elementos químicos como amônia, metano e álcool etílico, são encontradas rotineiramente nas frias nuvens de gás interestelares. Sob condições especiais de temperatura baixa e alta densidade, um conjunto de moléculas de água pode ser induzido a transformar e canalizar energia de uma estrela próxima para dentro de um raio de micro-ondas amplificado e de alta intensidade. A física atômica desse fenômeno se parece muito com o que acontece com a luz visível dentro de um *laser*. Mas, nesse caso, o acrônimo relevante é M-A-S-E-R, que significa amplificação de micro-onda pela emissão estimulada de radiação. A água não está apenas praticamente em toda parte na galáxia, de vez em quando ela também emana em direção a você.

Embora saibamos que a água é essencial para a vida sobre a Terra, só podemos presumir que seja um pré-requisito para a vida em outras partes da galáxia. Entre os quimicamente analfabetos, entretanto, a água é uma substância mortal a ser evitada. Um experimento de feira de ciências já famoso que testava sentimentos antitecnológicos e a quimiofobia relacionada a eles foi realizado em 1997 por Nathan Zohner, um estudante de 14 anos da Eagle Rock Junior High School, em Idaho. Ele convidava as pessoas a assinarem uma petição que exigia o controle rigoroso ou a total proibição do monóxido de di-hidrogênio. Ele listava algumas das propriedades odiosas dessa substância sem cor e sem odor:

- É um importante componente da chuva ácida.
- Acaba dissolvendo quase tudo com que entra em contato.
- Pode matar se inalado por acaso.
- Pode causar queimaduras graves em estado gasoso.
- Tem sido encontrado em tumores de pacientes terminais de câncer.

Quarenta e três entre 50 pessoas abordadas por Zohner assinaram a petição, seis ficaram indecisas, e uma se revelou uma grande defensora do monóxido de di-hidrogênio e recusou-se a assinar. Sim, 86 por cento dos passantes votaram por banir a água (H_2O) do meio ambiente.

Talvez seja o que realmente aconteceu a toda a água sobre Marte.

VINTE E CINCO

ESPAÇO DE VIDA

Se você perguntar a pessoas de onde é que elas são, normalmente escutará o nome da cidade em que nasceram, ou talvez o lugar na superfície da Terra em que passaram seus anos de formação. Não há nada de errado com isso. Mas uma resposta astronomicamente mais rica seria: "Eu provenho dos destroços explosivos de uma multidão de estrelas de alta massa que morreram há mais de 5 bilhões de anos".

O espaço exterior é a suprema usina química. O *big bang* deu início a tudo, dotando o universo de hidrogênio, hélio e um pouco de lítio: os três elementos mais leves. As estrelas forjaram todo o resto dos noventa e dois elementos que ocorrem naturalmente, inclusive todo aquele pouquinho de carbono, cálcio e fósforo em todo ser vivo sobre a Terra, humano ou de outra espécie. Como seria inútil esse rico sortimento de matérias-primas, se tivesse permanecido trancado nas estrelas! Mas, quando as estrelas morrem, elas devolvem grande parte de sua massa ao cosmos, borrifando as nuvens de gás próximas com um portfólio de átomos que enriquecem a geração seguinte de estrelas.

Sob as condições corretas de temperatura e pressão, muitos dos átomos se juntam para formar moléculas simples. Depois, por meio de rotas tanto intrincadas como inventivas, muitas moléculas se tornam maiores e mais complexas. Por fim, no que devem ser seguramente inúmeros bilhões de lugares no universo, as moléculas complexas se reúnem em algum tipo de vida. Em pelo menos um canto cósmico, as moléculas se tornaram tão complexas que alcançaram a consciência e atingiram a capacidade de formular e comunicar as ideias transmitidas pelas marcas nesta página.

Sim, não só os humanos, como também todos os outros organismos do cosmos, bem como os planetas e as luas em que eles prosperam, não existiriam se não fossem os destroços de estrelas exauridas. Assim, você é feito de detritos. Supere essa novidade. Ou, melhor ainda, comemore. Afinal, que pensamento mais nobre alguém pode alimentar do que a ideia de que o universo vive dentro de todos nós?

Para inventar uma vida, você não precisa de ingredientes raros. Considere os cinco principais constituintes do cosmos, na ordem de sua abundância: hidrogênio, hélio, oxigênio, carbono e nitrogênio. Tire o hélio quimicamente inerte – que não gosta de formar moléculas com ninguém – e você terá os quatro principais constituintes da vida sobre a Terra. Esperando sua vez dentro das nuvens massivas que se escondem entre as estrelas de uma galáxia, esses elementos começam a formar moléculas assim que a temperatura cai abaixo de alguns milhares de Kelvin.

As moléculas feitas de apenas dois átomos se formam cedo: o monóxido de carbono e a molécula de hidrogênio (os átomos de hidrogênio unidos em pares). Ao cair um pouco mais a temperatura, você obterá moléculas estáveis de três ou quatro átomos, como a água (H_2O), o dióxido de carbono (CO_2) e a amônia (NH_3) – ingredientes simples, mas de primeira categoria na cozinha da vida. Se a temperatura cair ainda mais, se formarão hordas de moléculas de cinco e seis átomos. E, como o carbono é abundante e quimicamente ativo, a maioria das moléculas o inclui; na verdade, três quartos de toda a "espécie" molecular avistada no espaço interestelar têm ao menos um átomo de carbono.

Parece promissor. Mas o espaço pode ser um lugar perigoso para as moléculas. Se a energia das explosões estelares não as destruir, a luz ultravioleta de estrelas próximas ultraluminosas o fará. Quanto maior a molécula, menos estável ela é contra ataques. As moléculas que têm a sorte de habitar vizinhanças protegidas ou sem eventos podem durar o suficiente para serem incorporadas em grãos de poeira cósmica e, por fim, em asteroides, cometas, planetas e pessoas. Entretanto, mesmo que nenhuma das moléculas originais sobreviva à violência estelar, uma grande quantidade de átomos e de tempo permanece à disposição para criar moléculas complexas, não só durante a formação de um determinado planeta, mas também em cima e dentro da superfície núbil do planeta. As notáveis na lista curta de moléculas complexas incluem a adenina (um dos nucleotídeos, ou "bases", que formam o DNA), a glicina (um precursor da proteína) e o glicoaldeído (um carboidrato). Esses ingredientes, e outros de seu calibre, são essenciais para a vida assim como a conhecemos e, definitivamente, não são exclusivos da Terra.

Mas orgias de moléculas orgânicas não são vida, assim como farinha, água, fermento e sal não são pão. Embora o salto dos ingredientes básicos para o indivíduo vivo continue misterioso, vários pré-requisitos são claros. O ambiente deve encorajar as moléculas a fazerem experimentos umas com as outras e deve protegê-las contra danos excessivos quando assim se comportam. Os líquidos oferecem um ambiente particularmente atraente, porque eles possibilitam tanto o contato próximo como também uma grande mobilidade. Quanto mais oportunidades químicas um ambiente pode oferecer, mais imaginativos podem ser os experimentos de seus residentes. Outro fator essencial, proporcionado pelas leis da física, é um suprimento generoso de energia para impulsionar as reações químicas.

Dada a ampla gama de temperaturas, pressões, acidez e fluxo de radiação em que a vida prospera sobre a Terra, e sabendo que o recanto aconchegante de um micróbio pode ser a casa de tortura de outro, os cientistas não podem estipular no presente os requisitos adicionais para a vida em outros lugares. Como uma demonstração dos limites desse exercício, encontramos o encantador livrinho *Cosmotheoros*, escrito pelo astrônomo holandês do século XVII Christiaan Huygens, em que o autor especula que as formas de vida em outros planetas devem cultivar cânhamo, pois de que outra maneira elas teceriam cordas para governar seus navios e navegar em alto-mar?

Três séculos mais tarde, nós nos contentamos apenas com uma pilha de moléculas. Basta sacudi-las e cozê-las, e dentro de algumas centenas de milhões de anos talvez se formem prósperas colônias de organismos.

A vida sobre a Terra é espantosamente fértil, sem dúvida. Mas o que dizer do resto do universo? Se em algum lugar houver outro corpo celeste que possua qualquer semelhança com o nosso planeta, ele pode ter feito experimentos similares com seus ingredientes químicos similares aos nossos e esses experimentos teriam sido coreografados pelas leis físicas que dominam todo o universo.

Considere o carbono. Sua capacidade de se ligar de múltiplas maneiras, consigo mesmo e com outros elementos, confere-lhe uma exuberância química inigualável na tabela periódica. O carbono faz mais tipos de moléculas (que lhe parece 10 milhões?) do que todos os outros elementos combinados. Um modo comum de os átomos formarem moléculas é partilhar um ou mais de seus elétrons mais exteriores, criando uma ligação mútua análoga ao engate em forma de punho entre vagões de carga. Cada átomo de carbono pode se ligar com um, dois, três ou quatro outros átomos dessa maneira, enquanto um átomo de hidrogênio se liga apenas com um, o oxigênio com um ou dois, e o nitrogênio com três.

Ao ligar-se consigo mesmo, o carbono pode gerar miríades de combinações de moléculas de cadeia longa, alta ramificação ou anel fechado. Essas moléculas orgânicas complexas estão maduras para fazer coisas com que as moléculas pequenas só podem sonhar. Por exemplo, elas podem executar um tipo de tarefa numa extremidade e outro tipo na outra; elas podem se encurvar, anelar e se entrelaçar com outras moléculas, criando um sem-fim de características e propriedades. Talvez a suprema molécula baseada no carbono seja o DNA, uma cadeia de fitas duplas que codifica a identidade de toda a vida como a conhecemos.

E que dizer da água? Quando se trata de fomentar a vida, a água tem a propriedade altamente útil de permanecer líquida ao longo do que a maioria dos biólogos considera uma gama bastante ampla de temperaturas. O problema é que a maioria dos biólogos tem os olhos voltados para a Terra, onde a água permanece líquida no decurso de 100 graus na escala Celsius. Mas em algumas partes de Marte a pressão atmosférica é tão baixa que a água nunca está líquida: uma xícara recém-servida de H_2O ferve e congela ao mesmo tempo! No entanto, apesar do atual estado lamentável de Marte, sua atmosfera sustentou outrora água líquida em abundância. Se o Planeta Vermelho chegou a abrigar vida em sua superfície, então foi nessa época.

Acontece que a Terra tem, obviamente, uma boa – e de vez em quando mortal – quantidade de água em sua superfície. De onde ela veio? Como vimos antes, os cometas são uma fonte lógica: eles são repletos de água (congelada), o sistema solar contém inúmeros bilhões de cometas, alguns são muito grandes, e eles teriam golpeado regularmente a Terra primitiva nos tempos em que o sistema solar estava se formando. Outra fonte de água poderia ter sido a desgaseificação vulcânica, um fenômeno frequente na jovem Terra. Os vulcões não entram em erupção simplesmente porque o magma é quente, mas porque o magma quente ascendente transforma a água subterrânea em vapor, que então se expande de modo explosivo. O vapor já não cabe na câmara subterrânea, e assim o vulcão estoura sua tampa, trazendo H_2O lá do fundo para a superfície da Terra. Tudo considerado, portanto, a presença da água na superfície de nosso planeta não é surpreendente.

Embora a vida na Terra assuma múltiplas formas, tudo partilha trechos comuns de DNA. O biólogo que tem em mente a Terra pode se rejubilar com a diversidade da vida, mas o astrobiólogo sonha com a diversidade numa escala mais grandiosa: a vida baseada em DNA alienígena ou em algo completamente diverso. Lamentavelmente, o nosso planeta é uma amostra biológica singular. Ainda assim, o astrobiólogo pode colher *insights* sobre formas de vida que habitam outros lugares no cosmos, estudando organismos que prosperam em ambientes extremos aqui na Terra.

Ao procurá-los, você encontra esses extremófilos praticamente em toda parte: sítios de rejeitos nucleares, gêiseres ácidos, rios ácidos saturados de ferro, respiradouros que vomitam elementos químicos no fundo do oceano, vulcões submarinos, camadas de terra congelada, montes de escória, salinas comerciais e uma legião de outros lugares que você não escolheria para passar sua lua de mel, mas que talvez sejam mais típicos do resto dos planetas e luas lá fora. Os biólogos antes presumiam que a vida havia começado em "alguma pequena poça quente", para citar Darwin (1959, p. 202); em anos recentes, entretanto, o peso da evidência tem se inclinado em favor da visão de que os extremófilos foram as primeiras formas de vida terrestre.

Como veremos na próxima seção, durante seu primeiro meio bilhão de anos o sistema solar interior parecia uma barraca de tiro ao alvo. A superfície da Terra era continuamente pulverizada por pedras grandes e pequenas que formavam crateras. Qualquer tentativa de dar início à vida teria sido rapidamente abortada. Há cerca de 4 bilhões de anos, entretanto, a taxa de impacto diminuiu e a temperatura da Terra começou a cair, permitindo que experimentos em química complexa sobrevivessem e prosperassem. Os livros didáticos mais antigos dão partida a seus relógios no nascimento do sistema solar e declaram normalmente que a vida sobre a Terra precisou de 700 ou 800 milhões de anos para se formar. Mas isso não é justo: os experimentos no laboratório de química do planeta nem poderiam ter começado antes de o bombardeamento aéreo ter amenizado. Subtraia 600 milhões de anos de impactos bem lá do topo, e você obterá organismos unicelulares emergindo da lama primordial dentro de uns meros 200 milhões de anos. Embora os cientistas continuem perplexos sobre como a vida começou, a natureza claramente não teve dificuldades em criá-la.

Em apenas algumas dúzias de anos, os astroquímicos passaram de não saber nada sobre moléculas no espaço a encontrar uma pletora delas praticamente por toda parte. Além disso, na década passada os astrofísicos confirmaram que planetas orbitam outras estrelas e que todo sistema estelar exossolar está abarrotado com os mesmos quatro ingredientes principais da vida que existem em nosso lar cósmico. Embora ninguém espere encontrar vida numa estrela, mesmo numa estrela "fria" de 1.000 graus, a Terra tem muita vida em lugares que registram várias centenas de graus. Ao avaliar tudo em conjunto, essas descobertas sugerem ser razoável pensar no universo como fundamentalmente familiar em vez de alienígena por completo.

Mas que grau de familiaridade? É provável que todas as formas de vida sejam como as da Terra – baseadas em carbono e comprometidas com a água como seu fluido preferido?

Considere o silício, um dos dez principais elementos do universo. Na tabela periódica, o silício está diretamente abaixo do carbono, indicando que eles têm uma configuração idêntica de elétrons em suas cascas exteriores. Como o carbono, o silício pode se ligar com um, dois, três ou quatro outros átomos. Sob as condições corretas, ele pode também criar moléculas de cadeia longa. Como o silício oferece oportunidades químicas similares às do carbono, por que a vida não poderia ser baseada em silício?

Um problema com o silício – além de ele apresentar um décimo da abundância do carbono – são as fortes ligações que ele cria. Quando você liga silício e oxigênio, por exemplo, não obtém as sementes da química orgânica; você obtém rochas. Na Terra, isso é química com uma longa vida útil. Para a química que é amigável aos organismos, você precisa de ligações que sejam suficientemente fortes para sobreviver a ataques leves no meio ambiente local, mas não tão fortes que não permitam a ocorrência de outros experimentos.

E qual é o grau de importância da água líquida? Ela é o único meio adequado aos experimentos químicos – o único meio que pode transportar nutrientes de uma parte do organismo para outra? Talvez a vida precise apenas de um líquido. A amônia é comum. Assim como o etanol. Ambos são tirados dos ingredientes mais abundantes no universo. A amônia misturada com a água tem um ponto de congelamento imensamente mais baixo (em torno de -73 graus Celsius) do que a água isolada (zero grau), o que amplia as condições em que se poderia encontrar a vida amante do líquido. Ou, então, eis outra possibilidade: num mundo que não possuísse uma fonte de calor interna, orbitasse longe de sua estrela anfitriã e fosse completamente frio, o metano normalmente gasoso poderia se tornar o líquido preferencial.

Em 2005, a sonda *Huygens*, da Agência Espacial Europeia (que recebeu esse nome você sabe por causa de quem), aterrissou na maior lua de Saturno, Titã, que abriga muita química orgânica e sustenta uma atmosfera dez vezes mais espessa que a da Terra. Deixando de lado os planetas Júpiter, Saturno, Urano e Netuno, cada um feito inteiramente de gás e sem superfície rígida, apenas quatro objetos em nosso sistema solar têm uma atmosfera de alguma importância: Vênus, Terra, Marte e Titã.

Titã não foi um alvo casual da exploração. Seu currículo impressionante de moléculas inclui água, amônia, metano e etano, bem como os compostos de múltiplos anéis conhecidos como hidrocarbonetos policíclicos aromáticos. O gelo de água é tão frio que tem a dureza do concreto. Mas a combinação de temperatura e pressão do ar tem liquefeito o metano, e as primeiras imagens enviadas pela *Huygens* parecem mostrar correntes, rios e lagos de metano. Em alguns aspectos a química da superfície de Titã se parece com a da jovem Terra, o que explica por que tantos astrobiólogos veem Titã como um laboratório "vivo" para estudar o passado distante da Terra. Na verdade, experimentos realizados há duas décadas indicam que acrescentar água e um pouco de ácido à lama orgânica produzida pela irradiação dos gases que compõem a atmosfera turva de Titã gera dezesseis aminoácidos.

Recentemente, os biólogos aprenderam que o planeta Terra talvez abrigue uma biomassa maior na parte subterrânea que sobre a superfície. Investigações em andamento sobre os hábitos resistentes da vida demonstram inúmeras vezes que ela reconhece poucos limites. Outrora estereotipados como cientistas malucos em busca de homenzinhos verdes em planetas próximos, os investigadores que pensam sobre os limites da vida são agora híbridos sofisticados, que exploram as ferramentas não só da astrofísica, da biologia e da química, mas também da geologia e da paleontologia, enquanto perseguem a vida aqui, ali e em toda parte.

VINTE E SEIS

VIDA NO UNIVERSO

A descoberta de centenas de planetas em torno de outras estrelas que não o Sol tem desencadeado um tremendo interesse público. A atenção foi atraída nem tanto pela descoberta de exoplanetas, mas pela perspectiva de eles abrigarem vida inteligente. Em todo caso, o frenesi da mídia ainda em pauta talvez seja um tanto desproporcional para com os eventos. Por quê? Porque os planetas não podem ser assim tão raros no universo, se o Sol, uma estrela comum, tem ao menos oito planetas. Além disso, os planetas recém-descobertos são todos gigantes gasosos descomunais que se parecem com Júpiter, o que significa que não têm uma superfície conveniente sobre a qual a vida como a conhecemos pudesse existir. E, mesmo que eles estivessem fervilhando com alienígenas flutuantes, as chances de essas formas de vida serem inteligentes talvez sejam astronomicamente ínfimas.

Em geral, não há passo mais arriscado que um cientista (ou qualquer um) possa tomar do que fazer amplas generalizações a partir apenas de um exemplo. No momento, a vida sobre a Terra é a única vida conhecida no universo, mas argumentos convincentes dão a entender que não estamos sozinhos. Na verdade, a maioria dos astrofísicos aceita a probabilidade de vida em outra parte. O raciocínio é fácil: se o nosso sistema solar não é incomum, então há tantos planetas no universo que seu número supera, por exemplo, a soma de todos os sons e palavras já pronunciados por todos os seres humanos que já viveram. Declarar que a Terra deve ser o único planeta com vida no universo seria uma arrogância indesculpável de nossa parte.

Muitas gerações de pensadores, tanto religiosos como científicos, têm sido desorientadas por pressuposições antropocêntricas, enquanto outras foram simplesmente desencaminhadas pela ignorância. Na ausência de dogmas e dados, é mais seguro ser guiado pela noção de que não somos especiais, o que é geralmente conhecido como princípio copernicano, nomeado em homenagem a Nicolau Copérnico, claro, que em meados do século XVI tornou a colocar o Sol no meio de nosso sistema solar, onde é o seu lugar. Apesar de um relato do século III a.C. sobre um universo centrado no Sol, proposto pelo filósofo grego Aristarco, o universo centrado na Terra era de longe a visão mais popular na maior parte dos últimos 2 mil anos. Codificado pelos ensinamentos de Aristóteles e Ptolomeus e, mais tarde, pelas pregações da Igreja Católica, as pessoas geralmente aceitavam a Terra como o centro de todo o movimento e do universo conhecido. Esse fato era autoevidente. O universo não só parecia ser assim, como também Deus certamente o fizera assim.

Embora não garanta que nos guiará para sempre a verdades cósmicas, o princípio copernicano tem funcionado muito bem até agora: não só a Terra não é o centro do sistema solar, como também o sistema solar não é o centro da galáxia da Via Láctea, a galáxia da Via Láctea, por sua vez, não é o centro do universo, e talvez venha a acontecer que o nosso universo seja apenas um dentre muitos que compreendem um multiverso. E, caso você seja uma daquelas pessoas para quem a periferia pode ser um lugar especial, tampouco estamos na periferia de nada.

Uma postura contemporânea sábia seria pressupor que a vida sobre a Terra não está imune ao princípio copernicano. É o que nos permite perguntar como a aparência ou a química da vida sobre a Terra pode fornecer pistas para o que a vida poderia ser em outra parte do universo.

Não sei se os biólogos vivem assombrados com a diversidade da vida. É o que certamente me acontece. Neste simples planeta chamado Terra, coexistem (entre inúmeras outras formas de vida) algas, besouros, esponjas, águas-vivas, cobras, condores e sequoias gigantes. Imagine esses sete organismos vivos alinhados um ao lado do outro por ordem de tamanho. Se não tivesse maiores conhecimentos, você custaria a acreditar que todos vieram do mesmo universo, quanto mais do mesmo planeta. Tente descrever uma cobra para alguém que nunca viu uma: "Você tem que acreditar em mim. A Terra tem um animal que (1) pode perseguir sua presa com detectores infravermelhos, (2) engole animais vivos inteiros até cinco vezes maiores que sua própria cabeça, (3) não tem braços, pernas nem quaisquer outros complementos, mas (4) pode deslizar ao longo de um terreno a uma velocidade de 61 centímetros por segundo."

Dada essa diversidade da vida sobre a Terra, seria de esperar uma diversidade de vida entre os alienígenas de Hollywood. Mas fico sempre espantado com a falta de criatividade da indústria cinematográfica. Com algumas notáveis exceções, como os alienígenas de *A bolha assassina* (1958), *2001: Uma odisseia no espaço* (1968) e *Contato* (1997), os alienígenas de Hollywood parecem extraordinariamente humanoides. Sem considerar sua feiura (ou fofura), quase todos têm dois olhos, um nariz, uma boca, duas orelhas, uma cabeça, um pescoço, ombros, braços, mãos, dedos, um torso, duas pernas, dois pés – e eles caminham. De um ponto de vista anatômico, essas criaturas são praticamente indistinguíveis dos humanos, mas vieram supostamente de outro planeta. Se alguma coisa é certa, é que a vida em outra parte do universo, inteligente ou não, deveria parecer ao menos tão exótica para nós quanto algumas das formas de vida da própria Terra.

A composição química da vida baseada na Terra é principalmente derivada de uns poucos ingredientes seletos. Os elementos hidrogênio, oxigênio e carbono são responsáveis por mais de 95 por cento dos átomos no corpo humano e em toda a vida conhecida. Dos três, a estrutura química do carbono lhe permite ligar-se pronta e fortemente consigo mesmo e com muitos outros elementos de muitas maneiras diferentes, razão pela qual somos considerados vida baseada em carbono, e pela qual o estudo das moléculas que contêm carbono é geralmente conhecido como química "orgânica". Curiosamente, o estudo da vida em outra parte do universo é conhecido como astrobiologia, que é uma das poucas disciplinas que tenta funcionar com a total ausência de dados de primeira mão.

A vida é quimicamente especial? O princípio copernicano leva a crer que provavelmente não. Os alienígenas não precisam ter uma aparência semelhante à nossa para se parecer conosco de maneiras mais fundamentais. Considere que os quatro elementos mais comuns no universo são o hidrogênio, o hélio, o carbono e o oxigênio. O hélio é inerte. Assim, os três ingredientes quimicamente ativos mais abundantes no cosmos são também os três principais ingredientes da vida sobre a Terra. Por essa razão, você pode apostar que, se for encontrada vida em outro planeta, ela será feita de uma mistura semelhante de elementos. Inversamente, se a vida sobre a Terra fosse composta principalmente de, por exemplo, molibdênio, bismuto e plutônio, teríamos excelentes razões para suspeitar que somos algo especial no universo.

Apelando mais uma vez ao princípio copernicano, podemos pressupor que é pouco provável que o tamanho de um organismo alienígena seja ridiculamente grande em comparação com a vida como a conhecemos. Há razões estruturais convincentes para não esperarmos encontrar uma vida do tamanho do Empire State Building andando pomposa por um planeta. Mas, se ignoramos essas limitações tecnológicas da matéria biológica, abordamos outro limite mais fundamental. Se pressupomos que um alienígena controla seus apêndices ou, em termos mais gerais, se pressupomos que o organismo funciona coerentemente como um sistema, seu tamanho acabaria sendo restrito por sua capacidade de enviar sinais dentro de si mesmo à velocidade da luz – a maior velocidade permitida no universo. Para apresentar um exemplo reconhecidamente extremo, se um organismo fosse do tamanho do sistema solar (cerca de 10 horas-luz de extensão), e se quisesse coçar a cabeça, esse simples ato não levaria menos que dez horas para ser realizado. Um comportamento um pouco preguiçoso como esse seria evolutivamente autolimitante, porque o tempo desde o início do universo talvez fosse insuficiente para que a criatura tivesse evoluído de formas menores de vida ao longo de muitas gerações.

E que dizer da inteligência? Quando os alienígenas de Hollywood conseguirem visitar a Terra, é de esperar que sejam extraordinariamente espertos. Mas sei de alguns que deveriam se envergonhar de sua estupidez. Durante uma viagem de carro de quatro horas de Boston à cidade de Nova York, enquanto eu surfava na faixa FM do rádio, encontrei um programa em andamento que, pelo que pude determinar, era sobre alienígenas malvados que estavam aterrorizando terráqueos. Aparentemente, eles precisavam de átomos de hidrogênio para sobreviver, por isso viviam baixando sobre a Terra para sugar seus oceanos e extrair o hidrogênio de todas as moléculas de H_2O.

Ora, eram uns alienígenas burros.

Eles não deviam ter olhado para outros planetas a caminho da Terra, porque Júpiter, por exemplo, contém mais de duzentas vezes toda a massa da Terra em hidrogênio puro. E acho que ninguém lhes disse que mais de 90 por cento de todos os átomos do universo são de hidrogênio.

E que dizer de todos esses alienígenas que conseguem atravessar milhares de anos-luz através do espaço interestelar, mas estragam sua chegada espatifando-se ao pousar sobre a Terra?

Depois apareceram os alienígenas do filme *Contatos imediatos do terceiro grau*, de 1977, que, antes de sua chegada, irradiaram para a Terra uma sequência misteriosa de dígitos repetidos que peritos em criptografia acabaram decodificando como a latitude e a longitude do futuro sítio de aterrissagem "dos alienígenas". Mas a longitude da Terra tem um ponto de partida completamente arbitrário – o meridiano principal – que passa por Greenwich, Inglaterra, por acordo internacional. E tanto a longitude como a latitude são medidas em unidades não naturais peculiares que chamamos graus, 360 dos quais estão num círculo. Armados com esse tanto de conhecimento da cultura humana, parece-me que os alienígenas poderiam ter simplesmente aprendido inglês e irradiado a mensagem: "Vamos aterrissar um pouco para o lado do Monumento Nacional da Torre do Diabo, em Wyoming. E, como vamos de disco voador, não precisaremos de luzes na pista".

O prêmio para a criatura mais burra de todos os tempos deve ir para o alienígena do filme original de 1979, *Jornada nas estrelas: o filme*. V-ger, como ele se chamava (pronunciado "vi-jir"), era uma antiga sonda espacial mecânica que estava numa missão para explorar, descobrir e relatar seus achados. A sonda foi "resgatada" das profundezas do espaço por uma civilização de alienígenas mecânicos e reconfigurada para que pudesse realizar essa missão no universo inteiro. Por fim, ela adquiriu todo o conhecimento e, ao fazê-lo, alcançou a consciência. A *Enterprise* encontra por acaso esse monstruoso amontoado de informações cósmicas então em dispersão numa época em que o alienígena estava procurando seu criador original e o significado da vida. As letras gravadas por estêncil no lado da sonda original revelavam os caracteres V e *ger*. Pouco depois, o Capitão Kirk descobre que a sonda era a *Voyager 6*, que tinha sido lançada por humanos da Terra no final do século XX. Aparentemente, as letras *oya* que se encaixam entre o V e o *ger* tinham perdido o brilho e estavam ilegíveis. O.k. Mas sempre me perguntei como V-*ger* podia ter adquirido todo o conhecimento do universo e alcançado a consciência, mas não tinha aprendido que seu nome real era *Voyager*.

E não me façam falar sobre o sucesso de bilheteria do verão de 1996, *Independence Day*. Não acho nada particularmente ofensivo em alienígenas malvados. Não haveria indústria cinematográfica de ficção científica sem eles. Os alienígenas de *Independence Day* eram definitivamente maus. Pareciam um cruzamento genético entre uma caravela-portuguesa, um tubarão-martelo e um ser humano. Embora concebidos mais criativamente do que a maioria dos alienígenas de Hollywood, seus discos voadores eram equipados com cadeiras de espaldar alto e descansos para os braços.

Alegro-me que, no final, os humanos vencem. Conquistamos os alienígenas de *Independence Day* fazendo um computador laptop Macintosh introduzir um vírus de *software* na nave mãe (que é por acaso um quinto da massa da Lua) para desarmar seu campo de força protetor. Não sei quanto a você, mas eu tenho dificuldades em fazer *upload* de arquivos para outros computadores dentro de meu próprio computador, especialmente quando os sistemas operacionais são diferentes. Há apenas uma única solução. Todo o sistema de defesa da nave mãe alienígena devia ser alimentado pela mesma versão do sistema de *software* da Apple Computer usada pelo laptop que introduziu o vírus.

Obrigado por me ouvirem. Eu tinha que desabafar.

Vamos pressupor, para fins da argumentação, que os humanos são a única espécie na história da vida sobre a Terra a desenvolver um alto nível de inteligência. (Isso não significa desrespeito por outros mamíferos com cérebros grandes. Embora a maioria deles não possa fazer astrofísica, nem escrever poesia, minhas conclusões não serão substancialmente alteradas se você quiser incluí-los.) Se a vida sobre a Terra oferece qualquer medida da vida em outra parte no universo, então a inteligência deve ser rara. Por algumas estimativas, há mais de

10 bilhões de espécies na história da vida sobre a Terra. Assim sendo, entre todas as formas de vida extraterrestres não poderíamos esperar que mais do que aproximadamente uma em 10 bilhões fosse tão inteligente quanto nós, sem falar nas chances ínfimas de a vida inteligente ter tecnologia avançada *e* desejo de se comunicar através das vastas distâncias do espaço interestelar.

Supondo que essa civilização exista, as ondas de rádio seriam a faixa de comunicação escolhida, devido à sua capacidade de atravessar a galáxia sem serem impedidas pelo gás interestelar e pelas nuvens de poeira. Mas os humanos sobre a Terra só compreenderam o espectro eletromagnético há menos de um século. Dito de forma mais deprimente, durante a maior parte da história humana, se os alienígenas tivessem tentado enviar sinais de rádio para os terráqueos, não teríamos sido capazes de recebê-los. Ao que se sabe, é provável que os alienígenas já tenham feito essa tentativa e concluído desavisadamente que não havia vida inteligente sobre a Terra. Eles estariam procurando agora em outros lugares. Uma possibilidade mais humilhante seria se os alienígenas tivessem percebido a espécie tecnologicamente proficiente que agora habita a Terra, mas tivessem tirado a mesma conclusão.

O nosso viés de vida sobre a Terra, inteligente ou não, requer que consideremos a existência de água líquida como um pré-requisito para a vida em outra parte. Como já discutido, a órbita de um planeta não deve ser próxima demais de sua estrela anfitriã, senão a temperatura seria alta demais e o conteúdo de água do planeta se evaporaria. A órbita não deve ser tampouco distante demais, senão a temperatura seria baixa demais e o conteúdo de água do planeta congelaria. Em outras palavras, as condições no planeta devem permitir que a temperatura se mantenha dentro do âmbito de 100 graus (Celsius) da água líquida. Como na cena das três tigelas de mingau do conto de fadas *Cachinhos de Ouro e os três ursos*, a temperatura tem de ser perfeita. Quando fui entrevistado recentemente num programa transmitido por várias rádios, o âncora comentou: "Claro, o que se deve procurar é um planeta feito de mingau!".

Embora a distância da estrela anfitriã seja um fator importante para a existência da vida como a conhecemos, outros fatores também importam, como a capacidade de um planeta de prender a radiação estelar. Vênus é um exemplo de livro didático para esse fenômeno "estufa". A luz solar visível que consegue passar através de sua atmosfera espessa de dióxido de carbono é absorvida pela superfície de Vênus e depois torna a ser irradiada na parte infravermelha do espectro. O infravermelho, por sua vez, fica preso pela atmosfera. A consequência desagradável é uma temperatura do ar que paira em cerca de 482 graus Celsius, muito mais alta do que esperaríamos encontrar dada a distância entre Vênus e o Sol. A essa temperatura, o chumbo rapidamente se liquefaz.

A descoberta de formas de vida simples e não inteligentes em outra parte do universo (ou a evidência de que existiram no passado) seria muito mais provável e, para mim, só um pouco menos emocionante do que a descoberta de vida inteligente. Dois excelentes lugares próximos a serem verificados são os leitos de rio secos de Marte, onde haveria talvez evidência fóssil de vida do tempo em que as águas fluíam, e os oceanos da subsuperfície que em teoria existem sob as camadas de gelo congeladas da lua Europa de Júpiter. Mais uma vez, a promessa de água líquida define nossos alvos de busca.

Outros pré-requisitos comumente invocados para a evolução da vida no universo implicam um planeta numa órbita estável e quase circular ao redor de uma única estrela. Com sistemas de estrelas binárias e múltiplas, que compreendem cerca de metade de todas as "estrelas" na galáxia, as órbitas planetárias tendem a ser fortemente elongadas e caóticas, o que induz oscilações de temperatura extremas que solapariam a evolução de formas de vida estáveis. É também preciso que haja tempo suficiente para que a evolução siga seu curso. As estrelas de alta massa têm uma vida tão curta (alguns milhões de anos) que a vida sobre um planeta semelhante à Terra em órbita ao seu redor nunca teria chance de evoluir.

Como já vimos, o conjunto de condições para sustentar a vida como a conhecemos é vagamente quantificado pelo que é conhecido como equação de Drake, nomeada em homenagem ao astrônomo americano Frank Drake. A equação de Drake é mais precisamente vista como uma ideia fértil do que como uma afirmação rigorosa de como o universo físico funciona. Ela divide a probabilidade global de encontrar vida na galáxia num conjunto de probabilidades mais simples que correspondem às nossas noções preconcebidas das condições cósmicas adequadas para a vida. No final, depois de discutir com os colegas sobre o valor de cada termo de probabilidade na equação, você acaba com uma estimativa para o número total de civilizações inteligentes e tecnologicamente proficientes na galáxia. Dependendo do nível da sua tendência e de seu conhecimento de biologia, química, mecânica celeste e astrofísica, você pode usá-la para estimar desde ao menos uma (nós humanos) até milhões de civilizações na Via Láctea.

Se considerarmos a possibilidade de poder figurar como primitivos entre as formas de vida tecnologicamente competentes do universo – por mais raras que possam ser –, o melhor a fazer é continuarmos alertas em busca de sinais enviados por outros, porque é muito mais caro enviá-los do que recebê-los. Presumivelmente, uma civilização avançada teria fácil acesso a uma fonte abundante de energia, como a sua estrela anfitriã. Essas são as civilizações que mais provavelmente enviariam sinais em vez de recebê-los. A busca pela inteligência extraterrestre (afetuosamente conhecida pelo seu acrônimo em inglês "SETI", de Search for Extraterrestrial Intelligence) tem assumido muitas formas. Os esforços mais avançados usam hoje em dia um detector eletrônico inteligentemente projetado, que monitora, em sua versão mais recente, bilhões de canais de rádio em busca de um sinal que pudesse se elevar acima do ruído cósmico.

A descoberta de inteligência extraterrestre, se e quando acontecer, induzirá uma mudança na autopercepção humana que talvez seja impossível antecipar. Minha única esperança é que quaisquer outras civilizações não estejam fazendo exatamente o que estamos fazendo, porque então todo mundo estaria escutando, ninguém estaria recebendo, e concluiríamos coletivamente que não há outra vida inteligente no universo.

VINTE E SETE

NOSSA BOLHA DE RÁDIO

Para a cena de abertura do filme *Contato*, de 1997, uma câmera virtual executa um *zoom* controlado, de três minutos, partindo da Terra rumo aos confins do universo. Para essa viagem, você tem a sorte de estar equipado com receptores que lhe permitem decodificar as transmissões de rádio e televisão baseadas na Terra que escaparam para o espaço. Inicialmente, você escuta uma mistura cacofônica de música rock ruidosa, programas de notícias e estática barulhenta, como se estivesse escutando dúzias de estações de rádio ao mesmo tempo. À medida que a viagem avança espaço adentro, os sinais se tornam menos cacofônicos e distintamente mais antigos, pois relatam eventos históricos que abarcam a era da radiodifusão da civilização moderna. Em meio ao barulho, você escuta em ordem inversa informações sonoras que incluem: o desastre do ônibus espacial *Challenger* de janeiro de 1986; o pouso na Lua de 20 de julho de 1969; o famoso discurso "Eu tenho um sonho" de Martin Luther King, proferido em 28 de agosto de 1963; o discurso de posse do presidente Kennedy em 20 de janeiro de 1961; o discurso do presidente Roosevelt no Congresso em 8 de dezembro de 1941, em que ele pediu uma declaração de guerra; e um discurso de Adolf Hitler em 1936, quando de sua ascensão ao poder na Alemanha nazista. Por fim, a contribuição humana para o sinal desaparece por inteiro, deixando um ruído de barulho de rádio que emana do próprio cosmos.

Pungente. Mas essa rolagem de marcos acústicos não se desdobraria exatamente como mostrado. Se você desse um jeito de violar as leis da física e viajar com velocidade suficiente para alcançar uma onda de rádio, poucas palavras seriam inteligíveis, porque você escutaria as transmissões sendo repetidas para trás. Além disso, escutamos o famoso discurso de King quando passamos pelo planeta Júpiter, indicando que Júpiter é o ponto mais longe a que a transmissão chegou. Na verdade, o discurso de King passou por Júpiter 39 minutos depois de ser proferido.

Ignorando esses fatos que tornariam o *zoom* impossível, a cena de abertura de *Contato* foi poética e poderosa, ao marcar indelevelmente até que ponto apresentamos nossos egos civilizados ao resto da galáxia da Via Láctea. Essa bolha de rádio, como veio a ser chamada, é centrada na Terra e continua a se expandir à velocidade da luz em todas as direções, enquanto o seu centro é continuamente reabastecido com transmissões modernas. Nossa bolha agora se estende até quase 100 anos-luz espaço adentro, com uma linha de frente que corresponde aos primeiros sinais de rádio artificiais já gerados pelos terráqueos. O volume da bolha contém agora cerca de mil estrelas, inclusive Alpha Centauri (à distância de 4,3 anos-luz), o sistema estelar mais próximo do Sol; Sirius (à distância de 10 anos-luz), a estrela mais brilhante do céu noturno; e toda estrela ao redor da qual se descobriu até agora um planeta.

Nem todos os sinais de rádio escapam de nossa atmosfera. As propriedades do plasma da ionosfera, a mais de 80 quilômetros de altura, lhe conferem a capacidade de refletir de volta para a Terra todas as frequências de onda de rádio menores que 20 mega-hertz, permitindo que algumas formas de comunicação de rádio, como as famosas frequências de "onda curta" dos operadores de radioamador, alcancem milhares de quilômetros além do horizonte. Todas as frequências de transmissão das rádios AM são igualmente refletidas de volta para a Terra, respondendo pelo alcance prolongado de que essas estações desfrutam.

Se você transmite a uma frequência que não corresponde àquelas refletidas pela ionosfera da Terra, ou se a Terra não tivesse ionosfera, seus sinais de rádio atingiriam apenas aqueles receptores que caem em sua linha de "visão". Os edifícios altos conferem uma vantagem significativa aos transmissores de rádio montados sobre seus telhados. Embora o horizonte para uma pessoa com 1,77 metro de altura esteja apenas a 5 quilômetros de distância, o horizonte visto por King Kong, ao subir para o topo do Empire State Building da cidade de Nova York, está a mais de 80. Depois da filmagem desse clássico de 1933, uma antena transmissora foi ali instalada. Uma antena receptora igualmente alta poderia ser instalada, em princípio, 80 quilômetros ainda mais longe, possibilitando que o sinal cruzasse seu horizonte mútuo de 80 quilômetros, com isso estendendo o alcance do sinal a 160 quilômetros.

A ionosfera não reflete a rádio FM nem a transmissão de televisão, ela própria um subconjunto do espectro de rádio. Como prescrito, cada uma delas não viaja mais longe sobre a Terra do que o receptor mais longínquo que elas podem ver, o que permite às cidades relativamente próximas umas das outras transmitirem seus próprios programas de televisão. Por essa razão, as transmissões locais de televisão e a rádio FM não podem ser tão influentes quanto a rádio AM, o que talvez explique a preponderância de programas de entrevistas politicamente mordazes na rádio AM. Mas a real influência da FM e da TV talvez não seja terrestre. Embora a maior parte da força do sinal seja transmitida de propósito horizontalmente ao chão, parte dele vaza para o alto, cruzando a ionosfera e viajando através das profundezas do espaço. Para esses sinais, o céu não é o limite. E, ao contrário de algumas outras faixas do espectro eletromagnético, as ondas de rádio têm uma excelente penetração nas nuvens de gás e poeira do espaço interestelar, por isso tampouco as estrelas são o limite.

Se você somar todos os fatores que contribuem para a força da assinatura de rádio da Terra, tais como o número total de estações, a distribuição de estações pela Terra, a produção de energia de cada estação e a largura da banda em que a energia é transmitida, você descobrirá que a televisão responde pelo maior fluxo constante de sinais de rádio detectáveis a partir da Terra. A anatomia de um sinal de radiodifusão exibe uma parte muito estreita e uma parte larga. A parte fininha de banda estreita é o sinal portador de vídeo, por meio do qual mais da metade da energia total é transmitida. Com meros 0,10 hertz de largura na frequência, ele estabelece a localização da estação no mostrador (os familiares canais de 2 até 13), bem como a existência do sinal em primeiro lugar. Um sinal de banda larga e baixa intensidade, de 5 milhões de hertz de largura, circunda o portador nas frequências mais altas e mais baixas, além de estar imbuído de modulações que contêm todas as informações do programa.

Como você poderia imaginar, os Estados Unidos são o contribuinte mais significativo entre todas as nações para o perfil televisivo global da Terra. Uma civilização alienígena à escuta detectaria primeiro nossos fortes sinais portadores. Se continuasse a prestar atenção, notaria efeitos Doppler periódicos nesses sinais (alternando de frequência mais baixa para frequência mais alta) a cada 24 horas. Depois notaria o sinal ficar mais forte e mais fraco durante o mesmo intervalo de tempo. Os alienígenas poderiam primeiro concluir que, embora ocorrendo naturalmente, um misterioso sinal alto de rádio estivesse girando para dentro e para fora do campo de visão. Mas, se conseguissem decodificar as modulações dentro do sinal de banda larga circundante, os alienígenas ganhariam acesso imediato a elementos de nossa cultura.

As ondas eletromagnéticas, entre elas a luz visível e as ondas de rádio, não requerem um meio pelo qual viajar. Na verdade, elas se sentem mais felizes movendo-se através do vácuo do espaço. Assim, o tradicional sinal vermelho intermitente dos estúdios de rádio que informa "No ar" poderia dizer justificadamente "Através do espaço", uma expressão que se aplica especialmente às frequências da TV e da FM que escapam da atmosfera.

Quando os sinais saem para o espaço, eles se tornam mais e mais fracos, diluindo-se pelo crescente volume de espaço através do qual viajam. Por fim, os sinais ficam irremediavelmente enterrados pelo ruído de rádio ambiente do universo, gerado pela emissão de rádio das galáxias, o fundo de micro-ondas, as regiões de formação de estrelas na Via Láctea que são ricas em rádio, e os raios cósmicos. Esses fatores, acima de tudo, limitarão a probabilidade de uma civilização distante decodificar nosso modo de vida.

Com as atuais potências de rádio da Terra, os alienígenas a 100 anos-luz de distância precisariam de um receptor de rádio que fosse quinze vezes a área coletora de 300 metros do telescópio de Arecibo (o maior do mundo) para detectar um sinal portador de uma estação de televisão. Se quisessem decodificar nossas informações programadas e com isso nossa cultura, eles precisariam compensar os efeitos Doppler causados pela rotação da Terra sobre seu eixo e por sua revolução ao redor do Sol (o que possibilitaria ficarem presos a uma determinada estação de TV), e deveriam aumentar sua capacidade de detecção por outro fator de 10.000 acima da que detectasse o sinal portador. Em termos de radiotelescópio, isso importa em um prato cerca de quatrocentas vezes o diâmetro de Arecibo, ou aproximadamente 48 quilômetros de diâmetro.

Se alienígenas tecnologicamente proficientes estiverem interceptando nossos sinais (com um telescópio adequadamente grande e sensível), e se eles estiverem conseguindo decodificar as modulações, então os elementos básicos de nossa cultura vão certamente estontear os antropólogos alienígenas. Ao observar que nos tornamos um planeta radiotransmissor, sua atenção poderia ser logo captada pelos primeiros episódios do show *Howdy Doody*. Uma vez que soubessem escutar, aprenderiam a maneira típica como os homens e as mulheres interagem entre si em episódios de *Honeymooners* de Jackie Gleason, e com Lucy e Ricky em *I Love Lucy*. Poderiam então avaliar nossa inteligência em episódios de *Gomer Pyle*, *The Beverly Hillbillies*, e depois, talvez, em *Hee Haw*. Se os alienígenas simplesmente não desistissem nesse ponto, e se resolvessem esperar mais alguns anos, aprenderiam um pouco mais sobre as interações humanas com Archie Bunker em *All in the Family*, depois com George Jefferson em *The Jeffersons*. Após mais alguns anos de estudo, seu conhecimento seria ainda mais enriquecido com os personagens bizarros de *Seinfeld* e, claro, com o desenho animado em horário nobre *The Simpsons*. (Eles seriam poupados da sabedoria do grande sucesso *Beavis and Butthead*, porque essa série só existiu como programa de TV a cabo da MTV.) Os programas citados estiveram entre os populares de nossos tempos, cada um sendo exibido a várias gerações na forma de reprises.

No meio de nossos seriados cômicos favoritos está misturado o extenso noticiário de décadas sobre derramamento de sangue durante a Guerra do Vietnã, as guerras do Golfo e outros conflitos militares ao redor do planeta. Depois de cinquenta anos de televisão, os alienígenas só poderiam tirar a conclusão de que em sua maioria os humanos são neuróticos, sedentos de morte, idiotas disfuncionais.

Nesta era de televisão a cabo, até os sinais de radiodifusão que poderiam escapar da atmosfera são agora entregues via fios diretamente na sua casa. Chegará talvez o tempo em que a televisão deixe de ser um meio de radiodifusão, levando nossos alienígenas telespectadores a se perguntarem se nossa espécie foi extinta.

Para o bem ou para o mal, a televisão talvez não represente os únicos sinais da Terra decodificados por alienígenas. Sempre que nos comunicamos com nossos astronautas ou com nossas sondas espaciais, todos os sinais que não interseclam o receptor da nave são perdidos para sempre no espaço. A eficiência dessa comunicação é muito aperfeiçoada pelos métodos modernos de compressão de sinal. Na era digital, tudo é questão de bytes por segundo. Ao arquitetar um algoritmo inteligente que comprimisse seu sinal por um fator 10, você poderia se comunicar com dez vezes mais eficiência, desde que a pessoa ou a máquina no outro lado do sinal soubesse como desfazer seu sinal comprimido. Exemplos modernos de utilitários de compressão incluem aqueles que criam gravações acústicas MP, imagens JPEG e filmes MPEG para seu computador, permitindo que você transfira rapidamente os arquivos e reduza a confusão no seu disco rígido.

O único sinal de rádio que não pode ser comprimido é aquele que contém informações completamente aleatórias, deixando-o indistinguível da estática de rádio. Num fato relacionado, quanto mais se comprime um sinal, mais aleatório ele parece a quem o intercepta. Um sinal perfeitamente comprimido será de fato indistinguível da estática para todos os que não têm o conhecimento predeterminado e recursos para decodificá-lo. O que tudo isso significa? Se uma cultura fosse suficientemente avançada e eficiente, seus sinais (mesmo sem a influência das transmissões a cabo) poderiam desaparecer completamente das vias cósmicas das fofocas.

Desde a invenção e o uso difundido das lâmpadas elétricas, a cultura humana criou também uma bolha na forma de luz visível. Essa bolha, nossa assinatura noturna, tem mudado lentamente da incandescência do tungstênio para o neon dos cartazes e para o sódio proveniente do emprego agora difundido das lâmpadas de vapor de sódio na iluminação das ruas. Mas, à parte o código Morse faiscado por lâmpadas encobertas dos deques de navios, não temos o costume de enviar luz visível através do ar para transportar sinais, por isso nossa bolha visual não é interessante. Fica também irremediavelmente perdida no clarão da luz visível de nosso Sol.

Em vez de deixar que os alienígenas escutem nossos shows de TV constrangedores, por que não lhes enviar um sinal de nossa própria escolha, demonstrando como somos inteligentes e amantes da paz? Isso foi feito pela primeira vez na forma de placas gravadas a ouro afixadas nos lados das quatro sondas planetárias não tripuladas *Pioneer 10* e *11* e *Voyager 1* e *2*. Cada placa contém pictogramas que transmitem nossa base de conhecimento científico e nossa localização na galáxia da Via Láctea, e as placas da *Voyager* também contêm informações em áudio sobre a bondade de nossa espécie. A 80.000 quilômetros por hora – uma velocidade superior à velocidade de escape do sistema solar –, essas naves espaciais estão viajando através do espaço interplanetário a todo o vapor. Mas elas se movem ridiculamente lentas se comparadas com a velocidade da luz, e só vão chegar às estrelas próximas em 100 mil anos. Elas representam nossa bolha de "naves espaciais". Melhor esperar sentado por elas.

Um modo melhor de se comunicar é enviar um sinal de rádio de alta intensidade a um lugar agitado na galáxia, como um aglomerado de estrelas. Isso foi feito pela primeira vez em 1976, quando o telescópio Arecibo foi usado ao contrário, como transmissor em vez de receptor, para enviar ao espaço o primeiro sinal de onda de rádio de nossa própria escolha. Essa mensagem, no momento em que escrevo este artigo, está a 30 anos-luz da Terra, seguindo na direção do espetacular aglomerado de estrelas globular conhecido como M13, na constelação de Hércules. A mensagem contém em forma digital parte do que estava nas naves espaciais *Pioneer* e *Voyager*. Dois problemas, entretanto: o aglomerado globular está tão abarrotado de estrelas (ao menos meio milhão) e tão firmemente comprimido que as órbitas planetárias tendem a ser instáveis, pois sua obediência gravitacional à estrela anfitriã é desafiada a cada passagem pelo centro do aglomerado. Além disso, o aglomerado tem uma quantidade tão escassa de elementos pesados (a partir dos quais os planetas são feitos) que, para começo de conversa, os planetas são provavelmente raros. Esses pontos científicos não eram bem conhecidos ou compreendidos na época em que o sinal foi enviado.

Em todo caso, a linha de frente de nossos sinais de rádio "intencionais" (que formam um cone de rádio direcionado em vez de uma bolha) está a 30 anos-luz de distância e, se interceptada, talvez corrija a imagem que os alienígenas fazem de nós com base na bolha de rádio de nossos shows da televisão. Mas isso só acontecerá se os alienígenas derem um jeito de determinar qual tipo de sinal chega mais perto da verdade de quem nós somos e qual merece ser nossa identidade cósmica.

SEÇÃO 5

QUANDO O UNIVERSO SE TORNA VILÃO

TODAS AS MANEIRAS PELAS QUAIS O COSMOS QUER NOS MATAR

VINTE E OITO

CAOS NO SISTEMA SOLAR

A ciência se distingue de quase todos os outros esforços humanos pela sua capacidade de predizer eventos futuros com precisão. Os jornais diários informam frequentemente as datas das futuras fases da lua ou a hora do nascer do sol. Mas eles não se dispõem a noticiar "novidades do futuro", tais como os preços de fechamento na Bolsa de Valores de Nova York na próxima segunda-feira ou o acidente de avião na terça-feira seguinte. O público em geral sabe intuitivamente, se não explicitamente, que a ciência faz predições, mas talvez surpreenda as pessoas saber que a ciência também pode predizer que algo é imprevisível. Essa é a base do caos. E essa é a evolução futura do sistema solar.

Um sistema solar caótico teria, sem dúvida, perturbado o astrônomo alemão Johannes Kepler, a quem geralmente se atribui o crédito pelas primeiras leis preditivas da física, publicadas em 1609 e 1619. Usando uma fórmula que deduziu empiricamente das posições planetárias no céu, ele conseguiu predizer a distância média entre qualquer planeta e o Sol simplesmente por conhecer a duração do ano do planeta. Em *Principia*, de Isaac Newton, publicado em 1687, a lei universal da gravidade permite que se deduzam matematicamente todas as leis de Kepler a partir do zero.

Apesar do sucesso imediato de suas novas leis da gravidade, Isaac Newton continuou preocupado com a possibilidade de um dia o sistema solar cair em desordem. Com característica presciência, Newton notou no Livro III da sua edição de 1730 de *Opticks*:

> Os Planetas se movem numa única e mesma maneira em Orbes concêntricos, excetuando-se algumas irregularidades não consideráveis, que podem ter surgido das ações mútuas dos [...] Planetas uns sobre os outros, e que estarão propensas a aumentar, até o sistema precisar de uma Reforma. (p. 402)

Como detalharemos na Seção 7, Newton dava a entender que a intervenção de Deus seria necessária de vez em quando para consertar as coisas. O célebre matemático e estudioso da dinâmica francês Pierre-Simon Laplace tinha uma visão oposta do mundo. Em seu tratado de cinco volumes de 1799-1825, *Traité de mécanique céleste* [Tratado de mecânica celeste], ele estava convencido de que o universo era estável e plenamente predizível. Laplace escreveu mais tarde, em *Ensaio filosófico sobre as probabilidades* (1814):

> [Com] todas as forças pelas quais a natureza é animada [...] nada [é] incerto, e o futuro, como o passado, estava presente aos olhos [do ser humano]. (1995, Cap. II, p. 3)

O sistema solar parecerá realmente estável, se tudo o que você tiver ao seu dispor for um lápis e um papel. Mas na era dos supercomputadores, em que bilhões de computações por segundo são rotina, os modelos do sistema solar podem ser seguidos por centenas de milhões de anos. Que recompensa recebemos por nossa profunda compreensão do universo?
O caos.
O caos se revela por meio da aplicação de nossas leis físicas bem testadas em modelos computacionais da evolução futura do sistema solar. Mas ele também levantou sua cabeça em outras disciplinas, como

a meteorologia e a ecologia modelo predador-presa, e em quase todo lugar onde se encontram sistemas interativos complexos.

Para compreender o caos como ele se aplica ao sistema solar, deve-se primeiro reconhecer que a diferença de localização entre dois objetos, comumente conhecida como sua distância, é apenas uma das muitas diferenças que podem ser calculadas. Dois objetos também podem diferir em energia, tamanho da órbita, forma da órbita e inclinação da órbita. Assim se poderia ampliar o conceito de distância para incluir a separação de objetos também nessas outras variáveis. Por exemplo, dois objetos que estão (no momento) perto um do outro no espaço podem ter formas de órbita muito diferentes. Nossa medida da "distância" modificada nos diria que os dois objetos estão amplamente separados.

Um teste comum para o caos é começar com dois modelos de computador que são idênticos sob todos os aspectos, exceto por uma pequena mudança em algum lugar. Num dos dois modelos do sistema solar, seria permitido que a Terra recuasse um pouco na sua órbita para não ser atingida por um pequeno meteoro. Estamos agora armados para fazer uma pergunta simples: com o passar do tempo, o que acontece com a "distância" entre esses dois modelos quase idênticos? A distância pode permanecer estável, flutuar ou até divergir. Quando dois modelos divergem exponencialmente, o fazem porque as pequenas diferenças entre eles aumentam com o tempo, confundindo bastante a capacidade de predizer o futuro. Em alguns casos, um objeto pode ser completamente ejetado do sistema solar.

Essa é a marca do caos.

Para todos os fins práticos, na presença do caos, é *impossível* predizer com segurança o futuro distante da evolução do sistema. Devemos muito de nossa primeira compreensão do início do caos a Aleksandr Mikhailovitch Liapunov (1857-1918), que foi um matemático e engenheiro mecânico russo. Sua tese de doutorado, em 1892, "O problema geral da estabilidade do movimento", continua a ser um clássico até nossos dias. (Por sinal, Liapunov teve morte violenta no caos da agitação política que se seguiu imediatamente à Revolução Russa.)

Desde a época de Newton, as pessoas sabiam ser possível calcular os caminhos exatos de dois objetos isolados em órbita mútua, como um sistema de estrela binária, por todo o tempo. Nada de instabilidades ali. Mas, quando se acrescentam mais objetos à dança, as órbitas se tornam cada vez mais complexas e cada vez mais sensíveis às condições iniciais. No sistema solar, temos o Sol, seus oito planetas, seus mais de setenta satélites, asteroides e cometas. Isso talvez pareça bastante complicado, mas a história ainda não está completa. As órbitas no sistema solar são ainda influenciadas pelo fato de o Sol perder 4 milhões de toneladas de matéria a cada segundo em virtude da fusão termonuclear em seu núcleo. A matéria se converte em energia, que subsequentemente escapa como luz da superfície do Sol. O Sol também perde massa pela corrente de partículas carregadas continuamente ejetada, conhecida como vento solar. E o sistema solar ainda está sujeito a perturbações da gravidade causadas por estrelas que passam ocasionalmente em sua órbita normal ao redor do centro galáctico.

Para avaliar a tarefa do estudioso da dinâmica do sistema solar, considere que as equações de movimento permitem que se calcule a força líquida da gravidade exercida sobre um objeto, a qualquer dado instante, por todos os outros objetos conhecidos no sistema solar e mais além. Uma vez conhecida a força sobre cada objeto, você empurra todas (no computador) na direção que devem seguir. Mas a força sobre cada objeto no sistema solar é agora um pouco diferente, porque todo mundo se moveu. Por isso, você deve tornar a computar todas as forças e empurrá-las de novo. Isso continua enquanto dura a simulação, o que em alguns casos implica trilhões de empurrões. Quando você faz esses cálculos, ou outros similares, o comportamento do sistema solar é caótico. Ao longo de intervalos de tempo de cerca de 5 milhões de anos para os planetas terrestres interiores (Mercúrio, Vênus, Terra e

Marte) e de cerca de 20 milhões de anos para os gigantes gasosos exteriores (Júpiter, Saturno, Urano e Netuno), "distâncias" arbitrariamente pequenas entre as condições iniciais divergem visivelmente. Em 100 a 200 milhões de anos no modelo, perdemos toda a capacidade de predizer trajetórias planetárias.

Sim, isso é ruim. Considere o seguinte exemplo: o recuo da Terra com o lançamento de uma única sonda espacial pode influenciar nosso futuro de tal maneira que, em cerca de 200 milhões de anos, a posição da Terra na sua órbita ao redor do Sol seja deslocada em quase 60 graus. Quanto ao futuro distante, é certamente uma ignorância benigna, se não soubermos onde estará a Terra na sua órbita. Mas a tensão cresce quando nos damos conta de que os asteroides numa família de órbitas podem migrar caoticamente para outra família de órbitas. Se os asteroides podem migrar, e se a Terra pode estar na sua órbita em algum lugar que não somos capazes de prever, então existe um limite no futuro para nossa capacidade de calcular com segurança o risco de um impacto considerável com um asteroide e a extinção global que poderia se seguir.

As sondas que lançamos deveriam ser feitas de materiais mais leves? Deveríamos abandonar o programa espacial? Deveríamos nos preocupar com a perda de massa solar? Deveríamos nos inquietar a respeito dos milhares de toneladas de poeira de meteoros por dia que a Terra acumula ao passar através dos escombros do espaço interplanetário? Deveríamos todos nos reunir num lado da Terra e pular para o espaço juntos? Nenhuma das alternativas anteriores. Os efeitos de longo prazo dessas pequenas variações se perdem no caos que se desdobra. Em alguns casos, a ignorância diante do caos pode funcionar em nosso proveito.

Um cético poderia se preocupar com a possibilidade de que a imprevisibilidade de um sistema dinâmico complexo através de longos intervalos de tempo fosse devida a um erro computacional de arredondamento, ou a alguma característica peculiar do chip do computador ou do programa de computador. Mas, se essa suspeita fosse verdade, os sistemas de dois objetos poderiam acabar mostrando o caos nos modelos de computador. Só que eles não o mostram. E, se você arrancar Urano do modelo do sistema solar e repetir os cálculos de órbita para os planetas gigantes gasosos, não haverá caos. Outro teste vem de simulações de computador de Plutão, que tem uma alta excentricidade e uma desconcertante inclinação em sua órbita. Plutão exibe realmente um caos bem-comportado, no qual pequenas "distâncias" entre as condições iniciais acarretam um conjunto imprevisível, mas limitado, de trajetórias. Algo muito importante, entretanto, é que investigadores diferentes, usando computadores diferentes e métodos de computador diferentes, têm deduzido intervalos de tempo semelhantes para o início do caos na evolução de longo prazo do sistema solar.

À parte nosso desejo egoísta de evitar a extinção, existem razões mais amplas para estudar o comportamento de longo prazo do sistema solar. Com um modelo evolutivo completo, os estudiosos da dinâmica podem voltar no tempo para sondar a história do sistema solar, quando a lista de chamada dos planetas talvez tenha sido muito diferente da que existe hoje em dia. Por exemplo, alguns planetas que existiam no nascimento do sistema solar (há 5 bilhões de anos) poderiam ter sido ejetados à força desde então. Na verdade, talvez tenhamos começado com várias dúzias de planetas, em vez de oito, e perdido a maioria deles no estilo de bonecos que saltam da caixa de surpresas para o espaço interplanetário.

Nos últimos quatro séculos, percorremos um longo caminho desde o não conhecimento dos movimentos dos planetas até o conhecimento de que não podemos saber a evolução do sistema solar num futuro ilimitado – uma vitória agridoce em nossa busca infindável pela compreensão do universo.

VINTE E NOVE

FUTURAS ATRAÇÕES

Não é preciso olhar muito longe para encontrar predições assustadoras de um holocausto global causado por asteroides assassinos. É bom que assim seja, porque a maior parte do que você pode ter visto, lido ou escutado é verdade.

As chances de estar gravado no seu ou no meu túmulo "morto por um asteroide" são aproximadamente as mesmas de "morto num acidente de avião". Cerca de duas dúzias de pessoas foram mortas pela queda de asteroides nos últimos quatrocentos anos, mas milhares morreram em acidentes durante a história relativamente breve da viação aérea comercial. Então como é que essa estatística comparativa pode ser verdade? Simples. O registro dos impactos mostra que ao final de 10 milhões de anos, quando a soma de todos os acidentes aéreos tiver matado 1 bilhão de pessoas (pressupondo-se uma taxa de mortes por avião de 100 por ano), é provável que um asteroide tenha atingido a Terra com energia suficiente para matar 1 bilhão de pessoas. O que confunde a interpretação é que, enquanto os aviões matam poucas pessoas de cada vez, o nosso asteroide poderia não matar ninguém por milhões de anos. Mas, quando atingisse a Terra, ele eliminaria centenas de milhões de pessoas instantaneamente, e outras tantas centenas de milhões no período subsequente de convulsão climática global.

A taxa combinada de impactos de asteroides e cometas no sistema solar primitivo era assustadoramente alta. Teorias e modelos da formação de planetas mostram que o gás quimicamente rico se condensa para formar moléculas, depois partículas de poeira, depois rochas e gelo. Daí em diante, temos uma barraca de tiro ao alvo. As colisões servem como um meio para as forças químicas e gravitacionais ligarem objetos menores a maiores. Aqueles objetos que, por acaso, acumularam um pouco mais de massa do que o normal terão uma gravidade um pouco mais elevada e atrairão ainda mais outros objetos. À medida que a acreção continua, a gravidade acaba por dar à massa indefinida a forma de esferas, e assim nascem os planetas. Os planetas mais massivos tinham gravidade suficiente para reter invólucros gasosos. Todos os planetas continuam a crescer por acreção pelo resto de seus dias, embora a uma taxa significativamente mais baixa do que no período de sua formação.

Ainda assim, bilhões (provavelmente trilhões) de cometas permanecem no extremo do sistema solar exterior, até mil vezes o tamanho da órbita de Plutão, suscetíveis a empurrões gravitacionais das estrelas e nuvens interestelares passantes, que os colocam em seu longo percurso para o interior rumo ao Sol. Os restos do sistema solar também incluem cometas de curto período, várias dúzias dos quais cruzam sabidamente a órbita da Terra, além de milhares de asteroides que fazem o mesmo.

O termo "acreção" é mais insípido que "impacto destruidor de ecossistemas, assassino de espécies". Mas do ponto de vista da história do sistema solar os termos são os mesmos. Não podemos ser felizes por viver num planeta, felizes por nosso planeta ser quimicamente rico, felizes por não sermos dinossauros, mas ao mesmo tempo lamentar o risco da catástrofe global. Parte da energia proveniente das colisões de asteroides com a Terra é despejada em nossa atmosfera pela fricção e por uma explosão de ondas de choque no ar. Estrondos sônicos são também ondas de choque, mas são habitualmente produzidos por aeroplanos com velocidades de uma a três vezes a velocidade do som. O pior estrago que poderiam causar é balançar os pratos em seu guarda-louça. Mas com velocidades acima de 80.000 quilômetros por hora – quase setenta vezes a velocidade do som – as ondas de choque da colisão média entre um asteroide e a Terra podem ser devastadoras.

Se o asteroide ou o cometa for suficientemente grande para sobreviver a suas próprias ondas de choque, o resto de sua energia ficará depositado na superfície da Terra num evento explosivo que derrete o solo e abre uma cratera que pode medir vinte vezes o diâmetro do objeto original. Se muitos objetos impactantes atingissem a Terra com pouco tempo entre cada evento e o seguinte, a superfície da Terra não teria tempo suficiente para esfriar entre os impactos. Inferimos do registro de crateras prístinas sobre a superfície da Lua (nosso vizinho mais próximo no espaço) que a Terra sofreu uma era de bombardeamento pesado entre 4,6 e 4 bilhões de anos atrás. A evidência fóssil mais antiga de vida sobre a Terra data de cerca de 3,8 bilhões de anos atrás. Não muito tempo antes disso, a superfície da Terra se achava inexoravelmente esterilizada, e, assim, a formação de moléculas complexas, e, portanto, a vida, estava proibida. Apesar dessa má notícia, todos os ingredientes básicos estavam sendo ainda assim gerados.

Quanto tempo a vida levou para aparecer? Um número frequentemente citado é 800 milhões de anos (4,6 bilhões – 3,8 bilhões = 800 milhões). Mas, para ser justo com a química orgânica, deve-se subtrair primeiro todo o tempo em que a superfície da Terra era proibitivamente quente. Isso nos deixa com meros 200 milhões de anos para a vida emergir de uma rica sopa química, que, como todas as boas sopas, inclui água.

Sim, parte da água que bebemos todo dia foi trazida para a Terra pelos cometas há mais de 4 bilhões de anos. Mas nem todos os destroços espaciais são restos do início do sistema solar. A Terra foi atingida ao menos uma dúzia de vezes por rochas ejetadas de Marte, e fomos golpeados inúmeras vezes por rochas ejetadas da Lua. A ejeção ocorre quando os objetos impactantes transmitem tanta energia que rochas menores perto da zona de impacto são lançadas para o alto com velocidade suficiente para escapar das garras gravitacionais do planeta. Mais tarde, as rochas cuidam de seu próprio movimento balístico em órbita ao redor do Sol, até baterem em alguma outra coisa. A mais famosa das rochas de Marte é o primeiro meteorito encontrado perto da seção Alan Hills da Antártica em 1984. Oficialmente conhecido por sua abreviatura codificada, mas sensata, ALH-84001, esse meteorito contém evidências tantalizantes, apesar de circunstanciais, de que a vida simples prosperou no Planeta Vermelho há 1 bilhão de anos. Marte contém evidências geológicas ilimitadas de uma história de água corrente que inclui leitos de rio secos, deltas de rio e planícies aluviais. E muito recentemente os veículos de exploração marciana *Spirit* e *Opportunity* encontraram rochas e minerais que só poderiam ter se formado na presença de água parada.

Como a água líquida é crucial para a sobrevivência da vida como a conhecemos, a possibilidade de vida em Marte não abusa da credulidade científica. A parte divertida é quando especulamos se a vida primeiro surgiu em Marte, depois foi explosivamente expelida de sua superfície, tornando-se os primeiros astronautas bacterianos do sistema solar, e por fim chegou para começar sua evolução sobre a Terra. Existe até uma palavra para o processo: panspermia. Talvez sejamos todos descendentes de marcianos.

É muito mais provável que a matéria viaje de Marte para a Terra que vice-versa. Escapar da gravidade da Terra requer mais de duas vezes e meia a energia exigida para sair de Marte. Além disso, a atmosfera da Terra é cerca de cem vezes mais densa. A resistência do ar sobre a Terra (relativa a Marte) é formidável. Em todo caso, as bactérias teriam de ser realmente resistentes para sobreviver a vários milhões de anos de perambulações interplanetárias antes de aterrissarem na Terra. Felizmente, não há escassez de água líquida e química rica na Terra, por isso não precisamos de teorias de panspermia para explicar a origem da vida como a conhecemos, mesmo se ainda não conseguimos explicá-la.

Ironicamente, podemos culpar (e culpamos) os impactos pelos grandes episódios de extinção no registro fóssil. Mas quais são seus riscos atuais para a vida e a sociedade? Adiante está uma tabela que relaciona taxas de colisão média na Terra com o tamanho do objeto impactante e a energia equivalente em milhões de toneladas de TNT. Como referência, incluo uma coluna que compara a energia do impacto em unidades da bomba atômica que os Estados Unidos lançaram sobre a cidade de Hiroshima em 1945. Esses dados são adaptados de um gráfico feito por David Morrison, da NASA (1992).

Uma vez por...	Diâmetro do asteroide (*metros*)	Energia do impacto (*megatons de TNT*)	Energia do impacto (*bombas* A)
Mês	3	0,001	0,05
Ano	6	0,01	0,5
Década	15	0,2	10
Século	30	2	100
Milênio	100	50	2.500
10.000 anos	200	1.000	50.000
1.000.000 de anos	2.000	1.000.000	50.000.000
100.000.000 de anos	10.000	100.000.000	5.000.000.000

A tabela é baseada numa análise detalhada da história das crateras de impacto sobre a Terra, no registro de formação de crateras livres de erosão na superfície da Lua e nos números conhecidos de asteroides e cometas cujas órbitas cruzam a da Terra.

A energética de alguns impactos famosos pode ser localizada na tabela. Por exemplo, uma explosão de 1908 perto do rio Tunguska, na Sibéria, derrubou milhares de quilômetros quadrados de árvores e incinerou 300 quilômetros quadrados que rodeavam o ponto de impacto. Acredita-se que o objeto impactante tenha sido um meteorito rochoso de 60 metros (aproximadamente o tamanho de um edifício de vinte andares) que explodiu na atmosfera, não deixando assim nenhuma cratera. O diagrama prediz que colisões dessa magnitude aconteçam, em média, a cada dois séculos. Acredita-se que o diâmetro de 200 quilômetros da cratera de Chicxulub, no Yucatán, no México, seja o cartão de visita de um asteroide de 10 quilômetros. Com uma energia de impacto 5 bilhões de vezes maior que a das bombas atômicas explodidas na Segunda Guerra Mundial, a previsão é que uma colisão dessas ocorra aproximadamente uma vez em cerca de 100 milhões de anos. A cratera data de 65 milhões de anos atrás, e não apareceu nenhuma outra dessa magnitude desde então. Coincidentemente, mais ou menos na mesma época, o tiranossauro-rex e seus amigos foram extintos, permitindo que os mamíferos evoluíssem para algo mais ambicioso que musaranhos.

Aqueles paleontólogos e geólogos que continuam a negar o papel dos impactos cósmicos no registro de extinção das espécies da Terra devem decifrar o que fazer com o depósito de energia trazida do espaço para a Terra. A gama das energias varia astronomicamente. Numa revisão do risco de impactos para a Terra escrito para o calhamaço *Hazards Due to Comets and Asteroids* [Riscos devidos a cometas e asteroides] (Gehrels, 1994), David Morrison, do Centro de Pesquisa Ames da NASA, Clark R. Chapman, do Instituto de Ciência Planetária, e Paul Slovic, da Universidade de Oregon, descrevem concisamente a consequência de depósitos indesejados de energia para o ecossistema da Terra. Adaptei o que se segue de sua discussão.

A maioria dos objetos impactantes com menos de aproximadamente 10 megatons de energia vai explodir na atmosfera e não deixar nenhum vestígio de cratera. Os poucos que sobrevivem sem se fragmentar são provavelmente baseados em ferro.

Uma explosão de 10 a 100 megatons de um asteroide de ferro formará uma cratera, enquanto seu equivalente de pedra se desintegrará e produzirá principalmente explosões no ar. Um impacto no solo destruirá área equivalente à da cidade de Washington.

Impactos no solo entre 1.000 e 10.000 megatons continuam a produzir crateras; impactos oceânicos produzem maremotos significativos. Um impacto terrestre pode destruir uma área do tamanho de Delaware.

Uma explosão de 100.000 a 1.000.000 de megatons resultará na destruição global do ozônio; impactos oceânicos vão gerar maremotos sentidos em um hemisfério inteiro da Terra, enquanto impactos no solo levantarão bastante poeira na estratosfera, o suficiente para mudar o clima da Terra e congelar as safras. Um impacto terrestre destruirá uma área do tamanho da França.

Uma explosão de 10.000.000 a 100.000.000 de megatons resulta em efeitos climáticos prolongados e em conflagração global. Um impacto terrestre destruirá uma área equivalente aos Estados Unidos sem o Alasca e o Havaí.

Um impacto terrestre ou oceânico de 100.000.000 a 1.000.000.000 de megatons acarretará uma extinção em massa numa escala do impacto de Chicxulub há 65 milhões de anos, quando quase 70 por cento das espécies da Terra foram subitamente eliminadas.

Felizmente, entre a população de asteroides que cruzam a órbita da Terra, temos uma chance de catalogar tudo o que ultrapassar cerca de 1 quilômetro – o tamanho que começa a dar livre curso a uma catástrofe global. Um sistema de defesa e alerta antecipado para proteger a espécie humana desses objetos impactantes é uma meta realista, como foi recomendado no *Spaceguard Survey Report* [Relatório do levantamento para salvaguarda do espaço] da NASA, e, acreditem ou não, continua na tela do radar do Congresso. Infelizmente, objetos menores que cerca de 1 quilômetro não refletem luz suficiente para serem detectados e rastreados de forma confiável e por completo. Esses podem nos atingir sem aviso, ou podem nos atingir com um alerta demasiado próximo do golpe para que possamos fazer qualquer coisa. O lado bom dessa notícia é que, embora tenham bastante energia para criar uma catástrofe local, incinerando nações inteiras, eles não colocarão a espécie humana em risco de extinção.

Claro que a Terra não é o único planeta rochoso que corre o risco de sofrer impactos. Mercúrio tem uma superfície cheia de crateras que, a um observador casual, parece exatamente igual à da Lua. A recente topografia, delineada por rádio, de Vênus encoberta por nuvens também mostra grande quantidade de crateras. E Marte, com sua geologia historicamente ativa, revela grandes crateras que foram recentemente formadas.

Com mais de trezentas vezes a massa da Terra, e com dez vezes o seu diâmetro, a capacidade de Júpiter de atrair objetos impactantes não tem rival entre os planetas do sistema solar. Em 1994, durante a semana de comemorações pelo 25º aniversário do pouso na Lua da *Apollo 11*, o cometa Shoemaker-Levy 9, depois de se despedaçar em duas dúzias de nacos durante um encontro próximo anterior com Júpiter, bateu, um pedaço após o outro, na atmosfera joviana. As cicatrizes gasosas foram vistas facilmente com telescópios de quintal. Como Júpiter gira rapidamente (uma volta a cada dez horas), cada parte do cometa caiu numa localização diferente, enquanto a atmosfera passava em rotação.

E, caso esteja se perguntando, cada pedaço atingiu o planeta com a energia equivalente à do impacto de Chicxulub. Assim, qualquer outra coisa pode ser verdade sobre Júpiter, mas ele certamente não tem mais nenhum dinossauro!

O registro fóssil da Terra fervilha com espécies extintas – formas de vida que prosperaram por muito mais tempo que a atual ocupação da Terra pelo *Homo sapiens*. Os dinossauros estão na lista. Que defesa temos contra essas formidáveis energias de impacto? O grito de guerra daqueles que não têm nenhuma guerra nuclear a travar é "bomba atômica neles, tirem todos do céu". Verdade, o pacote mais eficiente de energia destrutiva já concebido pelos humanos é a energia nuclear. Um ataque direto a um asteroide vindo em nossa direção poderia desfazê-lo em pedaços pequenos o suficiente para reduzir o perigo do impacto a uma inofensiva, embora espetacular, chuva de meteoros. Note que no espaço vazio, onde não existe ar, não é possível haver ondas de choque, assim uma ogiva nuclear deve realmente entrar em contato com o asteroide para causar danos.

Outro método é empregar aquelas bombas de nêutrons de radiação intensiva (lembrando – eram as bombas que matavam as pessoas, mas deixavam de pé os edifícios), fazendo com que um banho de nêutrons de alta energia aqueça um lado do asteroide até uma temperatura capaz de forçar o material a jorrar para fora e o asteroide a recuar, saindo da trajetória de colisão. Um método mais suave e mais animador é tocar o asteroide para longe do caminho danoso por meio de foguetes lentos, mas constantes, que de algum modo são ligados a um dos lados dele. Se isso for feito bem cedo, bastará então um pequeno empurrão, usando combustíveis convencionais. Se catalogássemos todo objeto de 1 quilômetro (ou mais) cuja órbita intersecta a da Terra, então um cálculo computacional detalhado nos permitiria predizer uma colisão catastrófica em centenas e até milhares de órbitas no futuro, dando aos terráqueos tempo suficiente para montar uma defesa apropriada. Mas nossa lista de impactantes assassinos potenciais é lamentavelmente incompleta, e o caos compromete muito nossa capacidade de predizer o comportamento de objetos ao longo de milhões e bilhões de órbitas no futuro.

Nesse jogo da gravidade, a mais assustadora estirpe de objetos impactantes é de longe o cometa de longo período, que, por convenção, são aqueles com períodos maiores que duzentos anos. Representando cerca de um quarto do risco total de impactos da Terra, eles caem de grandes distâncias em direção ao sistema solar interior e alcançam velocidades superiores a 160.000 quilômetros por hora até chegarem à Terra. Dado seu tamanho, os cometas de longo período produzem uma energia de impacto mais impressionante que o asteroide comum. Muito importante é que são demasiado indistintos ao longo da maior parte de sua órbita para serem rastreados efetivamente. Ao descobrir que um cometa de longo período estivesse vindo em nossa direção, teríamos mais ou menos um período de vários meses a dois anos para financiar, projetar, construir e lançar um meio de interceptá-lo. Por exemplo, em 1996, o cometa Hyakutake só foi descoberto quatro meses antes de sua maior aproximação do Sol porque sua órbita estava muito inclinada para fora do plano de nosso sistema solar, exatamente um lugar para onde ninguém estava olhando. Quando estava a caminho, chegou a menos de 17 milhões de quilômetros da Terra (passou perto) e seguiu rumo a uma visualização noturna espetacular.

E aqui está um dado para o seu calendário: na sexta-feira 13 de abril de 2029, um asteroide, grande o suficiente para encher o estádio Rose Bowl como se ele fosse uma taça de sorvete, vai passar tão perto da Terra que mergulhará abaixo da altitude de nossos satélites de comunicação. Não demos a esse asteroide o nome de Bambi. Em vez disso, ele é chamado de Apófis, em referência ao deus egípcio da escuridão e da morte. Se a trajetória de Apófis na sua maior aproximação à Terra passar dentro de uma variação estreita de altitudes chamada "buraco da fechadura", a influência precisa da gravidade terrestre sobre sua órbita garantirá que sete anos mais tarde, em 2036, na sua próxima volta, o asteroide atinja diretamente a Terra, batendo no oceano Pacífico entre a Califórnia e o Havaí. O tsunami criado vai acabar com toda a costa oeste da América do Norte, enterrar o Havaí e devastar todas as massas de terra da orla do Pacífico. Se Apófis não acertar o buraco da fechadura em 2029, então, é claro, não teremos com o que nos preocupar em 2036.

Devemos construir mísseis de alta tecnologia, armazenados em silos em algum lugar, à espera de um chamado para defender a espécie humana? Precisaríamos primeiro daquele inventário detalhado das órbitas de todos os objetos que representam um risco para a vida na Terra. O número de pessoas no mundo envolvidas nessa pesquisa totaliza algumas dúzias. Até que ponto no futuro desejamos proteger a Terra? Se os humanos fossem algum dia extintos por uma colisão catastrófica, não haveria maior tragédia na história da vida no universo. Não porque nos faltasse a inteligência para nos proteger, mas porque nos teria faltado a presciência. A espécie dominante que nos substituir na Terra pós-apocalíptica talvez se pergunte, ao contemplar nossos montes de esqueletos em seus museus de história natural, por que o *Homo sapiens* de cabeça grande não teve melhor destino que os dinossauros com seus proverbiais cérebros de ervilha.

TRINTA

FINS DO MUNDO

Às vezes temos a impressão de que todo mundo está tentando nos avisar quando e como o mundo vai terminar. Alguns roteiros são mais familiares que outros. Entre os que são amplamente discutidos na mídia, estão: doença infecciosa galopante, guerra nuclear, colisões com asteroides ou cometas e deterioração ambiental. Embora diferentes uns dos outros, todos podem ocasionar o fim da espécie humana (e talvez de outras formas de vida seletas) sobre a Terra. Na verdade, clichês como "Salve a Terra" contêm o chamado implícito para salvar a vida sobre a Terra, e não o próprio planeta. O fato é que os humanos não podem matar a Terra. O nosso planeta continuará em órbita ao redor do Sol, junto a seus irmãos planetários, muito tempo depois que o *Homo sapiens* tiver sido extinto por qualquer razão.

Do que quase ninguém fala é dos roteiros de fim de mundo que realmente põem em risco nosso planeta temperado em sua órbita estável ao redor do Sol. Apresento esses prognósticos, não porque seja provável que os humanos vivam o suficiente para observá-los, mas porque as ferramentas da astrofísica me capacitam a calculá-los. Três que me vêm à mente são a morte do Sol, a iminente colisão entre a nossa Via Láctea e a galáxia de Andrômeda, e a morte do universo, a respeito dos quais a comunidade dos astrofísicos chegou recentemente a um consenso.

Os modelos computacionais da evolução estelar são semelhantes a tabelas atuariais. Indicam uma expectativa de vida saudável de 10 bilhões de anos para o nosso Sol. Numa idade estimada de 5 bilhões de anos, o Sol desfrutará outros 5 bilhões de anos de produção de energia relativamente estável. Depois disso, se ainda não tivermos pensado num modo de sair da Terra, estaremos por aqui quando o Sol esgotar seu suprimento de combustível. Nesse período, testemunharemos um episódio notável, mas mortal na vida de uma estrela.

O Sol deve sua estabilidade à fusão controlada de hidrogênio em hélio em seu núcleo de 15 milhões de graus. A gravidade que quer colapsar a estrela é mantida em equilíbrio pela pressão de gás para fora que a fusão sustenta. Embora mais de 90 por cento dos átomos do Sol sejam de hidrogênio, aqueles que importam residem no núcleo do Sol. Quando o núcleo esgotar seu hidrogênio, tudo o que restará ali será uma bola de átomos de hélio que requerem uma temperatura ainda mais elevada do que o hidrogênio para se fundir em elementos mais pesados. Com seu motor central temporariamente desligado, o Sol vai se desequilibrar. A gravidade vai vencer, as regiões internas da estrela vão entrar em colapso, e a temperatura central vai se elevar além de 100 milhões de graus, desencadeando a fusão do hélio em carbono.

Ao longo desse desenvolvimento, a luminosidade do Sol cresce astronomicamente, o que força suas camadas externas a se expandirem em proporções rotundas, engolfando as órbitas de Mercúrio e Vênus. Por fim, o Sol inchará a ponto de ocupar o céu inteiro, quando sua expansão então incluirá a órbita da Terra. A temperatura da superfície da Terra vai se elevar até igualar as camadas externas rarefeitas de 3.000 graus do Sol expandido. Nossos oceanos estarão em ebulição constante, enquanto se evaporam completamente no espaço interplanetário. Nesse meio-tempo, nossa atmosfera aquecida se evaporará, à medida que a Terra se transforma numa brasa rubra carbonizada orbitando bem dentro das camadas externas gasosas do Sol. Essas camadas vão impedir a órbita, forçando a Terra a seguir uma rápida espiral de morte em direção ao núcleo do Sol. Enquanto a Terra afunda, aproximando-se cada vez mais do centro, a temperatura do Sol em rápida ascensão simplesmente vaporiza todos os vestígios de nosso planeta. Pouco depois disso, o Sol cessará toda a fusão nuclear; perderá seu frágil invólucro gasoso que contém os átomos dispersos da Terra; e deixará a descoberto seu núcleo central morto.

Mas não se preocupe. Estaremos certamente extintos por alguma outra razão muito antes que esse roteiro se desenrole.

Não muito tempo depois de o Sol aterrorizar a Terra, a Via Láctea encontrará alguns problemas próprios. Entre as centenas de milhares de galáxias cuja velocidade relativa à Via Láctea tem sido medida com segurança, apenas algumas estão se movendo em nossa direção, enquanto todo o resto está se afastando a uma velocidade diretamente relacionada à sua distância de nós. Descoberta na década de 1920 por Edwin Hubble, em cuja homenagem o *Telescópio Espacial Hubble* foi nomeado, a recessão geral das galáxias é a assinatura observável de nosso universo em expansão. A Via Láctea e a galáxia de Andrômeda, de várias centenas de bilhões de estrelas, estão bastante próximas uma da outra, de modo que o universo em expansão tem um efeito insignificante sobre seus movimentos relativos. Acontece que Andrômeda e a Via Láctea estão se movendo uma em direção à outra a cerca de 100 quilômetros por segundo (um quarto de milhão de milhas [400.000 quilômetros] por hora). Se nosso movimento para o lado (desconhecido) é pequeno, então nesse ritmo a distância de 2,4 milhões de anos-luz que nos separa vai diminuir para zero em cerca de 7 bilhões de anos.

O espaço interestelar é tão vasto e vazio que não há necessidade de se preocupar com a possibilidade de as estrelas na galáxia de Andrômeda baterem acidentalmente no Sol. Durante o encontro galáxia-galáxia, que seria uma imagem espetacular vista de uma distância segura, é provável que as estrelas passem umas pelas outras. Mas o evento não estaria livre de preocupações. Algumas das estrelas de Andrômeda poderiam rodar bastante perto de nosso sistema solar para influenciar a órbita dos planetas e das centenas de bilhões de cometas residentes no sistema solar exterior. Por exemplo, sobrevoos estelares próximos podem desestabilizar a aliança gravitacional. Simulações de computador mostram comumente que os planetas ou são roubados pelo intruso numa "pilhagem de sobrevoo" ou se tornam desligados e são lançados no espaço interplanetário.

Lá na Seção 4, lembram como Cachinhos de Ouro foi exigente com o mingau das outras pessoas? Se a Terra acabar sendo roubada pela gravidade de outra estrela, não há garantia de que nossa recém-encontrada órbita esteja na distância correta para sustentar água líquida na superfície terrestre – uma condição geralmente aceita como um pré-requisito para sustentar a vida como a conhecemos. Se a Terra orbitar demasiado perto dela, seu suprimento de água se evaporará, e se a Terra orbitar demasiado longe, seu suprimento de água congelará e se tornará sólido.

Se, por algum milagre da futura tecnologia, os habitantes da Terra conseguirem prolongar a vida do Sol, então esses esforços se tornarão irrelevantes quando a Terra for lançada nas profundezas frias do espaço. A ausência de uma fonte de energia próxima permitirá que a temperatura da superfície da Terra caia rapidamente a centenas de graus abaixo de zero Fahrenheit (-18 Celsius). Nossa estimada atmosfera de nitrogênio, oxigênio e outros gases primeiro se liquefaria e depois cairia na superfície e congelaria, cobrindo a Terra como glacê sobre um bolo esférico. Nós morreríamos congelados antes de termos uma chance de morrer de fome. A última vida sobrevivente sobre a Terra seria a daqueles organismos privilegiados que tivessem evoluído para não contar com a energia do Sol, mas com (o que então serão) fontes geotérmicas e geoquímicas fracas, muito abaixo da superfície, nas rachaduras e fissuras da crosta da Terra. No momento, os humanos não estão entre eles.

Um modo de escapar desse destino é acionar as dobras espaciais e, como um caranguejo ermitão e as conchas dos caracóis, encontrar outro planeta em algum outro lugar na galáxia para chamar de lar.

Com ou sem dobras espaciais, o destino de longo prazo do cosmos não pode ser adiado nem evitado. Não importa onde nos escondamos, vamos ser parte de um universo que marcha inexoravelmente para um oblívio peculiar. As melhores e mais recentes evidências existentes sobre a densidade espacial da matéria e energia, bem como a taxa de expansão do universo, indicam que estamos numa viagem sem volta: a gravidade coletiva de tudo no universo é insuficiente para deter e inverter a expansão cósmica.

A descrição mais bem-sucedida do universo e de sua origem combina o *big bang* com nossa compreensão moderna da gravidade, derivada da teoria da relatividade geral de Einstein. Como veremos na Seção 7, o próprio universo primitivo era um redemoinho de matéria misturada com energia a 1 trilhão de graus. Durante a expansão de 14 bilhões de anos que se seguiu, a temperatura de fundo do universo caiu a meros 2,7 graus na escala de temperatura absoluta (Kelvin). E, como o universo continua a se expandir, essa temperatura vai continuar a se aproximar do zero.

Uma temperatura de fundo assim baixa não nos afeta diretamente na Terra porque nosso Sol nos concede (normalmente) uma vida confortável. Mas, como cada geração de estrelas nasce de nuvens de gás interestelar, resta cada vez menos gás para compreender a próxima geração de estrelas. Esse precioso suprimento de gás vai acabar se esgotando, como já aconteceu em quase metade das galáxias do universo. A pequena fração de estrelas com a massa mais alta vai entrar inteiramente em colapso, para nunca mais ser vista. Algumas estrelas acabam a vida espalhando suas entranhas através da galáxia numa explosão de supernova. Esse gás devolvido ao espaço pode então ser empregado para a próxima geração. Mas a maioria das estrelas – inclusive o Sol – acaba exaurindo o combustível em seus núcleos e, depois da fase de gigante rotundo, entra em colapso para formar um orbe compacto de matéria que irradia seu fraco calor remanescente para o universo frígido.

A lista curta de cadáveres talvez soe familiar: buracos negros, estrelas de nêutrons (pulsares) e anãs brancas são uma ponta morta na árvore evolutiva das estrelas. Mas o que elas têm em comum é uma ligação eterna com o material de construção cósmica. Em outras palavras, se algumas estrelas se extinguem e não se formam novas para substituí-las, o universo vai acabar sem estrelas vivas.

E que dizer da Terra? Dependemos do Sol para receber uma infusão diária de energia que sustenta a vida. Se o Sol e a energia de todas as estrelas fossem cortados de nós, os processos mecânicos e químicos (inclusive a vida) em cima e dentro da Terra "perderiam força aos poucos". Por fim, a energia de todo movimento se perde na fricção e o sistema atinge uma única temperatura uniforme. A Terra, situada abaixo dos céus sem estrelas, permanecerá nua na presença do fundo congelado do universo em expansão. A temperatura sobre a Terra cairá, assim como uma torta de maçã esfria sobre o peitoril da janela. Mas a Terra não está sozinha nesse destino. Trilhões de anos futuro adentro, quando todas as estrelas tiverem desaparecido, e todo processo em cada recanto e greta do universo em expansão tiver perdido a força, todas as partes do cosmos esfriarão para a mesma temperatura do fundo sempre mais frio. Nesses tempos, a viagem espacial já não providenciará refúgio, porque até o inferno terá congelado por inteiro.

Poderemos então declarar que o universo morreu – não com um estrondo, mas com um gemido.

TRINTA E UM

MÁQUINAS GALÁCTICAS

As galáxias são objetos fenomenais sob todos os aspectos. São a organização fundamental da matéria visível no universo. O universo contém até 100 bilhões delas. Cada uma encerra comumente centenas de bilhões de estrelas. Elas podem ser espirais, elípticas ou irregulares quanto à forma. A maioria é fotogênica. A maioria voa sozinha no espaço, enquanto outras orbitam em pares gravitacionalmente ligados, grupos de família, aglomerados e superaglomerados.

A diversidade morfológica das galáxias tem inspirado todos os tipos de esquemas de classificação que fornecem um vocabulário para as conversas dos astrofísicos. Uma variedade, a galáxia "ativa", emite uma quantidade inusitada de energia numa ou em mais faixas da luz proveniente do centro da galáxia. O centro é onde se encontrará um motor galáctico. O centro é onde se encontrará um buraco negro supermassivo.

O zoo das galáxias ativas parece um manifesto para um *pot-pourri* de carnaval: galáxias Starburst, galáxias BL Lacertae, galáxias Seyfert (tipos I e II), blazares, galáxias N, LINERS, galáxias infravermelhas, radiogaláxias e, claro, a realeza das galáxias ativas – os quasares. As luminosidades extraordinárias dessas galáxias de elite derivam de uma misteriosa atividade dentro de uma pequena região enterrada bem no fundo de seu núcleo.

Os quasares, descobertos no início da década de 1960, são as mais exóticas de todas as galáxias. Alguns são mil vezes mais luminosos que a nossa galáxia da Via Láctea, mas sua energia provém de uma região que caberia confortavelmente dentro das órbitas planetárias de nosso sistema solar. Curiosamente, não há nenhum quasar por perto. O mais próximo está a uma distância de cerca de 1,5 bilhão de anos-luz – sua luz viaja 1,5 bilhão de anos-luz para chegar até nós. E a maioria dos quasares provém de regiões além de 10 bilhões de anos-luz. Caracterizados pelo pequeno tamanho e pela extrema distância, nas fotografias mal se pode distingui-los das imagens puntiformes deixadas por estrelas locais em nossa própria Via Láctea, o que torna os telescópios de luz visível completamente inúteis como ferramentas de descoberta. Os primeiros quasares foram de fato descobertos com o emprego de radiotelescópios. Como as estrelas não emitem quantidades copiosas de ondas de rádio, esses objetos com luminosidade na faixa de rádio do espectro eram uma nova classe de alguma outra coisa, mascarada como estrela. Na tradição de "vamos chamá-los assim como os vemos" vigente entre os astrofísicos, esses objetos receberam o nome de fontes de rádio quase estelares, ou, mais afetuosamente, "quasares".

Que tipo de bicho era esse?

Nossa capacidade de descrever e compreender um novo fenômeno é sempre limitada pelos conteúdos da caixa de ferramentas científica e tecnológica predominante. Largada, por pouco tempo e sem o saber, em pleno século XX, uma pessoa do século XVIII retornaria e descreveria um carro como uma carruagem puxada por cavalos sem o cavalo, e uma lâmpada como uma vela sem a chama. Sem nenhum conhecimento sobre os motores de combustão interna ou a eletricidade, uma verdadeira compreensão seria realmente remota. Com essa ressalva, permitam-me declarar que achamos ter compreendido os princípios básicos do que impulsiona um quasar. No que veio a ser chamado "modelo-padrão", os buracos negros têm sido implicados como o motor dos quasares e de todas as galáxias ativas. Dentro da fronteira de espaço e tempo de um buraco negro – seu horizonte de eventos – a concentração de matéria é tão grande que a velocidade necessária para escapar excede a velocidade da luz. Como a velocidade da luz é um limite universal, quando você cai dentro de um buraco negro, cai ali para sempre, ainda que seja feito de luz.

Como é que algo que não emite luz, você poderia perguntar, pode fornecer energia a algo que emite mais luz que qualquer outra coisa no universo? No final da década de 1960 e na década de 1970, os astrofísicos não levaram muito tempo para descobrir que as propriedades exóticas dos buracos negros trouxeram notáveis contribuições à caixa de ferramentas dos teóricos. Segundo algumas leis bem conhecidas da física gravitacional, quando a matéria gasosa se dirige a um buraco negro, a matéria deve esquentar e irradiar profusamente antes de descer através do horizonte de eventos. A energia provém da conversão eficiente da energia potencial da gravidade em calor.

Embora não seja uma noção doméstica, todos vimos em algum momento de nossas vidas terrestres a energia potencial gravitacional ser convertida. Se você já deixou cair um prato no chão e o quebrou, ou se já empurrou para fora da janela alguma coisa que se espalhou no chão lá embaixo, então compreende a força da energia potencial gravitacional. Trata-se simplesmente de uma energia inexplorada, conferida pela distância entre um objeto e onde quer que ele pudesse bater se caísse. Quando os objetos caem, normalmente ganham velocidade. Mas, se alguma coisa interrompe a queda, toda a energia que o objeto tinha ganhado se converte no tipo de energia que quebra ou espalha as coisas. Nisso reside a verdadeira razão de ser mais provável que você morra se pular de um edifício alto que de um prédio baixo.

Se algo impede o objeto de ganhar velocidade, embora ele continue a cair, então a energia potencial convertida se revela de alguma outra maneira – em geral na forma de calor. Bons exemplos incluem veículos espaciais e meteoros, quando eles esquentam ao descer através da atmosfera da Terra: eles querem acelerar, mas a resistência do ar não deixa. Num já famoso experimento, James Joule, físico inglês do século XIX, criou um dispositivo que agitava uma jarra de água com pás que giravam pela ação de pesos em queda. A energia potencial dos pesos era transferida para a água e elevava com êxito sua temperatura. Joule descreve seu trabalho:

> A pá se movia com grande resistência na lata de água, de modo que os pesos (cada um de 1,81 quilo) desciam no ritmo lento de aproximadamente 30 centímetros por segundo. A altura das roldanas a partir do chão era de 12 metros, e, consequentemente, quando completavam o percurso dessa distância, os pesos precisavam ser enrolados de novo para renovar o movimento da pá. Depois de repetida essa operação por dezesseis vezes, o aumento da temperatura da água foi verificado por meio de um termômetro muito sensível e acurado [...] Posso concluir, portanto, que a existência de uma relação equivalente entre o calor e as formas comuns de energia mecânica está provada [...] Se minhas ideias estiverem corretas, a temperatura do rio Niágara será elevada aproximadamente um quinto de um grau pela sua queda de 48 metros. (Shamos 1959, p. 170)

O experimento teórico de Joule se refere, claro, às grandes cataratas do Niágara. Mas se ele tivesse tomado conhecimento dos buracos negros teria dito: "Se minhas ideias estiverem corretas, a temperatura do gás direcionado para um buraco negro será elevada 1 milhão de graus pela sua queda de 1,6 bilhão de quilômetros".

Como se poderia suspeitar, os buracos negros têm um apetite prodigioso por estrelas que perambulam perto demais deles. Um paradoxo das máquinas galácticas é que seus buracos negros devem comer para irradiar. O segredo de alimentar a máquina galáctica está na capacidade de um buraco negro destroçar as estrelas cruel e alegremente antes de elas cruzarem o horizonte de eventos. As forças de maré da gravidade num buraco negro elongam as estrelas que, do contrário, seriam esféricas mais ou menos como as forças de maré da Lua elongam os oceanos da Terra para criar marés oceânicas altas e baixas. O gás que antes fazia parte de estrelas, (e possivelmente de nuvens de gás comuns) não consegue simplesmente ganhar velocidade e cai lá dentro; o gás de estrelas anteriormente estraçalhadas impede a queda livre desenfreada pelo buraco. O resultado? A energia potencial gravitacional de uma estrela é convertida em níveis prodigiosos de calor e radiação. E, quanto mais elevada a gravidade do alvo, mais energia potencial gravitacional é disponibilizada para ser convertida.

Diante da proliferação de palavras para descrever galáxias bizarras, o falecido Gerard de Vaucouleurs (m. 1983), um consumado morfólogo, foi rápido em lembrar à comunidade astronômica que um carro que foi destruído não se torna de repente um tipo diferente de carro. Essa filosofia dos destroços de carro tem conduzido a um modelo-padrão de galáxias ativas que unifica em grande parte o zoo. O modelo é dotado de partes bastante ajustáveis para explicar a maioria das características básicas observadas. Por exemplo, o gás direcionado forma frequentemente um disco rotante opaco antes de descer através do horizonte de eventos. Se o fluxo de radiação para fora não conseguir penetrar o disco de gás acrescido, a radiação vai escapar da área acima e abaixo do disco para criar jatos titânicos de matéria e energia. As propriedades observadas da galáxia serão diferentes se o jato da galáxia estiver apontando na sua direção ou de lado para você – ou se o material ejetado se mover lentamente ou a velocidades próximas da velocidade da luz. A espessura e a composição química do disco também influenciarão sua aparência, bem como o ritmo em que as estrelas são consumidas.

Alimentar um quasar saudável requer que seu buraco negro devore até dez estrelas por ano. Outras galáxias menos ativas de nosso carnaval estraçalham bem menos estrelas por ano. Para muitos quasares, sua luminosidade varia em escalas de tempo de dias e até horas. Permita-me impressionar você mostrando como isso é extraordinário. Se a parte ativa de um quasar fosse do tamanho da nossa Via Láctea (100 mil anos-luz de diâmetro), e se ela decidisse se iluminar por inteiro ao mesmo tempo, você tomaria conhecimento disso primeiro a partir do lado da galáxia mais próximo de você, e depois, 100 mil anos mais tarde, a última parte da luz da galáxia o alcançaria. Em outras palavras, você levaria 100 mil anos para observar a iluminação do quasar por inteiro. Para um quasar se iluminar dentro de horas significa que as dimensões do motor não podem ser maiores que uma extensão de horas-luz. Quão grande é isso? Mais ou menos o tamanho do sistema solar.

Com uma análise cuidadosa das flutuações da luz em todas as bandas, uma estrutura tridimensional grosseira, mas informativa, pode ser deduzida para o material circundante. Por exemplo, a luminosidade em raios X talvez varie numa escala de tempo de horas, mas a luz vermelha talvez varie em semanas. A comparação permite concluir que a parte emissora de luz vermelha da galáxia ativa é muito maior que a parte emissora de raios X. Esse exercício pode ser invocado em relação a muitas bandas de luz para deduzir um quadro extraordinariamente completo do sistema.

Se a maior parte dessa ação ocorre durante o universo primitivo em quasares distantes, por que não ocorre mais? Por que não há quasares locais? Quasares mortos estão escondidos embaixo de nosso nariz?

Existem boas explicações. A mais óbvia é que o núcleo das galáxias locais já não tem estrelas para abastecer o motor, tendo eliminado todas as estrelas cujas órbitas chegaram perto demais do buraco negro. Sem comida, nada de regurgitações prodigiosas.

Um mecanismo mais interessante de eliminação vem do que acontece com as forças de maré, quando a massa do buraco negro (e o horizonte de eventos) cresce e cresce. Como veremos mais tarde nesta seção, as forças de maré não têm nada a ver com a gravidade total sentida por um objeto – o que importa é a diferença na gravidade ao longo de toda a sua extensão, que aumenta drasticamente quando se chega perto do centro de um objeto. Assim, buracos negros grandes de alta massa exercem realmente forças de maré mais baixas do que os buracos negros menores de baixa massa. Sem mistério. A gravidade do Sol sobre a Terra eclipsa a da Lua sobre a Terra, mas a proximidade da Lua torna-a capaz de exercer forças de maré consideravelmente mais altas por causa de sua localização, a uma distância de meros 386.242 quilômetros.

É possível, portanto, que um buraco negro devore tanto que seu horizonte de eventos se torne tão grande que suas forças de maré já não sejam suficientes para estraçalhar uma estrela. Quando isso acontece, toda a energia potencial gravitacional da estrela se converte em velocidade da estrela, e esta é devorada inteira enquanto mergulha além do horizonte de eventos. Nada de conversão em calor e radiação. Essa válvula de fechamento é acionada para um buraco negro com cerca de 1 bilhão de vezes a massa do Sol.

Essas são ideias poderosas que oferecem realmente um rico sortimento de ferramentas explicativas. O quadro unificado prediz que os quasares e outras galáxias ativas são apenas os primeiros capítulos na vida do núcleo de uma galáxia. Para que isso seja verdade, imagens de quasares obtidas com exposição especial devem revelar a penugem circundante de uma galáxia anfitriã. O desafio observacional é semelhante ao enfrentado pelos caçadores do sistema solar que tentam detectar planetas escondidos no clarão de sua estrela anfitriã. O quasar é tão mais brilhante que a galáxia circundante que técnicas de mascaramento especiais devem ser usadas para detectar qualquer outra coisa que não o próprio quasar. Sem dúvida, quase todas as imagens de alta resolução de quasares revelam a penugem da galáxia circundante. As várias exceções de quasares sem mantos continuam a desconcertar as expectativas do modelo-padrão. Ou será que as galáxias anfitriãs caem simplesmente abaixo dos limites de detecção?

O quadro unificado também prediz que os quasares acabariam se eliminando. Na realidade, é o que o quadro unificado deve predizer, porque a ausência de quasares próximos assim o exige. Mas isso também significa que os buracos negros nos núcleos galácticos devem ser comuns, quer a galáxia tenha um núcleo ativo, quer não. Na verdade, a lista de galáxias próximas que contêm buracos negros supermassivos latentes em seus núcleos está se tornando mais longa a cada mês e inclui a Via Láctea. Sua existência é denunciada por meio das velocidades astronômicas que as estrelas alcançam ao orbitarem perto (mas não perto demais) do próprio buraco negro.

Modelos científicos férteis são sempre sedutores, mas devemos perguntar de vez em quando se o modelo é fértil porque capta algumas verdades profundas sobre o universo, ou porque foi construído com tantas variáveis ajustáveis que, afinal, se pode explicar qualquer coisa. Temos sido bastante inteligentes, ou falta-nos uma ferramenta que será inventada ou descoberta amanhã? O físico inglês Dennis Sciama sabia desse dilema, quando observou:

> Uma vez que achamos difícil fazer um modelo adequado de um certo tipo, a Natureza deve achá-lo igualmente difícil. Esse argumento não leva em consideração a possibilidade de que a Natureza talvez seja mais inteligente do que nós somos. Até deixa de levar em conta a possibilidade de que talvez sejamos mais inteligentes amanhã do que somos hoje. (1971, p. 80)

TRINTA E DOIS

MATAR TODOS

Desde que as pessoas descobriram os ossos de dinossauros extintos, os cientistas têm apresentado um sem-fim de explicações para o desaparecimento dos infelizes animais. Talvez um clima tórrido tenha secado as fontes de água existentes, dizem alguns. Talvez os vulcões tenham coberto a terra de lava e envenenado o ar. Talvez a inclinação da órbita e do eixo da Terra tenham causado uma implacável era do gelo. Talvez um número demasiado de mamíferos primitivos tenha jantado um número demasiado de ovos de dinossauro. Ou talvez os dinossauros carnívoros tenham devorado todos os vegetarianos. Talvez a necessidade de encontrar água tenha provocado migrações maciças que rapidamente disseminaram doenças. Talvez o problema real tenha sido uma reconfiguração de massas de terra, causada pelas placas tectônicas.

Todas essas crises têm uma coisa em comum: os cientistas que as apresentaram foram bem treinados na arte de olhar para baixo.

Outros cientistas, entretanto, treinados na arte de olhar para cima, começaram a fazer conexões entre as características da superfície da Terra e as visitas de vagabundos do espaço. Talvez impactos de meteoros tenham gerado algumas dessas características, como a cratera Barringer, essa famosa depressão em forma de tigela de 1,5 quilômetro de largura no deserto do Arizona. Na década de 1950, o geólogo americano Eugene M. Shoemaker e seus parceiros descobriram uma espécie de rocha que só se forma sob uma pressão extremamente alta, mas de vida curta – exatamente o que um meteoro veloz produziria. Os geólogos finalmente concordaram em que um impacto causou a tigela (agora sensatamente chamada cratera do Meteoro), e a descoberta de Shoemaker ressuscitou o conceito de catastrofismo do século XIX – a ideia de que mudanças na casca de nosso planeta possam ser causadas por eventos breves, potentes e destrutivos.

Uma vez abertos os portões da especulação, as pessoas começaram a se perguntar se os dinossauros poderiam ter desaparecido nas mãos de um ataque semelhante, porém maior. Apresento-lhes o irídio: um metal raro sobre a Terra, mas comum em meteoritos metálicos, e mais ainda na camada de argila de 65 milhões de anos que aparece em dezenas de sítios ao redor do mundo. Essa argila, que data mais ou menos da mesma época em que os dinossauros morreram, marca a cena do crime: o fim do Cretáceo. Agora apresento-lhes a cratera de Chicxulub, uma depressão com 200 quilômetros de largura na beira da península de Yucatán, do México. Ela tem igualmente cerca de 65 milhões de anos. Simulações computacionais de mudança climática deixam claro que qualquer impacto capaz de abrir uma cratera dessas lançaria na estratosfera tanto material da crosta terrestre que se seguiria uma catástrofe climática global. Quem precisaria de mais alguma coisa? Temos o perpetrador, a evidência e uma confissão.

Caso encerrado.

Será?

A pesquisa científica não deveria parar só porque aparentemente foi encontrada uma explicação razoável. Alguns paleontólogos e geólogos continuam céticos quanto a atribuir a Chicxulub a parte do leão – ou até uma cota substancial – da responsabilidade pelo desaparecimento dos dinossauros. Alguns acham que Chicxulub talvez tenha ocorrido significativamente antes da extinção. Além disso, a Terra era vulcanicamente ativa por volta dessa época. E mais, outras ondas de extinção varreram a Terra sem deixar crateras e metais cósmicos raros como cartões de visita. E nem todas as coisas ruins que chegam do espaço deixam uma cratera. Algumas explodem no meio do ar e nunca chegam à superfície da Terra.

Assim, além de impactos, o que mais um cosmos inquieto poderia ter reservado para nós? O que mais o universo poderia enviar ao nosso encontro que pudesse desfazer os padrões de vida sobre a Terra?

Vários episódios extensos de extinção em massa pontuaram o último meio bilhão de anos sobre a Terra. Os maiores são o do Ordoviciano, cerca de 440 milhões de anos atrás; o do Devoniano, há cerca de 370 milhões; o do Permiano, há cerca de 250 milhões; o do Triássico, há cerca de 210 milhões; e, claro, o do Cretáceo, há cerca de 65 milhões. Episódios de extinção menores também ocorreram em escalas de tempo de dezenas de milhões de anos.

Alguns investigadores apontaram que, em média, um episódio digno de nota ocorre a cada 25 milhões de anos mais ou menos. As pessoas que passam a maior parte de seu tempo olhando para o alto se sentem à vontade com fenômenos que se repetem a longos intervalos, e assim os astrofísicos decidiram que era a nossa vez de nomear alguns assassinos.

Vamos dar ao Sol uma estrela companheira vaga e distante, disseram alguns dos que olhavam para o alto na década de 1980. Vamos declarar que seu período orbital compreende cerca de 25 milhões de anos e que sua órbita é extremamente elongada, de modo que ela passa a maior parte de seu tempo longe demais da Terra para ser detectada. Essa companheira desconcertaria o distante reservatório de cometas do Sol sempre que passasse pela sua vizinhança. Legiões de cometas se soltariam de suas órbitas majestosas no sistema solar exterior, e a taxa de impactos na superfície da Terra aumentaria enormemente.

Nisso estava a gênese de Nêmesis, o nome dado a essa hipotética estrela assassina. Análises subsequentes dos episódios de extinção têm convencido a maioria dos especialistas de que o tempo médio entre as catástrofes varia demais para que signifiquem algo verdadeiramente periódico. Mas por alguns anos a ideia esteve entre as grandes manchetes.

A periodicidade não foi a única ideia intrigante sobre a morte vinda do espaço exterior. As pandemias também foram cogitadas. O falecido astrofísico inglês Sir Fred Hoyle e seu colaborador de muito tempo Chandra Wickramasinghe, agora na Universidade de Cardiff, no País de Gales, refletia se a Terra não poderia passar ocasionalmente através de uma nuvem interestelar carregada de microrganismos ou estar na ponta coletora de poeira similarmente recheada de um cometa passante. Tal contato poderia dar origem a uma doença de rápida disseminação, sugeriam. Pior ainda, algumas das nuvens gigantescas ou rastros de poeira poderiam ser verdadeiros assassinos – carregando vírus com o poder de infectar e destruir uma ampla gama de espécies. Entre os muitos desafios para fazer essa ideia funcionar, ninguém sabe como uma nuvem interestelar poderia fabricar e carregar algo tão complexo quanto um vírus.

Quer mais? Os astrofísicos têm imaginado um quase infindável espectro de terríveis catástrofes. No momento, por exemplo, a galáxia da Via Láctea e a galáxia de Andrômeda, uma quase gêmea nossa a 2,4 milhões de anos-luz mais além, estão caindo uma em direção à outra. Como discutido antes, em aproximadamente 7 bilhões de anos elas podem colidir, causando o equivalente cósmico de um desastre caótico. As nuvens de gás bateriam uma na outra; as estrelas seriam lançadas para aqui e acolá. Se outra estrela passasse bastante perto para desconcertar nossa ligação gravitacional com o Sol, nosso planeta poderia ser jogado para fora do sistema solar, deixando-nos sem lar na escuridão.

Isso seria ruim.

Dois bilhões de anos antes de isso acontecer, entretanto, o próprio Sol vai inchar e morrer de causas naturais, engolfando os planetas interiores – inclusive a Terra – e vaporizando todos os seus conteúdos materiais.

Isso seria pior.

E, se um buraco negro intruso chegar perto demais de nós, ele jantará o planeta inteiro, primeiro esfacelando a Terra sólida numa pilha de entulho em virtude de suas incontroláveis forças de maré. Os restos seriam então expelidos através do tecido do espaço-tempo, descendo como uma longa corda de átomos pelo horizonte de eventos do buraco negro, até sua singularidade.

Mas o registro geológico da Terra jamais menciona contatos imediatos remotos com um buraco negro – nada de esfacelamento, nada de voracidade. E visto que esperamos um número mínimo de buracos negros na vizinhança, eu diria que temos questões mais prementes de sobrevivência diante de nós.

E que tal ser fritado por ondas de radiação eletromagnética de alta energia e por partículas vomitadas no espaço pela explosão de uma estrela?

A maioria das estrelas tem morte pacífica, soltando gentilmente seus gases exteriores no espaço interestelar. Mas uma em mil – a estrela cuja massa é maior que umas sete ou oito vezes a do Sol – morre numa explosão violenta e deslumbrante chamada supernova. Se nos encontrássemos dentro de 30 anos-luz de distância de uma dessas supernovas, uma dose letal de raios cósmicos – partículas de alta energia que disparam através do espaço quase à velocidade da luz – viria em nossa direção.

As primeiras baixas seriam as moléculas de ozônio. O ozônio estratosférico (O_3) absorve normalmente a radiação ultravioleta prejudicial do Sol. Ao fazê-lo, a radiação divide a molécula de ozônio em oxigênio (O) e oxigênio molecular (O_2). Os átomos de oxigênio recém-liberados podem então juntar forças com outras moléculas de oxigênio, produzindo o ozônio mais uma vez. Num dia normal, os raios ultravioleta solares destroem o ozônio da Terra à mesma taxa com que o ozônio é reabastecido. Mas um esmagador ataque de alta energia contra nossa estratosfera destruiria o ozônio com demasiada rapidez, deixando todo mundo com necessidade desesperada de filtro solar.

Quando a primeira onda de radiação de alta energia eliminasse nosso ozônio defensivo, o ultravioleta do Sol navegaria sem empecilho até a superfície da Terra, dividindo as moléculas de oxigênio e de nitrogênio em seu percurso. Para os pássaros, os mamíferos e outros residentes da superfície e do espaço aéreo da Terra, isso seria realmente uma notícia desagradável. Átomos de oxigênio livres e átomos de nitrogênio livres logo se combinariam. Um produto seria o dióxido de nitrogênio, um componente da neblina com fumaça que escureceria a atmosfera e faria a temperatura cair vertiginosamente. Uma nova era glacial poderia se iniciar, mesmo com os raios ultravioleta esterilizando lentamente a superfície da Terra.

Mas o ultravioleta disparado em todas as direções por uma supernova é apenas uma picada de mosquito quando comparado aos raios gama desprendidos de uma hipernova.

Ao menos uma vez por dia, uma breve explosão de raios gama – a mais elevada radiação de alta energia – desencadeia a energia de mil supernovas em algum lugar no cosmos. As explosões de raios gama foram descobertas por acaso na década de 1960 pelos satélites da Força Aérea dos Estados Unidos lançados para detectar a radiação de quaisquer testes clandestinos de armas nucleares que a União Soviética pudesse ter realizado em violação ao tratado de proibição parcial de testes nucleares de 1963. Mas o que os satélites encontraram foram sinais do próprio universo.

A princípio ninguém sabia o que eram as explosões ou a que distância ocorriam. Em vez de se aglomerarem ao longo do plano do disco principal de estrelas e gases da Via Láctea, elas vinham de todas as direções no céu – em outras palavras, do cosmos inteiro. Mas sem dúvida tinham de estar acontecendo por perto, ao menos a uma distância de aproximadamente um diâmetro galáctico de nós. Caso contrário, como seria possível explicar toda a energia registrada aqui na Terra?

Em 1997, uma observação feita por um telescópio de raios X italiano em órbita decidiu a questão: as explosões de raios gama são eventos extragalácticos extremamente distantes, assinalando talvez a explosão de uma única estrela supermassiva e o nascimento concomitante de um buraco negro. O telescópio tinha captado o "brilho posterior" de uma já famosa explosão, a GRB 970228. Mas os raios X estavam "desviados para o vermelho". Acontece que essa característica proveitosa da luz e o universo em expansão tornam os astrofísicos capazes de determinar a distância com bastante precisão. O brilho posterior de GRB 970228, que chegou à Terra em 28 de fevereiro de 1997, estava claramente vindo lá da metade do universo, a uma distância de bilhões de anos-luz. No ano seguinte, Bohdan Paczynski, um astrofísico de Princeton, cunhou o termo "hipernova" para descrever a fonte dessas explosões. Pessoalmente, eu teria votado por "supernova maravilhosa".

Uma hipernova é uma supernova em 100 mil que produz uma explosão de raios gama, gerando em questão de momentos a mesma quantidade de energia que nosso Sol emitiria se brilhasse com seu rendimento atual por 1 trilhão de anos. Excluindo a influência de alguma lei da física inédita, a única maneira de alcançar a energia medida é emitir o rendimento total da explosão num raio estreito – assim como toda a luz da lâmpada de uma lanterna é canalizada pelo espelho parabólico da lanterna num único raio forte que aponta para a frente. Bombeie a energia de uma supernova através de um raio estreito, e qualquer coisa no caminho do raio receberá o impacto total da energia explosiva. Enquanto isso, quem não cair no caminho do raio permanece esquecido. Quanto mais estreito o raio, mais intenso o fluxo de sua energia e menor o número de ocupantes cósmicos que o verão.

O que dá origem a essas emissões de raios gama semelhantes aos raios *laser*? Considerem a estrela supermassiva original. Pouco antes de sua morte por falta de combustível, a estrela se desfaz de suas camadas exteriores. Fica revestida de uma vasta concha enevoada, possivelmente aumentada por bolsões de gás remanescentes da nuvem que originalmente a gerou. Quando por fim colapsa e explode, a estrela libera quantidades estupendas de matéria e quantidades prodigiosas de energia. O primeiro ataque de matéria e energia perfura pontos fracos na concha de gás, possibilitando que matéria e energia sucessivas sejam canalizadas através desses pontos. Os modelos computacionais desse roteiro complicado denotam que os pontos fracos estão tipicamente logo acima dos polos Norte e Sul da estrela original. Quando vistos de uma posição além da concha, dois raios potentes viajam em direções opostas, rumo a todos os detectores de raios gama (os detectores do tratado de proibição de testes nucleares, ou outros) que estiverem por acaso no seu caminho.

Adrian Melott, astrônomo da Universidade de Kansas, e uma equipe interdisciplinar de colegas asseveram que a extinção ordoviciana pode ter sido causada por um encontro *tête-à-tête* com uma explosão de raios gama próxima. Um quarto das famílias de organismos da Terra pereceu naquele período. E ninguém apresentou evidências de um impacto de meteoro contemporâneo desse evento.

Quando você é um martelo (assim diz o ditado), todos os seus problemas parecem pregos. Se você for um especialista em meteoritos refletindo sobre a repentina extinção de montes de espécies, vai querer dizer que ela foi causada por um impacto. Se for um petrólogo ígneo, então a ação foi dos vulcões. Se estiver na área das nuvens com partículas biológicas que se movem pelo espaço, então foi um vírus interestelar. Se for um conhecedor de hipernovas, foram os raios gama.

Independentemente de quem tenha razão, uma coisa é certa: ramos inteiros da árvore da vida podem ser extintos quase instantaneamente.

Quem sobrevive a esses ataques? Ajuda se for pequeno e humilde. Os microrganismos tendem a se dar bem em face da adversidade. Mais importante, ajuda se você viver onde o Sol não brilha – no fundo do oceano, nas fendas de rochas enterradas, nos barros e solos de campos e florestas. A vasta biomassa subterrânea sobrevive. É ela que herda a Terra uma, duas, três, repetidas vezes.

TRINTA E TRÊS

MORTE PELO BURACO NEGRO

Sem dúvida, a maneira mais espetacular de morrer no espaço é cair dentro de um buraco negro. Onde mais no universo alguém pode perder a vida sendo despedaçado átomo por átomo?

Os buracos negros são regiões do espaço em que a gravidade é tão elevada que o tecido do espaço e tempo se dobra sobre si mesmo, levando junto as portas de saída. Outra maneira de olhar para o dilema: a velocidade requerida para escapar de um buraco negro é maior que a velocidade da própria luz. Como vimos na Seção 3, a luz viaja exatamente a 299.792.458 metros por segundo num vácuo e constitui o que de mais veloz existe no universo. Se a luz não pode escapar, então você também não escapa, razão pela qual, é claro, chamamos essas coisas de buracos negros.

Todos os objetos têm velocidades de escape. A velocidade de escape da Terra são meros 11 quilômetros por segundo, por isso a luz escapa facilmente, como faria qualquer coisa lançada com velocidade maior que 11 quilômetros por segundo. Por favor, avisem a todas essas pessoas que gostam de proclamar que "Tudo o que sobe tem que descer!" que elas estão mal informadas.

A teoria da relatividade geral de Albert Einstein, publicada em 1916, propicia o *insight* para compreender a estrutura bizarra do espaço e tempo num ambiente de alta gravidade. Pesquisas posteriores, feitas pelo físico americano John A. Wheeler e outros, ajudaram a formular um vocabulário e as ferramentas matemáticas para descrever e predizer o que um buraco negro causará a seus arredores. Por exemplo, a fronteira exata entre o ponto de onde a luz pode e não pode escapar, que também separa o que está no universo e o que está para sempre perdido no buraco negro, é poeticamente conhecida como "horizonte de eventos". E, por convenção, o tamanho de um buraco negro é o tamanho de seu horizonte de eventos, uma quantidade simples de calcular e medir. Enquanto isso, o material dentro do horizonte de eventos colapsa até um ponto infinitesimal no centro do buraco negro. Assim os buracos negros são menos objetos mortais que regiões mortais do espaço.

Vamos explorar em detalhes o que os buracos negros fazem a um corpo humano que, ao errar pelo espaço, passasse um pouco perto demais deles.

Se você tropeçasse num buraco negro e se visse caindo com os pés primeiro em direção ao seu centro, a força de gravidade do buraco negro cresceria astronomicamente quando chegasse mais perto. É curioso que você não sentiria essa força, porque, como qualquer coisa em queda livre, você estaria sem peso. O que sentiria, entretanto, é algo muito mais sinistro. Enquanto cai, a força da gravidade do buraco negro em seus dois pés, eles estando mais próximos do centro do buraco negro, acelera-os com mais rapidez do que a força mais fraca da gravidade em sua cabeça. A diferença entre as duas é conhecida oficialmente como a força de maré, que cresce abruptamente à medida que você se aproxima cada vez mais do centro do buraco negro. Para a Terra, e para a maioria dos lugares cósmicos, a força de maré ao longo do comprimento de seu corpo é minúscula e passa despercebida. Mas, em sua queda com os pés primeiro em direção a um buraco negro, o que você percebe são tão somente as forças de maré.

Se fosse feito de borracha, você simplesmente se esticaria em resposta. Mas os humanos são compostos de outros materiais, como ossos, músculos e órgãos. Você permaneceria inteiro até o instante em que a força de maré excedesse as ligações moleculares de seu corpo. (Se a Inquisição tivesse acesso aos buracos negros, esse, em vez de outros instrumentos de tortura, teria se tornado o dispositivo de estiramento preferido.)

Esse é o momento sangrento em que seu corpo se parte em dois segmentos, rompendo-se no tronco. Depois de cair ainda mais, a diferença na gravidade continua a crescer, e cada um dos dois segmentos de seu corpo se divide em dois segmentos. Pouco depois disso, esses segmentos se dividem, por sua vez, em outros dois segmentos, e assim por diante, e assim por diante, bifurcando seu corpo num número cada vez maior de partes: 1, 2, 4, 8, 16, 32, 64, 128 etc. Depois que você tiver sido dilacerado em farrapos de moléculas orgânicas, as próprias moléculas começarão a sentir as forças de maré sempre crescentes. Por fim, elas também se dividirão, criando uma corrente de seus átomos constituintes. E então, claro, os próprios átomos se dividirão, deixando um desfile irreconhecível de partículas do que, minutos antes, tinha sido você.

Mas ainda há mais notícias ruins.

Todas as partes de seu corpo estão se movendo para o mesmo lugar – o centro do buraco negro. Assim, enquanto é despedaçado da cabeça aos pés, você também vai ser expelido através do tecido do espaço e tempo, como pasta de dente através de um tubo.

A todas as palavras que descrevem maneiras de morrer (por exemplo, homicídio, suicídio, eletrocussão, sufocamento, inanição) acrescentamos o termo "espaguetificação".

Quando um buraco negro traga coisas, seu diâmetro cresce em proporção direta à sua massa. Se, por exemplo, um buraco negro tragar o suficiente para triplicar a sua massa, então terá crescido três vezes na largura. Por essa razão, os buracos negros no universo podem ser quase de qualquer tamanho, mas nem todos vão espaguetificá-lo antes de você cruzar o horizonte de eventos. Apenas os buracos negros "pequenos" realizarão essa façanha. Por quê? Para um gráfico da morte espetacular, só importa a força de maré. E a regra geral é que a força de maré em você será máxima, se o seu tamanho for grande comparado com sua distância até o centro do objeto.

Num exemplo simples, mas extremo, se um homem com 1,83 metro de altura (que normalmente não é propenso a se despedaçar) cai com os pés primeiro em direção a um buraco negro de 1,83 metro, então no horizonte de eventos a sua cabeça está duas vezes mais distante do centro do buraco negro que seus pés. Aqui a diferença na força da gravidade de seus pés para sua cabeça seria muito grande. Mas, se o buraco negro tivesse 1.830 metros de extensão, então os pés do mesmo homem estariam apenas um décimo de 1 por cento mais próximos do centro que sua cabeça, e a diferença na gravidade – a força de maré – seria correspondentemente pequena.

De maneira equivalente, pode-se fazer uma pergunta simples: com que rapidez a força da gravidade muda, quando você se aproxima de um objeto? As equações da gravidade mostram que a gravidade muda cada vez mais rapidamente à medida que você se aproxima do centro de um objeto. Os buracos negros menores permitem que você chegue muito mais perto de seus centros antes de você entrar em seus horizontes de eventos, por isso a mudança da gravidade em pequenas distâncias pode ser devastadora para os que caem dentro dos buracos negros.

Uma variedade comum de buraco negro contém várias vezes a massa do Sol, mas comprime tudo dentro de um horizonte de eventos com apenas poucas dúzias de quilômetros de extensão. Esses correspondem ao que a maioria dos astrônomos discute em conversas casuais sobre o assunto. Numa queda em direção a esse monstro, o seu corpo começaria a se romper dentro de uma distância de 160 quilômetros do centro. Outra variedade comum de buracos negros alcança 1 bilhão de vezes a massa do Sol, e está contida dentro de um horizonte de eventos que é quase do tamanho do sistema solar inteiro. Buracos negros como esses são os que existem escondidos nos centros das galáxias. Embora a gravidade total desses buracos negros seja monstruosa, a diferença na gravidade da cabeça aos pés de quem chegou perto do horizonte de eventos é relativamente pequena. Na verdade, a força de maré pode ser tão fraca que é provável alguém cair inteiro através do horizonte de eventos – só que nunca poderia sair de novo para contar sobre sua viagem. E, quando fosse finalmente despedaçado, bem lá no fundo do horizonte de eventos, ninguém fora do buraco seria capaz de observar.

Que eu saiba, ninguém jamais foi devorado por um buraco negro, mas evidências convincentes indicam que os buracos negros no universo jantam rotineiramente estrelas indisciplinadas e nuvens de gás descuidadas. Quando uma nuvem se aproxima de um buraco negro, quase nunca cai de imediato. Ao contrário da queda coreografada com os pés primeiro, uma nuvem de gás é habitualmente atraída para uma órbita antes de espiralar para sua destruição. As partes da nuvem que estão mais perto do buraco negro vão orbitar mais rápido que as partes mais distantes. Conhecida como rotação diferencial, esse simples cisalhamento pode ter consequências astrofísicas extraordinárias. Quando as camadas da nuvem espiralam mais perto do horizonte de eventos, elas esquentam, pela fricção interna, a mais de 1 milhão de graus – isso é muito mais quentes que qualquer estrela conhecida. O gás brilha azul de tão quente ao se tornar uma fonte copiosa de energia ultravioleta e de raio X. O que começou como um buraco negro invisível e isolado (cuidando da sua vida) transformou-se num buraco negro invisível cercado por uma pista de alta velocidade gasosa, em chamas com a radiação de alta energia.

Como as estrelas são bolas de gás 100 por cento certificadas, não são imunes ao destino que acometeu nossas infelizes nuvens. Se uma estrela num sistema binário se torna um buraco negro, esse buraco negro não consegue devorar nada até o final da vida da estrela companheira, quando ela incha para se tornar uma gigante vermelha. Se a gigante vermelha se tornar bastante grande, ela acabará sendo esfolada, quando o buraco negro descascar e devorar a estrela, camada por camada. Quanto a uma estrela que apenas entrou por acaso na vizinhança, as forças de maré vão primeiro estirá-la, mas por fim a rotação diferencial provocará o cisalhamento que transformará a estrela num disco de gás que, aquecido pela fricção, será altamente luminoso.

Sempre que um astrofísico teórico precisa de uma fonte de energia num espaço diminuto para explicar um fenômeno, os buracos negros bem alimentados se tornam excelente munição. Por exemplo, como vimos antes, os quasares distantes e misteriosos possuem centenas ou milhares de vezes a luminosidade de toda a galáxia da Via Láctea. Mas sua energia emana principalmente de um volume que não é muito maior que nosso sistema solar. Sem recorrer a um buraco negro supermassivo como motor central do quasar, ficamos sem saber como encontrar uma explicação alternativa.

Sabemos agora que buracos negros supermassivos são comuns nos centros das galáxias. Em algumas galáxias, uma luminosidade suspeitosamente alta num volume suspeitosamente pequeno providencia a evidência necessária, mas a luminosidade real depende muito da existência de estrelas e gases que o buraco negro possa despedaçar. Outras galáxias podem conter um buraco negro, apesar de uma luminosidade central de pouca nota. Esses buracos negros talvez já tenham devorado todas as estrelas e gases circundantes, sem deixar nenhum rastro. Mas as estrelas perto do centro, em órbita perto do buraco negro (não demasiado perto a ponto de serem consumidas), terão velocidades fortemente aumentadas.

Essas velocidades, quando combinadas com a distância entre as estrelas e o centro da galáxia, são uma medida direta da massa total contida dentro de suas órbitas. Munidos com esses dados, podemos calcular grosseiramente se a massa central atrativa está concentrada o suficiente para ser um buraco negro. Os maiores buracos negros conhecidos consistem geralmente em 1 bilhão de massas solares, como o que está oculto dentro da galáxia elíptica titânica M87, a maior no aglomerado de galáxias de Virgem. Bem abaixo na lista, mas ainda grande, está o buraco negro com 30 milhões de massas solares no centro da galáxia de Andrômeda, nossa vizinha mais próxima no espaço.

Começando a sentir "inveja de buraco negro"? Está com toda a razão: o buraco negro no centro da Via Láctea registra meros 4 milhões de massas solares. Mas, seja qual for a massa, o seu ofício é morte e destruição.

SEÇÃO 6

CIÊNCIA E CULTURA

A INTERFACE CONFUSA ENTRE A DESCOBERTA CÓSMICA E A REAÇÃO PÚBLICA A ELA

SEÇÃO 5

TRINTA E QUATRO

COISAS QUE AS PESSOAS DIZEM

Aristóteles declarou certa vez que, enquanto os planetas se movem contra o pano de fundo das estrelas, e enquanto as estrelas cadentes, os cometas e os eclipses representam a variabilidade intermitente na atmosfera e nos céus, as próprias estrelas são fixas e imutáveis, e a Terra constitui o centro de todo o movimento no universo. De nossa posição esclarecida, 25 séculos mais tarde, rimos da loucura dessas ideias, mas as afirmações eram a consequência de observações legítimas, embora simples, do mundo natural.

Aristóteles também fez outros tipos de afirmações. Ele disse que as coisas pesadas caem mais rapidamente que as leves. Quem poderia argumentar contra isso? É óbvio que as rochas caem mais rapidamente no chão que as folhas das árvores. Mas Aristóteles foi além e declarou que as coisas pesadas caem mais rapidamente que as coisas leves em proporção direta a seu próprio peso, de modo que um objeto de 4,50 quilos cairia dez vezes mais rápido que um objeto de 450 gramas.

Aristóteles estava muito enganado.

Para testar sua afirmação, deixe simplesmente cair uma pedra pequena e uma pedra grande ao mesmo tempo e da mesma altura. Ao contrário das folhas esvoaçantes, nenhuma das duas pedras será muito influenciada pela resistência do ar, e ambas atingirão o chão ao mesmo tempo. Esse experimento não requer uma subvenção da Fundação Nacional de Ciência para ser executado. Aristóteles poderia tê-lo feito, mas não fez. Os ensinamentos de Aristóteles foram mais tarde adotados nas doutrinas da Igreja Católica. E, pelo poder e influência da Igreja, as filosofias aristotélicas se alojaram no conhecimento comum do mundo ocidental, cegamente acreditadas e repetidas. Não só as pessoas repetiam para outras o que não era verdade, como também ignoravam coisas que claramente aconteciam mas não deviam ser verdade.

Na investigação científica do mundo natural, a única coisa pior que um cego convicto é um contestador que enxerga. Em 1054 d.C., uma estrela da constelação do Touro aumentou abruptamente seu brilho por um fator de 1 milhão. Os astrônomos chineses escreveram a respeito. Os astrônomos do Oriente Médio escreveram a respeito. Os nativos americanos do que é agora o sudoeste dos Estados Unidos deixaram gravado na pedra o registro do fenômeno. A estrela se tornou brilhante o suficiente para ser nitidamente visível à luz do dia durante semanas, mas não temos registro de nenhum relato do evento em toda a Europa. (A nova estrela brilhante no céu era uma explosão de supernova que havia ocorrido no espaço uns 7 mil anos antes, mas sua luz tinha acabado de atingir a Terra.) Verdade, a Europa estava na Idade das Trevas, por isso não podemos esperar que fossem comuns os talentos argutos para coletar os dados, mas os eventos cósmicos que tinham "permissão" para acontecer eram rotineiramente registrados. Por exemplo, doze anos mais tarde, em 1066, o que acabou se tornando conhecido como o cometa Halley foi visto e devidamente representado – a cena completa com espectadores boquiabertos – numa seção da famosa Tapeçaria de Bayeux, por volta de 1100. Realmente, uma exceção. A Bíblia diz que as estrelas não mudam. Aristóteles dizia que as estrelas não mudam. A Igreja, com sua autoridade sem rival, declara que as estrelas não mudam. A população então se torna vítima de um delírio coletivo, mais forte que os próprios poderes de observação de seus membros.

Todos temos algum conhecimento em que acreditamos cegamente, porque não podemos testar de modo realista toda afirmação pronunciada por outros. Quando eu lhe digo que o próton tem uma contraparte de antimatéria (o antipróton), você precisaria de equipamentos de laboratório no valor de 1 bilhão de dólares para verificar minha afirmação. Assim, é mais fácil acreditar em mim e confiar em que, ao menos na maioria das vezes, e ao menos com relação ao mundo astrofísico, eu sei do que estou falando. Não me importa se você continua cético. Na verdade, eu encorajo essa sua atitude. Sinta-se à vontade para visitar o acelerador de partículas mais próximo e ver a antimatéria com seus próprios olhos. Mas o que dizer daquelas afirmações que não requerem equipamentos sofisticados para serem provadas? Seria de pensar que, em nossa cultura moderna e esclarecida, o conhecimento popular estaria imune a falsidades que fossem facilmente testáveis.

Não está!

Considere as seguintes declarações. A Estrela Polar é a estrela mais brilhante no céu noturno. O Sol é uma estrela amarela. O que sobe tem que descer. Numa noite escura podemos ver milhões de estrelas a olho nu. No espaço não há gravidade. Uma bússola sempre aponta para o norte. Os dias ficam mais curtos no inverno e mais longos no verão. Os eclipses solares totais são raros.

Todas as afirmações no parágrafo anterior são falsas.

Muitas pessoas (talvez a maioria das pessoas) acreditam numa ou mais dessas afirmações e as passam para as outras, mesmo quando é trivial deduzir ou obter uma demonstração da falsidade de primeira mão. Bem-vindos à minha diatribe "coisas que as pessoas dizem":

A Estrela Polar não é a estrela mais brilhante no céu noturno. Nem sequer brilha o suficiente para figurar entre os quarenta astros mais brilhantes. Talvez as pessoas equiparem a popularidade ao brilho. Mas ao contemplar o céu setentrional, três das sete estrelas do Grande Carro, inclusive as estrelas que formam seu "ponteiro", são mais brilhantes que a Estrela Polar, estacionada apenas a três punhos de distância. Não tem desculpa.

E não me importa tudo mais que lhe contaram, mas o Sol é branco, não é amarelo. A percepção humana da cor é um tema complicado, mas se o Sol fosse amarelo, como uma lâmpada amarela, então qualquer material branco, como a neve, refletiria essa luz e pareceria amarelo – e foi confirmado que essa condição da neve só acontece perto dos hidrantes. O que poderia levar as pessoas a dizerem que o Sol é amarelo? No meio do dia, um olhar rápido para o Sol pode danificar seus olhos. Perto do poente, entretanto, com o Sol baixo no horizonte e quando a dispersão atmosférica da luz azul está no auge, a intensidade do Sol é significativamente diminuída. A luz azul do espectro do Sol, perdida no céu crepuscular, deixa um matiz amarelo-laranja-vermelho para o disco do Sol. Quando as pessoas olham para esse poente de cores corrompidas, suas concepções errôneas são alimentadas.

O que sobe não precisa descer. Toda sorte de bolas de golfe, bandeiras, automóveis e sondas espaciais destruídas se espalham sobre a superfície lunar. A menos que alguém suba até lá para trazê-las de volta, nunca retornarão à Terra. Jamais. Se você quiser subir e não descer, basta viajar a qualquer velocidade superior a aproximadamente 11 quilômetros por segundo. A gravidade da Terra vai diminuir gradativamente sua velocidade, mas não conseguirá jamais reverter seu movimento e forçá-lo a voltar para a Terra.

A menos que seus olhos tenham pupilas do tamanho de lentes binoculares, não importa quais sejam suas condições de visão e não importa sua localização na Terra, você não vai distinguir mais que umas 5 mil ou 6 mil estrelas em todo o céu entre os 100 bilhões (mais ou menos) de estrelas de nossa galáxia da Via Láctea. Tente numa noite. As coisas ficam muito, muito piores quando a Lua está visível. E, se acontecer de ser lua cheia, ela vai apagar a luz de todas as estrelas, menos das poucas centenas mais brilhantes.

Durante o programa espacial Apollo, enquanto uma das missões estava a caminho da Lua, um famoso âncora do noticiário da televisão anunciou o exato momento em que os "astronautas deixaram o campo gravitacional da Terra". Como os astronautas ainda estavam a caminho da Lua, e como a Lua gira em torno da Terra, a gravidade da Terra deve se estender pelo espaço *ao menos até a Lua*. Na verdade, a gravidade da Terra, e a gravidade de todos os outros objetos do universo, estende-se sem limite – embora com uma força cada vez menor. Todo local no espaço está cheio de incontáveis puxões gravitacionais na direção de todos os outros objetos do universo. O que o apresentador quis dizer foi que os astronautas cruzaram o ponto no espaço em que a força da gravidade da Lua excede a força da gravidade da Terra. Todo o trabalho do potente foguete de três estágios *Saturno V* foi dotar o módulo de comando com bastante velocidade inicial para chegar a esse ponto no espaço, porque dali em diante pode-se acelerar passivamente rumo à Lua – e foi o que eles fizeram. A gravidade está por toda parte.

Todo mundo sabe que, em se tratando de ímãs, os polos opostos se atraem, enquanto os polos semelhantes se repelem. Mas a agulha de uma bússola é projetada para que a metade que foi magnetizada "Norte" aponte para o polo Norte magnético da Terra. A única maneira de um objeto magnetizado poder alinhar sua metade norte para o polo Norte magnético da Terra é se o polo Norte magnético da Terra estiver realmente no sul, e o polo Sul magnético estiver realmente no norte. Além disso, não há nenhuma lei específica do universo que exija o alinhamento preciso dos polos magnéticos de um objeto com seus polos geográficos. Na Terra, os dois polos estão separados por cerca de 1.290 quilômetros, o que torna a navegação por bússola um exercício vão no norte do Canadá.

Como o primeiro dia de inverno é o "dia" mais curto do ano, então todo dia sucessivo na estação do inverno deve se tornar cada vez mais longo. Da mesma forma, como o primeiro dia do verão é o "dia" mais longo do ano, então todo dia sucessivo no verão deve se tornar cada vez mais curto. Claro que acontece o oposto do que é dito e redito.

Em média, a cada dois anos, em algum lugar na superfície da Terra, a Lua passa completamente na frente do Sol para criar um eclipse solar total. Esse evento é mais comum do que a Olimpíada, mas você não lê manchetes de jornal que declaram que "uma rara olimpíada vai ocorrer este ano". Essa percepção da raridade dos eclipses pode decorrer de um fato simples: em qualquer lugar determinado sobre a Terra, você pode esperar até meio milênio para ver um eclipse solar total. Verdade, mas é um argumento manco, porque há lugares na Terra (como o meio do deserto do Saara ou qualquer região da Antártica) que nunca sediaram, e provavelmente nunca sediarão, a Olimpíada.

Querem mais algumas? Ao meio-dia em ponto, o Sol está a pino no alto do céu. O Sol nasce no leste e se põe no oeste. A Lua aparece à noite. No equinócio, há 12 horas de dia e 12 horas de noite. O Cruzeiro do Sul é uma bela constelação. Todas essas afirmações também estão erradas.

Não há hora do dia, nem dia do ano, nem lugar nos Estados Unidos onde o Sol ascende diretamente para o alto do céu. Ao "meio-dia em ponto", objetos verticais retos não projetam sombras. As únicas pessoas no planeta a ver o sol a pino vivem entre 23,5 graus latitude sul e 23,5 graus latitude norte. E, mesmo nessa zona, o Sol se mostra a pino no alto do céu apenas em dois dias por ano. O conceito de sol a pino, como o brilho da Estrela Polar e a cor do Sol, é um delírio coletivo.

Para toda pessoa na Terra, o Sol se levanta exatamente no leste e se põe exatamente no oeste apenas em dois dias do ano: o primeiro dia da primavera e o primeiro dia do outono. Em todos os outros dias do ano, e para todas as pessoas na Terra, o Sol se levanta e se põe em algum outro lugar no horizonte. No equador, o nascente tem uma variação de 47 graus ao longo do horizonte oriental. Da latitude da cidade de Nova York (41 graus norte – a mesma de Madri e Pequim), o nascente abrange mais de 60 graus. Da latitude de Londres (51 graus norte), o nascente abrange quase 80 graus. E quando visto dos dois círculos Ártico e Antártico, o Sol pode nascer exatamente no norte e exatamente no sul, abrangendo 180 graus completos.

A Lua também "sai" com o Sol no céu. Recorrendo a um pequeno investimento extra na sua contemplação do céu (como olhar para o alto em plena luz do dia), você vai notar que a Lua é visível durante o dia quase tão frequentemente quanto é visível à noite.

O equinócio não contém exatamente 12 horas de dia e 12 horas de noite. Verifique no jornal as horas do nascer e do pôr do sol no primeiro dia da primavera ou do outono. Elas não dividem o dia em dois blocos iguais de 12 horas. Em todos os casos, as horas do dia saem ganhando. Dependendo da latitude, elas podem ganhar apenas por sete minutos no equador até por quase meia hora nos círculos Ártico e Antártico. A quem ou a que atribuir a culpa? Quando passa do vácuo do espaço interplanetário para a atmosfera da Terra, a luz solar sofre uma refração que torna possível o aparecimento de uma imagem do Sol acima do horizonte vários minutos antes de o Sol real surgir. Equivalentemente, o Sol real já desapareceu vários minutos antes do ocaso do Sol que vemos. A convenção é medir o nascer do sol pela beirada superior do disco do Sol, quando ele espreita acima do horizonte; da mesma forma, o pôr do sol é medido pela beirada superior do disco do Sol, quando ele afunda abaixo do horizonte. O problema é que essas duas "beiradas superiores" estão nas metades opostas do Sol, gerando com isso uma largura solar extra de luz nos cálculos do nascente/poente.

O Cruzeiro do Sul ganha o prêmio de maior peça publicitária entre as 88 constelações. Ao escutar as pessoas do hemisfério Sul falarem sobre essa constelação, e ao ouvir as canções compostas sobre ela, bem como observá-la nas bandeiras nacionais da Austrália, da Nova Zelândia, de Samoa Ocidental e de Papua Nova Guiné, você pensaria que nós, do norte, somos pouco favorecidos. Nada disso! Em primeiro lugar, não é preciso viajar ao hemisfério Sul para ver o Cruzeiro do Sul. Ele é nitidamente visível (embora baixo no céu) de um ponto tão norte quanto Miami, na Flórida. Essa constelação diminuta é a menor no céu – o seu punho com o braço estendido a oculta completamente. A forma da constelação também não tem nada de interessante. Se você fosse desenhar um retângulo com um método "ligue os pontos", usaria quatro estrelas. E, se fosse desenhar uma cruz, você provavelmente incluiria uma quinta estrela no meio para indicar o ponto de cruzamento das duas linhas. Mas o Cruzeiro do Sul é composto de apenas quatro estrelas, que mais parecem uma pipa ou uma caixa torta. O saber popular sobre as constelações na cultura ocidental deve sua origem e riqueza a séculos de imaginação babilônica, caldeia, grega e romana. Lembre-se, foi essa mesma imaginação que gerou as incontáveis vidas sociais disfuncionais dos deuses e deusas. Claro, eram todas civilizações do hemisfério Norte, o que significa que as constelações do céu meridional (muitas das quais só receberam nomes nos últimos 250 anos) são mitologicamente empobrecidas. Aqui no norte temos a Cruz do Norte, que é composta de todas as cinco estrelas a que uma cruz tem direito. Ela forma um subconjunto da constelação maior Cygnus, o cisne, que voa pelo céu ao longo da Via Láctea. Cygnus é quase doze vezes maior que o Cruzeiro do Sul.

Quando as pessoas acreditam numa história que entra em conflito com evidências que elas próprias poderiam verificar, isso me diz que elas subestimam o papel das evidências ao formular um sistema interno de crenças. A razão de ser assim não é clara, mas esse comportamento permite que muitas pessoas se agarrem a ideias e noções baseadas puramente em suposições. Mas nem toda esperança está perdida. De vez em quando as pessoas dizem coisas que são simplesmente verdade, não importa qual seja seu sentido. Uma das minhas favoritas é: "Aonde quer que você vá, lá você está", e seu corolário zen: "Se estamos todos aqui, não devemos estar ali".

TRINTA E CINCO

MEDO DE NÚMEROS

Talvez nunca venhamos a conhecer o diagrama do circuito de todos os caminhos eletroquímicos dentro do cérebro humano. Mas uma coisa é certa, não somos geneticamente equipados para o pensamento lógico. Se fôssemos, a matemática seria a disciplina mais fácil para o comum dos mortais na escola.

Nesse universo alternativo, a matemática nem precisaria ser ensinada, porque seus fundamentos e princípios seriam autoevidentes até para os estudantes de baixo rendimento escolar. Mas em nenhum lugar do mundo real isso é verdade. É possível, claro, treinar a maioria dos humanos para ser lógica em parte do tempo, e alguns humanos para serem lógicos o tempo todo; o cérebro é um órgão maravilhosamente flexível a esse respeito. Mas as pessoas quase nunca precisam de treinamento para serem emocionais. Nascemos chorando, e rimos cedo na vida.

Não saímos do útero enumerando objetos ao redor de nós. A reta numérica familiar, por exemplo, não está escrita em nossa matéria cinzenta. As pessoas tiveram de inventar a reta numérica e construir tomando-a por base, quando surgiram novas necessidades a partir das crescentes complexidades da vida e da sociedade. Num mundo de objetos contáveis, concordaremos todos que $2 + 3 = 5$, mas quanto é $2 - 3$? Responder a essa pergunta sem dizer "Não faz sentido" exigiu que alguém inventasse uma nova parte da reta numérica – os números negativos. Continuando: todos sabemos que a metade de 10 é 5, mas qual é a metade de 5? Para dar sentido a essa pergunta, alguém teve de inventar as frações, mais uma classe de números na reta numérica. À medida que progredia essa ascensão pelo reino dos números, muitos outros tipos de números seriam inventados: imaginários, irracionais, transcendentais e complexos, para citar alguns. Cada um deles tem aplicações específicas e às vezes únicas para o mundo físico que temos descoberto ao nosso redor desde a aurora da civilização.

Aqueles que estudam o universo têm estado por aí desde o início. Como membro dessa (segunda) profissão mais antiga, posso atestar que adotamos, e usamos ativamente, todas as partes da reta numérica em todo tipo de análise celeste. Recorremos também rotineiramente a alguns dos menores e, claro, maiores números de qualquer profissão. Esse estado de espírito tem influenciado até o linguajar comum. Quando algo na sociedade parece incomensuravelmente grande, como a dívida nacional, não é chamado de biológico, nem químico. É chamado de astronômico. E, assim, poder-se-ia argumentar com grande força que os astrofísicos não temem os números.

Com milhares de anos de cultura atrás de nós, que avaliação a sociedade ganhou em matemática no seu boletim escolar? Mais especificamente, que nota atribuímos aos norte-americanos, membros da cultura mais tecnologicamente avançada que o mundo já conheceu?

Vamos começar com os aviões. Quem quer que planeje a disposição dos assentos na Continental Airlines parece padecer de medos medievais em relação ao número 13. Nunca vi uma fileira 13 em nenhum voo que tenha feito com a companhia. As fileiras passam simplesmente do 12 para o 14. E que dizer dos edifícios? Setenta por cento de todos os edifícios de muitos andares num trecho de

5 quilômetros da Broadway em Manhattan não possuem o décimo terceiro andar. Embora eu não tenha compilado uma estatística detalhada para todos os outros lugares da nação, a minha experiência de entrar e sair dos prédios me diz que é mais da metade. Se andou de elevador nesses espigões culpados, você provavelmente notou que o 14º andar vem logo depois do 12º. Essa tendência existe tanto nos prédios antigos como nos novos. Alguns prédios se constrangem e tentam esconder seus hábitos supersticiosos ao providenciar dois grupos de elevadores separados: um que vai de 1 a 12 e o outro que sobe a partir de 14. O prédio residencial de 22 andares em que fui criado (no Bronx) tinha dois grupos separados de elevadores, mas nesse caso um grupo subia apenas aos andares pares, enquanto o outro levava aos ímpares. Um dos mistérios da minha infância era saber por que o grupo ímpar dos elevadores passava do andar 11 diretamente para o andar 15, e o grupo par ia do 12 para o 16. Aparentemente, no meu prédio, um único andar ímpar não podia ser pulado sem acabar com toda a organização par-ímpar. Por isso a omissão espalhafatosa de qualquer referência ao 13º *ou* ao 14º andar. Claro, tudo isso significava que o prédio tinha realmente apenas 20 andares, e não 22.

Em outro edifício, que abrigava um extenso mundo subterrâneo, os níveis abaixo do primeiro andar eram B, SB, P, LB e LL, talvez para lhe dar algo em que pensar enquanto está de pé no elevador sem fazer nada. Esses andares estão suplicando para se tornarem números negativos. Para os não iniciados, as abreviaturas representavam: Subsolo (**B**asement), Subsubsolo (**S**ub-**B**asement), Estacionamento (**P**arking), Subsolo Inferior (**L**ower **B**asement) e Nível Inferior (**L**ower **L**evel). Não usamos certamente esse jargão para falar de andares normais. Imagine um edifício com andares que não sejam 1, 2, 3, 4, 5, mas G, AG, HG, VHG, SR, R, que obviamente representam: Térreo (**G**round), Sobreloja (**A**bove **G**round), Térreo Alto (**H**igh **G**round),

Térreo Muito Alto (**Very High Ground**), Primeira Cobertura (**Sub--Roof**) e Segunda Cobertura (**Roof**). Em princípio, não se deveria temer andares negativos – eles não os temem no Hotel du Rhône, em Genebra, na Suíça, que tem os andares -1 e -2, nem sentem medo algum no Hotel Nacional, em Moscou, que não hesitou em nomear os andares 0 e -1.

Nos Estados Unidos, a rejeição implícita a tudo o que seja menor que zero aparece em muitos lugares. Existe um caso leve dessa síndrome entre os vendedores de carro que, em vez de dizer que vão subtrair 1.000 dólares do preço de seu carro, dizem que você vai receber um reembolso de 1.000 dólares "à vista". Em relatórios contábeis de empresas, constatamos que o medo do sinal negativo é difundido. É prática comum colocar os números negativos entre parênteses e não mostrar o sinal negativo em nenhum lugar da planilha. Nem dá para imaginar o livro de sucesso de Bret Easton Ellis de 1985 (e filme de 1987), *Abaixo de zero*, que rastreia a desgraça de adolescentes ricos de Los Angeles, e seu título é logicamente equivalente a *Negativo*.

Assim como nos esquivamos dos números negativos, evitamos também os decimais, especialmente nos Estados Unidos. Só recentemente é que as ações negociadas na Bolsa de Valores de Nova York têm sido registradas em números decimais em vez de frações canhestras. E, ainda que o dinheiro americano seja métrico decimal, não o consideramos assim. Se alguma coisa custa 1,50 dólar, dividimos a quantia em dois segmentos e dizemos "um dólar e cinquenta centavos". Esse comportamento não é fundamentalmente diferente da maneira como as pessoas falavam os preços no antigo sistema britânico avesso aos decimais, que combinava libras e xelins.

Quando minha filha completou 15 meses, eu sentia um prazer perverso em dizer às pessoas que ela estava com "1,25 ano". Elas me olhavam com as cabeças inclinadas numa perplexidade silenciosa, como os cachorros quando escutam um som agudo.

O medo dos decimais é também desenfreado quando as probabilidades são comunicadas ao público. As pessoas informam normalmente as chances sob a forma de "alguma coisa para 1". O que faz sentido intuitivo para quase todo mundo: as chances contra o azarão ganhar o nono páreo em Belmont são de 28 para 1. As chances contra o favorito são de 2 para 1. Mas as chances contra o segundo favorito são de 7 para 2. Por que não dizem "alguma coisa para 1"? Porque, se o fizessem, as chances de 7 para 2 teriam de ser expressas como 3,5 para 1, deixando todas as pessoas no hipódromo estupefatas.

Acho que posso viver com o sumiço de decimais e andares em edifícios altos, com pavimentos identificados por letras e não por números. Um problema mais sério é a capacidade limitada da mente humana de compreender as magnitudes relativas dos números grandes.

Ao fazer uma contagem a uma taxa de um número por segundo, você precisará de 12 dias para chegar a 1 milhão e de 32 anos para contar até 1 bilhão. Contar até 1 trilhão leva 32 mil anos, o que corresponde ao tempo que se passou desde que as pessoas traçaram os primeiros desenhos nas paredes das cavernas.

Se dispostos um ao lado do outro, os 100 bilhões (mais ou menos) de hambúrgueres vendidos pela cadeia de restaurantes McDonald's se estenderiam ao redor da Terra 230 vezes, sobrando o suficiente para empilhar o resto da Terra até a Lua – ida e volta.

Na última vez que verifiquei, Bill Gates valia 50 bilhões de dólares. Se o adulto comum empregado, ao caminhar apressado, pegasse uma moeda de 25 centavos da calçada, mas não uma moeda de 10 centavos, então a quantia correspondente de dinheiro (dadas suas relativas riquezas) que Bill Gates ignoraria, se a avistasse na rua, seria 25.000 dólares.

Esses são exercícios mentais triviais para o astrofísico, mas as pessoas normais não pensam sobre esse tipo de coisas. Mas a que custo? A partir de 1969, sondas espaciais foram projetadas e lançadas, compondo duas décadas de reconhecimento planetário em nosso sistema solar. As célebres missões *Pioneer, Voyager* e *Viking* fizeram parte dessa era. Assim também o *Mars Observer*, que foi perdido ao chegar à atmosfera marciana em 1993.

Cada uma dessas naves espaciais exigiu muitos anos para ser planejada e construída. Cada missão era ambiciosa na amplitude e na profundidade de seus objetivos científicos e custou aos contribuintes entre 1 bilhão e 2 bilhões de dólares. Durante a mudança de governo em 1990, a NASA apresentou um paradigma "mais rápido, mais barato, melhor" para uma nova classe de nave espacial que custava entre 100 milhões e 200 milhões de dólares. Ao contrário das naves espaciais anteriores, essas podiam ser planejadas e projetadas com rapidez, possibilitando missões com objetivos mais claramente definidos. Claro que isso significava que o fracasso de uma missão seria menos dispendioso e menos danoso para todo o programa de exploração.

Em 1999, entretanto, duas dessas missões mais econômicas para Marte fracassaram, com uma perda total para os contribuintes de aproximadamente 250 milhões de dólares. Mas a reação pública foi tão negativa quanto tinha sido em relação ao *Mars Observer* de 1 bilhão de dólares. A mídia noticiou os 250 milhões de dólares como um desperdício inimaginável de dinheiro e proclamou que algo estava errado com a NASA. O resultado foi uma investigação e uma audiência no Congresso.

Sem querer defender o fracasso, mas 250 milhões de dólares não é muito mais do que o custo da produção do fracasso cinematográfico de Kevin Costner, *Waterworld – O segredo das águas*. Foi esse também o custo de aproximadamente dois dias em órbita do ônibus espacial, além de um quinto do custo do *Mars Observer* anteriormente perdido. Sem essas comparações, e sem a lembrança de que os fracassos eram coerentes com o paradigma "mais rápido, mais barato, melhor", em que os riscos são divididos entre múltiplas missões, você pensaria que 1 milhão de dólares é igual a 1 bilhão e a 1 trilhão de dólares.

Ninguém anunciou que a perda de 250 milhões significa menos de 1 dólar por habitante dos Estados Unidos. Esse tanto de dinheiro, em moedas de 1 centavo, está certamente espalhado por nossas ruas, que vivem apinhadas de gente ocupada demais para se inclinar e pegar as moedas.

TRINTA E SEIS

SOBRE FICAR PERPLEXO

Talvez seja a necessidade de atrair e manter os leitores. Talvez o público goste de conhecer aquelas raras ocasiões em que os cientistas estão sem pistas. Mas como é que os escritores sobre ciência não podem redigir um artigo sobre o universo sem descreverem alguns dos astrofísicos entrevistados como "perplexos" diante das últimas manchetes das pesquisas?

A perplexidade científica intriga tanto os jornalistas que, no que talvez tenha sido algo inédito na cobertura da ciência pela mídia, uma história de página inteira, na edição de agosto de 1999 do *The New York Times*, fez um relato sobre um objeto no universo cujo espectro era um mistério (Wilford, 1999). Os principais astrofísicos estavam atônitos. Apesar da alta qualidade dos dados (as observações foram feitas pelo telescópio Keck, baseado no Havaí, o observatório óptico mais potente do mundo), o objeto não era nenhuma variedade conhecida de planeta, estrela ou galáxia. Imagine se um biólogo tivesse sequenciado o genoma de uma espécie de vida recém-descoberta e ainda não pudesse classificá-la como planta ou animal. Por causa dessa ignorância fundamental, o artigo de 2 mil palavras não continha nenhuma análise, nenhuma conclusão, nada de ciência.

Nesse caso particular, o objeto acabou sendo identificado como uma galáxia estranha, embora sob outros aspectos pouco digna de nota – mas não antes que milhões de leitores tivessem sido obrigados a ver um desfile de astrofísicos seletos dizendo: "Não sei o que é". Reportagens assim são incontroláveis e representam, de forma grosseira e errônea, nossos estados de espírito predominantes. Se os redatores dissessem toda a verdade, relatariam que *todos* os astrofísicos ficam perplexos *diariamente*, quer suas pesquisas se tornem manchetes quer não.

Os cientistas não podem afirmar que estão na vanguarda das pesquisas se uma ou outra coisa não os deixa perplexos. A perplexidade impulsiona a descoberta.

Richard Feynman, célebre físico do século XX, observou humildemente que decifrar as leis da física é como observar um jogo de xadrez sem conhecer as regras de antemão. Pior ainda, escreveu ele, você não consegue ver cada lance em sequência. Apenas consegue espiar o jogo em andamento de vez em quando. Com essa desvantagem intelectual, a sua tarefa é deduzir as regras do xadrez. Por fim, você talvez constate que os bispos só andam nos quadrados de uma cor. Que os peões não se movem com muita rapidez. Ou que a rainha é temida pelas outras peças. Mas, e o que dizer sobre o período mais para o fim do jogo, quando restam apenas alguns peões? Suponha que você volte atrás e descubra que está faltando um dos peões, e que uma rainha antes capturada ressuscitou em seu lugar. Tente decifrar esse lance. A maioria dos cientistas concordaria em que as regras do universo, o que quer que possam parecer na totalidade, são imensamente mais complexas que as regras do xadrez, e elas continuam a ser uma fonte de infindável perplexidade.

Fiquei sabendo recentemente que nem todos os cientistas ficam tão perplexos quanto os astrofísicos. Isso poderia significar que os astrofísicos são mais estúpidos que outras estirpes de cientistas, mas acho que poucos fariam essa afirmação a sério. Acredito que a perplexidade astrofísica provém do tamanho e da complexidade estonteantes do cosmos. Dadas essas proporções, os astrofísicos têm muito em comum com os neurologistas. Qualquer um deles vai afirmar, sem hesitação, que o que não sabem sobre a mente humana supera imensamente o que conhecem. É por isso que são publicados anualmente tantos livros em nível popular sobre o universo e sobre a consciência humana – ninguém ainda os compreendeu. Seria também possível incluir os meteorologistas no clube da ignorância. Acontece tanta coisa na atmosfera da Terra que pode afetar o tempo, é um espanto que os meteorologistas consigam predizer alguma coisa com precisão. Os apresentadores da previsão do tempo no noticiário vespertino são os únicos repórteres do programa de quem se espera que predigam as notícias. Eles se esforçam muito para acertar, mas, ao final, só conseguem quantificar sua perplexidade com declarações como "50 por cento de chance de chuva".

Uma coisa é certa, quanto mais profundamente perplexo se está na vida, mais aberta se torna a mente a novas ideias. Tenho evidências em primeira mão para essa constatação.

Durante uma participação no programa de entrevistas da PBS (Public Broadcasting Service) *Charlie Rose*, fui atiçado contra um biólogo bem conhecido numa discussão e avaliação das evidências de vida extraterrestre reveladas nos recantos e fissuras do já famoso meteorito marciano ALH84001. Esse viajante interplanetário com tamanho e forma de batata foi lançado da superfície de Marte pelo impacto de um meteoro energético, num modo análogo ao que acontece a cereais perdidos sobre a cama que são lançados para fora quando alguém pula para cima e para baixo sobre o colchão. O meteorito marciano então viajou através do espaço interplanetário por dezenas de milhões de anos, espatifou-se na Antártica, permaneceu enterrado no gelo por cerca de 10 mil anos e foi finalmente resgatado em 1984.

O relatório de pesquisa original de 1996, escrito por David McKay e colegas, apresentava uma série de evidências circunstanciais. Cada item, por si só, poderia ser atribuído a um processo não biogênico. Mas, considerados em conjunto, formavam um caso convincente para a possibilidade de Marte ter abrigado vida no passado. Uma das evidências mais intrigantes, embora cientificamente vazias, de McKay, era uma fotografia simples da rocha, tirada com um microscópio de alta resolução, mostrando algo minúsculo em forma de verme, com menos de um décimo do tamanho do menor verme conhecido na Terra. Eu estava (e ainda estou) entusiasmado com esses achados. Mas o biólogo meu companheiro de painel argumentava em defesa de seu ceticismo. Depois de ter entoado algumas vezes o mantra de Carl Sagan, "afirmações extraordinárias requerem evidências extraordinárias", ele declarou que a coisa vermiforme não poderia ser vida, porque não havia evidências de parede celular, além de a coisa ser muito menor que a menor vida conhecida na Terra.

Como?

Por último observei que a conversa era sobre vida marciana, e não sobre a vida na Terra que ele estava acostumado a estudar em seu laboratório. Eu não conseguia imaginar uma afirmação mais típica de mente fechada. Ou eu estava mantendo irresponsavelmente a mente aberta? Na verdade, é possível ter a mente tão aberta que importantes faculdades mentais transbordam e se perdem, como acontece com aqueles propensos a acreditar, sem ceticismo, em relatos de discos voadores e abduções por alienígenas. Como é que meu cérebro podia ser programado de um modo tão diferente da maneira de pensar do biólogo? Tanto ele como eu cursamos a escola superior, depois a pós-graduação. Obtivemos o doutorado em nossas respectivas áreas e temos dedicado a vida aos métodos e ferramentas da ciência. Talvez não seja preciso ir muito longe para encontrar a resposta. Publicamente, e entre si, os biólogos celebram com razão a diversidade da vida sobre a Terra, gerada pelas maravilhosas variações efetuadas pela seleção natural e expressa por diferenças no DNA de uma espécie para outra. Ao fim do dia, entretanto, a confissão deles não é escutada por ninguém: eles trabalham com uma única amostra científica: a vida na Terra.

Apostaria quase qualquer coisa em que a vida de outro planeta, se formada independentemente da vida na Terra, seria mais diferente de todas as espécies de vida terrestre que quaisquer duas espécies de vida terrestre são diferentes entre si. Por outro lado, os objetos, os esquemas de classificação e os conjuntos de dados do astrofísico são tirados do universo inteiro. Por essa simples razão, já é rotina que novos dados pressionem os astrofísicos a pensarem fora do convencional. E às vezes nossos corpos inteiros são empurrados completamente para fora do que é de praxe.

Poderíamos voltar aos tempos antigos para encontrar alguns exemplos, mas é desnecessário. O século XX servirá muito bem. E muitos destes exemplos já discutimos:

Bem quando pensávamos ser seguro contemplar um universo mecânico e nos deleitar com as leis deterministas da física clássica, Max Planck, Werner Heisenberg e outros tiveram de descobrir a mecânica quântica, demonstrando que as menores escalas do universo são inerentemente não deterministas, mesmo se todo o resto o for.

Bem quando pensávamos ser seguro falar sobre as estrelas do céu como a extensão do cosmos conhecido, Edwin Hubble teve de descobrir que todas as espirais enevoadas no céu eram galáxias externas – verdadeiros "universos-ilha", à deriva muito além da extensão das estrelas da Via Láctea.

Bem quando pensávamos ter decifrado o tamanho e a forma de nosso cosmos presumivelmente eterno, Edwin Hubble foi descobrir que o universo estava em expansão e que o universo galáctico se estendia até onde os maiores telescópios conseguiam ver. Uma consequência dessa descoberta foi que o cosmos teve um início – uma noção impensável para todas as gerações anteriores de cientistas.

Bem quando pensávamos que as teorias da relatividade de Albert Einstein nos capacitariam a explicar toda a gravidade do universo, Fritz Zwicky, astrofísico do Caltech, descobriu a matéria escura, uma substância misteriosa que exerce 90 por cento de toda a gravidade do universo, mas não emite luz e nem tem outras interações com a matéria comum. A substância ainda é um mistério. Além disso, Fritz Zwicky identifica e caracteriza uma classe de objetos no universo chamados de supernovas, que são explosões de estrelas únicas que emitem temporariamente a energia equivalente a 100 bilhões de sóis.

Não muito tempo depois de termos decifrado as características das explosões das supernovas, alguém descobriu explosões de raios gama na beirada do universo, que temporariamente eclipsaram todos os objetos emissores de energia do resto do universo juntos.

E, bem quando estávamos nos acostumando a viver com nossa ignorância da verdadeira natureza da matéria escura, dois grupos de pesquisadores que trabalhavam independentemente, um liderado pelo astrofísico de Berkeley Saul Perlmutter e o outro liderado pelos astrofísicos Adam Reiss e Brian Schmidt, descobriram que o universo não está apenas se expandindo, ele está acelerando. A causa? As evidências indicam uma pressão misteriosa dentro do vácuo do espaço que atua em direção oposta à da gravidade e que continua um mistério ainda maior que a matéria escura.

Claro que tudo isso é apenas uma coletânea dos incontáveis fenômenos alucinantes e espantosos que têm mantido os astrofísicos ocupados nos últimos cem anos. Eu poderia interromper a lista nesse ponto, mas seria negligente se não incluísse a descoberta das estrelas de nêutrons, que comprimem a massa do Sol dentro de uma bola cujo diâmetro mede mal e mal uma dúzia de quilômetros. Para atingir essa densidade em casa, basta enfiar uma manada de 50 milhões de elefantes no volume de um dedal.

Não há dúvida. A minha mente era programada de um modo bem diferente da maneira de pensar de um biólogo, por isso nossas reações diferentes à evidência de vida no meteorito de Marte eram compreensíveis, ainda que não inteiramente esperadas.

Para que eu não lhe passe a impressão de que o comportamento dos cientistas pesquisadores é indistinguível do de frangos recém-decapitados correndo sem rumo ao redor da gaiola, é preciso que você saiba que o corpo de conhecimentos que não deixa os cientistas perplexos é impressionante. Ele constitui a maior parte dos conteúdos dos livros didáticos introdutórios da universidade e compreende o consenso moderno de como o mundo funciona. Essas ideias são tão bem compreendidas que já não constituem temas interessantes de pesquisa, nem são uma fonte de confusão.

Certa vez recebi e moderei um painel de discussão sobre as teorias de tudo – aquelas tentativas ansiosas por explicar debaixo de um guarda-chuva conceitual todas as forças da natureza. No palco estavam cinco físicos ilustres e bem conhecidos. No meio do debate, eu quase tive de apartar uma briga, pois um deles parecia estar prestes a desferir um soco. O.k. Não me importei. A lição é a seguinte: se você vir cientistas participando de um debate acalorado, saiba que eles estão discutindo porque estão todos perplexos. Esses físicos estavam discutindo na vanguarda do conhecimento sobre os méritos e as deficiências da teoria das cordas, e não se a Terra orbita o Sol, ou se o coração bombeia sangue para o cérebro, ou se a chuva cai das nuvens.

TRINTA E SETE

PEGADAS NAS AREIAS DA CIÊNCIA

Se visitar a loja de presentes do Planetário Hayden, na cidade de Nova York, você vai encontrar à venda todo tipo de parafernália relacionada com o espaço. Ali estão coisas familiares – modelos plásticos do ônibus espacial e da *Estação Espacial Internacional*, ímãs de geladeira cósmicos, canetas espaciais Fisher. Mas ali estão também coisas inusitadas – sorvete desidratado de astronauta, jogo Monopoly de astronomia, saleiros e pimenteiros em formato de Saturno. Isso sem falar de coisas estranhas como borrachas no formato do telescópio *Hubble*, superbolas rochosas de Marte e vermes espaciais comestíveis. Claro que se esperaria um estoque desse num lugar como o planetário. Mas algo muito mais profundo está acontecendo. A loja de presentes presta um testemunho silencioso para a iconografia de meio século de descobertas científicas norte-americanas.

No século XX, os astrofísicos nos Estados Unidos descobriram as galáxias, a expansão do universo, a natureza de supernovas, quasares, buracos negros, explosões de raios gama, a origem dos elementos, a radiação cósmica de fundo em micro-ondas e a maior parte dos planetas conhecidos em órbita ao redor de outros sistemas solares que não o nosso. Embora os russos tenham chegado a um ou dois lugares antes de nós, enviamos sondas espaciais para Mercúrio, Vênus, Júpiter, Saturno, Urano e Netuno. Sondas americanas também aterrissaram em

Marte e no asteroide Eros. E os astronautas americanos caminharam sobre a Lua. Hoje a maioria dos americanos aceita tudo isso como natural, o que constitui praticamente uma definição operacional de cultura: algo que todo mundo faz ou conhece, mas já não percebe de maneira ativa.

Ao fazer compras no supermercado, a maioria dos americanos não se surpreende ao encontrar toda uma ala cheia de cereais açucarados já prontos para o café da manhã. Mas os estrangeiros notam esse tipo de coisa imediatamente, assim como os americanos viajantes percebem que na Itália os supermercados exibem um enorme sortimento de massas selecionadas e que na China e no Japão os mercados oferecem uma variedade espantosa de tipos de arroz. O outro lado de não perceber sua própria cultura é um dos grandes prazeres de viajar ao exterior: dar-se conta do que não se tinha percebido sobre o próprio país, e notar o que as pessoas de outros países já não percebem sobre si mesmas.

Alguns esnobes de outros países gostam de zombar dos Estados Unidos por causa de sua história curta e cultura tosca, particularmente quando comparada com os legados milenares da Europa, da África e da Ásia. Mas daqui a quinhentos anos os historiadores certamente verão o século XX como o século americano – aquele em que as descobertas americanas na ciência e tecnologia têm posição elevada na lista das realizações mundiais mais valiosas.

É óbvio que os Estados Unidos nem sempre estiveram no topo da escada da ciência. E não há garantia, nem sequer probabilidade, de que a preeminência americana continuará. Enquanto as capitais da ciência, e da tecnologia passam de uma nação para outra, elevando-se numa era e caindo na outra, cada cultura deixa sua marca na tentativa contínua da nossa espécie de compreender o universo e nosso lugar dentro dele. Quando os historiadores escrevem seus relatos desses eventos mundiais, os vestígios da presença de uma nação no palco central aparecem de forma proeminente na linha do tempo da civilização.

Muitos fatores influenciam como e por que uma nação deixará sua marca. Uma liderança forte importa, assim como o acesso a recursos. Mas algo mais deve estar presente – algo menos tangível, mas com o poder de levar toda uma nação a concentrar seu capital emocional, cultural e intelectual na criação de ilhas de excelência no mundo. Aqueles que vivem nessas épocas frequentemente dão por garantido o que criaram, na suposição cega de que as coisas continuarão para sempre como estão, deixando suas realizações suscetíveis de serem abandonadas pela própria cultura que as criou.

Com início no século VIII, e ao longo de quatrocentos anos – enquanto os fanáticos cristãos da Europa estavam estripando hereges –, os califas abássidas criaram um próspero centro intelectual de artes, ciências e medicina do mundo islâmico na cidade de Bagdá. Os astrônomos e matemáticos muçulmanos construíram observatórios, projetaram instrumentos avançados de medição do tempo e desenvolveram novos métodos de análise e computação matemática. Preservaram as obras existentes de ciência da antiga Grécia e de outros lugares, e também traduziram todas para o árabe. Colaboraram com eruditos cristãos e judaicos. E Bagdá tornou-se um centro do saber. O árabe foi, por algum tempo, a língua franca da ciência.

A influência dessas primeiras contribuições islâmicas à ciência continua até o presente. Por exemplo, foi tão amplamente distribuída a tradução árabe da *magnum opus* de Ptolomeu sobre o universo geocêntrico (escrita originalmente em grego, em 150 d.C.) que até hoje em dia, em todas as traduções, a obra é conhecida pelo seu título árabe *Almagesto*, ou "O maior".

Do matemático e astrônomo iraquiano Muhammad ibn Musa al-Khwarizmi vieram as palavras "algoritmo" e "algarismo" (de seu nome, al-Khwarizmi) e "álgebra" (da palavra *al-jabr* no título de seu livro sobre cálculo algébrico). E o sistema mundial partilhado de numerais – 0, 1, 2, 3, 4, 5, 6, 7, 8, 9 –, embora de origem indiana, apenas se tornou comum e se difundiu quando os matemáticos muçulmanos o exploraram. Além disso, os muçulmanos fizeram uso pleno e inovador do zero, que não existia entre os numerais romanos ou em qualquer sistema numérico estabelecido. Hoje, com legítima razão, os dez algarismos são internacionalmente referidos como numerais arábicos.

Astrolábios de latão portáteis com floreios gravados foram também desenvolvidos pelos muçulmanos, a partir de antigos protótipos, e tornaram-se obras de arte como instrumentos de astronomia. Um astrolábio projeta o céu abobadado numa superfície chata e, com camadas de mostradores rotativos e não rotativos, lembra a face elaborada e pomposa de um relógio do tempo de nossos avós. Ele capacitou os astrônomos, e também outros, a medirem as posições da Lua e das estrelas no céu, das quais podiam deduzir o tempo – algo geralmente útil de saber, em especial quando é hora da oração. O astrolábio era tão popular e influente como uma conexão terrestre para o cosmos que, até o presente, quase dois terços das estrelas mais brilhantes no céu noturno conservam seus nomes arábicos.

O nome traduzido se refere usualmente a uma parte anatômica da constelação descrita. As famosas na lista (com suas traduções livres) incluem: Rigel (*Al Rijl*, "pé") e Betelgeuse (*Yad al Jauza*, "mão do grandioso" – nos tempos modernos desenhada como a axila), as duas estrelas mais brilhantes da constelação de Órion; Altair (*At-Ta'ir*, "o voador"), a estrela mais brilhante da constelação de Aquila, a águia; e a estrela variável Algol (*Al-Ghul*, "o ghoul – vampiro"), a segunda estrela mais brilhante na constelação de Perseus, em referência ao olho piscante da cabeça decapitada e sangrenta da Medusa erguida no alto por Perseu. Na categoria menos famosa estão as duas estrelas mais brilhantes da constelação de Libra, embora identificada com o escorpião no auge do astrolábio: Zubenelgenubi (*Az-Zuban al-Janubi*, "garra sul") e Zebueneschamali (*Az-Zuban ash-Shamali*, "garra norte"), os nomes sobreviventes de estrela mais longos no céu.

Em nenhum período desde o século XI a influência científica do mundo islâmico se equiparou à que ele desfrutou nos quatro séculos anteriores. O falecido físico paquistanês Abdus Salam, o primeiro muçulmano a ganhar o Prêmio Nobel, lamentou:

> Não há dúvida [de que] entre todas as civilizações neste planeta a ciência é mais fraca nas terras do islã. Os perigos dessa fraqueza não podem ser superestimados porque a sobrevivência honrada de uma sociedade depende diretamente da força em ciência e tecnologia nas condições da presente era. (Hassan e Lui, 1984, p. 231)

Muitas outras nações têm desfrutado períodos de fertilidade científica. Pense na Grã-Bretanha e na base do sistema de longitude da Terra. O meridiano principal é a linha que separa o leste geográfico do oeste no globo. Definido como longitude grau zero, ele bissecta a base de um telescópio num observatório em Greenwich, um distrito de Londres na margem sul do rio Tâmisa. A linha não passa pela cidade de Nova York, nem por Moscou, nem por Pequim. Greenwich foi escolhido em 1884 por um conselho internacional de especialistas em longitude que se reuniram em Washington para esse fim.

No final do século XIX, os astrônomos do Observatório Real de Greenwich – fundado em 1675 e baseado, claro, em Greenwich – tinham acumulado e catalogado um acervo de dados de um século sobre as posições exatas de milhares de estrelas. Os astrônomos de Greenwich usavam um telescópio comum, mas especialmente projetado, restrito a se mover ao longo do arco meridional que conecta o norte exato ao sul exato através do zênite do observador. Por não rastrear o movimento geral de leste para oeste das estrelas, elas simplesmente passam quando a Terra gira em rotação. Formalmente conhecido como um instrumento de trânsito, esse telescópio permite marcar o tempo exato em que uma estrela cruza seu campo de visão. Por quê? A "longitude" de uma estrela no céu é o tempo num relógio sideral, o momento em que uma estrela cruza o meridiano. Hoje calibramos nossos relógios de pulso com relógios atômicos, mas naquela época não havia relógio mais confiável que a própria Terra em rotação. E não havia melhor registro da rotação da Terra do que as estrelas que passavam lentamente no alto do céu. E ninguém media melhor as posições das estrelas passantes do que os astrônomos do Observatório Real de Greenwich.

Durante o século XVII, a Grã-Bretanha tinha perdido muitos navios no mar em virtude de desafios de navegação decorrentes de não se conhecer a longitude com precisão. Num desastre especialmente trágico e em 1707, a frota britânica, sob o comando do vice-almirante Sir Clowdesley Shovell, encalhou nas ilhas Scilly, a oeste de Cornwall, perdendo quatro navios e 2 mil homens. Com bastante ímpeto, a Inglaterra finalmente autorizou a criação de um Conselho de Longitude, que oferecia um adiantamento gordo – 20.000 libras esterlinas – para a primeira pessoa que pudesse projetar um cronômetro que funcionasse no oceano. Esse cronômetro estava destinado a ser importante nos empreendimentos tanto militares como comerciais. Quando sincronizado com o tempo em Greenwich, esse cronômetro podia determinar a longitude de um navio com grande precisão. Bastava subtrair a hora local (obtida facilmente da posição observada do Sol ou das estrelas) da hora do cronômetro. A diferença entre as duas é uma medida direta da longitude leste ou oeste do meridiano principal.

Em 1735, o desafio do Conselho de Longitude foi resolvido por um relógio portátil do tamanho da palma da mão, projetado e construído por um mecânico inglês, John Harrison. Declarado como tão valioso para a navegação quanto uma pessoa que mantém vigia na proa de um navio, o cronômetro de Harrison deu significado renovado à palavra *"watch"* (a palavra inglesa *"watch"* pode significar "relógio" ou "vigia").

Por causa do apoio reiterado da Inglaterra a realizações na área de medições astronômicas e náuticas, Greenwich obteve o meridiano principal. Esse decreto colocou fortuitamente a linha internacional da data (a 180 graus do meridiano principal) no meio do nada, do outro lado do globo, no oceano Pacífico. Nenhum país seria dividido em dois dias, tendo de ficar ao lado de si mesmo no calendário.

Se os ingleses deixaram para sempre sua marca nas coordenadas espaciais do globo, nosso sistema básico de coordenadas temporais – um calendário baseado no Sol – é o produto de um investimento em ciência no âmbito da Igreja Católica. O incentivo para esse empreendimento não foi instigado pela própria descoberta cósmica, mas pela necessidade de manter a data da Páscoa no início da primavera. Tão importante era essa necessidade que o papa Gregório XIII fundou o Observatório do Vaticano, equipando-o com um grupo de padres jesuítas eruditos que acompanhavam e mediam a passagem do tempo com uma precisão sem precedentes. Por decreto, a data da Páscoa tinha sido marcada para o primeiro domingo depois da primeira lua cheia após o equinócio vernal (evitando que a Quinta-Feira Santa, a Sexta-Feira Santa e o Domingo de Páscoa caíssem num dia especial do calendário lunar de outros povos). Essa regra funciona desde que o primeiro dia da primavera permaneça em março, onde é o seu lugar. Mas o calendário juliano da Roma de Júlio César era tão impreciso que no século XVI havia acumulado dez dias extras, forçando o primeiro dia da primavera a recuar para 1º de abril, em vez de 21 de março. O dia a mais em quatro anos, uma característica principal do calendário juliano, tinha aos poucos corrigido exageradamente o tempo, empurrando a Páscoa para cada vez mais tarde no ano.

Em 1582, quando todos os estudos e análises estavam completos, o papa Gregório eliminou os dez dias indesejados do calendário juliano e decretou que o dia depois de 4 de outubro passaria a ser 15 de outubro.

A Igreja fez desde então um ajuste: em cada ano do século que não fosse divisível por 400, seria omitido um dia extra, que, do contrário, teria sido contado, corrigindo dessa maneira a correção exagerada do próprio dia extra.

Esse novo calendário "gregoriano" foi bem refinado no século XX para se tornar ainda mais preciso, preservando a acuidade do nosso calendário de parede em dezenas de milhares de anos por vir. Ninguém jamais tinha contado o tempo com tal precisão. Os Estados inimigos da Igreja Católica (como a Inglaterra protestante e sua prole rebelde, as colônias americanas) foram lentos em adotar a mudança, mas, por fim, todos no mundo civilizado, inclusive culturas que tradicionalmente se baseavam em calendários lunares, adotaram o calendário gregoriano como o padrão para negócios, comércio e política internacionais.

Desde o nascimento da revolução industrial, as contribuições europeias para a ciência e a tecnologia se tornaram tão engastadas na cultura ocidental que talvez seja preciso um esforço especial para recuar um passo a fim de percebê-las. A revolução foi um avanço em nossa compreensão da energia, possibilitando que os engenheiros inventassem maneiras de convertê-la de uma forma em outra. No final, a revolução serviria para substituir a força humana pela força da máquina, aumentando drasticamente a produtividade das nações e a subsequente distribuição de riqueza ao redor do mundo.

A linguagem da energia está recheada com os nomes daqueles cientistas que contribuíram para esse empenho. James Watt, o engenheiro escocês que aperfeiçoou a máquina a vapor em 1765, tem seu nome mais conhecido fora dos círculos da engenharia e da ciência. Seu último nome ou seu monograma são carimbados no topo de praticamente toda lâmpada. A unidade de potência de uma lâmpada, que mede a taxa em que ela consome energia e que está correlacionada com sua luminosidade, é dada em watts. Watt trabalhava com máquinas a vapor na

Universidade de Glasgow, que era, à época, um dos centros mundiais mais férteis de inovação em engenharia.

O físico inglês Michael Faraday descobriu a indução eletromagnética em 1831, o que possibilitou o primeiro motor elétrico. O farad, medida da capacidade de um dispositivo de armazenar carga elétrica, não faz provavelmente plena justiça a suas contribuições para a ciência.

O físico alemão Heinrich Hertz descobriu em 1888 as ondas eletromagnéticas que possibilitaram a comunicação por rádio; seu nome sobrevive como a unidade de frequência, a par de seus derivados métricos "quilo-hertz", "mega-hertz" e "giga-hertz".

Do físico italiano Alessandro Volta temos o volt, uma unidade do potencial elétrico. Do físico francês André-Marie Ampère temos a unidade de corrente elétrica conhecida como o ampere ou "amp" na forma abreviada. Do físico britânico James Prescott Joule, temos o joule, uma unidade de energia. A lista continua sem fim.

À exceção de Benjamin Franklin e seus incansáveis experimentos com a eletricidade, os Estados Unidos como nação observaram esse capítulo fértil da realização humana de longe, preocupados em obter sua independência da Inglaterra e explorando a economia de mão de obra escrava. Hoje o melhor que poderíamos fazer era prestar uma homenagem na série televisiva original de *Jornada nas estrelas*: a Escócia é o país de origem da revolução industrial e do engenheiro-chefe da nave espacial *Enterprise*. Seu nome? "Scotty", claro!

No final do século XVIII, a Revolução Industrial se desenrolava a todo o vapor, mas assim também a Revolução Francesa. Os franceses aproveitaram a ocasião para abalar mais do que a realeza; introduziram também o sistema métrico com o objetivo de padronizar o que era então um mundo de medidas incompatíveis a confundir tanto a ciência como o comércio. Os membros da Academia Francesa das Ciências lideraram o mundo nas pesquisas sobre a forma da Terra, e tinham orgulhosamente determinado que ela é um esferoide oblato.

Elaborando esse conhecimento, eles definiram que o metro consiste em dez milionésimos da distância desde o polo Norte até o equador ao longo da superfície da Terra passando – por onde mais? – por Paris. Essa medida de comprimento foi padronizada como a separação entre duas marcas gravadas numa barra especial feita com uma liga de platina e irídio. Os franceses planejaram muitos outros padrões decimais, que (à exceção do tempo decimal e dos ângulos decimais) acabaram sendo adotados por todas as nações civilizadas do mundo, exceto os Estados Unidos, a Libéria, na África Ocidental, e a nação tropical politicamente instável de Mianmar. Os artefatos originais desse empreendimento métrico estão preservados no Escritório Internacional de Pesos e Medidas – localizado, é claro, perto de Paris.

A partir do final da década de 1930, os Estados Unidos se tornaram um centro de atividade em física nuclear. Grande parte do capital intelectual vinha do êxodo de cientistas da Alemanha nazista. Mas o capital financeiro provinha de Washington, na corrida para vencer Hitler na construção de uma bomba atômica. O esforço coordenado para produzir a bomba ficou conhecido como Projeto Manhattan, assim chamado porque grande parte das primeiras pesquisas tinha sido feita em Manhattan, nos Laboratórios Pupin da Universidade de Columbia.

Os investimentos do tempo de guerra geraram imensos benefícios no tempo de paz para a comunidade da física nuclear. Desde a década de 1930 até a década de 1980, os aceleradores norte-americanos eram os maiores e os mais produtivos do mundo. Essas pistas de corrida da física são janelas para a estrutura fundamental e o comportamento da matéria. Eles criam raios de partículas subatômicas, aceleram-nas até quase a velocidade da luz com um campo elétrico inteligentemente configurado e estraçalham-nas em outras partículas, explodindo-as em pedacinhos. Esquadrinhando os fragmentos, os físicos têm encontrado evidências de estoques de novas partículas e até de novas leis da física.

Os laboratórios norte-americanos de física nuclear são famosos justamente. Até pessoas que nada sabem de física reconhecerão os principais nomes: Los Alamos, Lawrence Livermore, Brookhaven, Lawrence Berkeley, Fermi Labs, Oak Ridge. Os físicos nesses lugares descobriram novas partículas, isolaram novos elementos, inspiraram um modelo teórico nascente da física de partículas e acumularam prêmios Nobel por todas essas realizações.

A pegada americana nessa era da física está para sempre inscrita na extremidade pesada da tabela periódica. O elemento de número 95 é o amerício; o número 97 é o berquélio; o número 98 é o califórnio; o número 103 é o laurêncio, em referência a Ernest O. Lawrence, o físico americano que inventou o primeiro acelerador de partículas; e o número 106 é o seabórgio, em referência a Glenn T. Seaborg, o físico americano cujo laboratório na Universidade da Califórnia em Berkeley descobriu dez novos elementos mais pesados que o urânio.

Aceleradores sempre maiores alcançam energias sempre mais elevadas, sondando o limite, que recua rapidamente, entre o que é conhecido e desconhecido sobre o universo. A teoria cosmológica do *big bang* afirma que o universo foi outrora uma sopa muito pequena e muito quente de partículas subatômicas energéticas. Com um estraçalhador espetacular de partículas, os físicos poderiam ser capazes de simular os primeiros momentos do cosmos. Na década de 1980, quando os físicos propuseram exatamente um acelerador desse tipo (que acabou sendo chamado Supercolisor Supercondutor), o Congresso estava disposto a financiá-lo. O Departamento de Energia norte-americano estava disposto a supervisioná-lo. Os planos foram traçados. A construção começou. Um túnel circular com 80 quilômetros de circunferência (o tamanho de Washington com um anel rodoviário) foi cavado no Texas. Os físicos estavam ansiosos por espiar através da próxima fronteira cósmica. Mas em 1993, quando os custos excessivos não pareciam administráveis, o

Congresso, fiscalmente frustrado, retirou em caráter permanente os fundos para o projeto de 11 bilhões de dólares. Nunca ocorreu provavelmente a nossos representantes eleitos que, cancelando o Supercolisor, eles estariam abrindo mão da primazia norte-americana no campo da física de partículas experimental.

Se quiser ver a próxima fronteira, tome um avião para a Europa, que aproveitou a oportunidade para construir o maior acelerador de partículas do mundo e reivindicar seu lugar na paisagem do conhecimento cósmico. Conhecido como Grande Colisor de Hádrons, o acelerador é gerido pelo Centro Europeu de Física de Partículas (mais conhecido por uma sigla que já não combina com o seu nome, CERN). Embora alguns físicos norte-americanos sejam seus colaboradores, os Estados Unidos vão observar o empreendimento de longe, assim como tantas nações fizeram antes.

TRINTA E OITO

QUE SE FAÇA A ESCURIDÃO

A astrofísica reina como a mais humilhante das disciplinas científicas. A espantosa amplitude e profundidade do universo desinfla nossos egos todos os dias, e estamos continuamente à mercê de forças incontroláveis. Uma simples noite enevoada – que não interromperia nenhuma outra atividade humana – não nos deixa fazer observações com um telescópio que pode custar 20.000 dólares por noite, independentemente do tempo lá fora. Somos observadores passivos do cosmos, adquirindo dados quando, onde e como a natureza os revela para nós. Conhecer o cosmos requer que tenhamos janelas sobre o universo que permaneçam sem névoas, sem matizes e sem poluição. Mas o alastramento do que chamamos civilização, e a concomitante ubiquidade da tecnologia moderna, está geralmente em desacordo com essa missão. A menos que se tome alguma medida a respeito, as pessoas logo banharão a Terra numa luminosidade difusa, bloqueando todo o acesso às fronteiras da descoberta cósmica.

A forma mais óbvia e prevalente de astropoluição provém das lâmpadas das ruas. Com bastante frequência, elas podem ser vistas da janela do avião durante os voos noturnos, o que significa que esses postes de luz não iluminam apenas as ruas abaixo, mas também o resto do universo. Os maiores culpados são os postes de luz sem proteção, como aqueles sem tapa-luzes virados para baixo. Os municípios com essa iluminação mal projetada se veem comprando lâmpadas de potência mais elevada, porque a luz das ruas aponta para o alto. Essa luz desperdiçada, disparada para dentro do céu noturno, torna grande parte dos terrenos do mundo inadequada para a pesquisa astronômica. No simpósio "Preservando o céu astronômico", em 1999, os participantes lamentaram com razão a perda dos céus escuros ao redor do globo. Um estudo relatou que a iluminação ineficiente custa à cidade de Viena 720.000 dólares por ano; a Londres 2,9 milhões dólares; Washington, 4,2 milhões; e à cidade de Nova York, 13,6 milhões dólares (Sullivan e Cohen 1999, pp. 363-368). Note-se que Londres, com uma população semelhante à da cidade de Nova York, é mais eficiente na sua ineficiência quase por um fator 5.

O dilema do astrofísico não é que a luz escape para o espaço, mas que a atmosfera mais baixa sustente uma mistura de vapor de água, poeira e poluentes que ricocheteia de volta à Terra parte dos fótons que fluem para o alto, deixando o céu brilhando com a assinatura da vida noturna de uma cidade. Quando as cidades se tornam cada vez mais brilhantes, os objetos vagos no cosmos se tornam cada vez menos visíveis, cortando o acesso dos moradores urbanos ao universo.

É difícil exagerar a magnitude desse efeito. O raio de uma lanterna de bolso, apontado para a parede numa sala de jantar escurecida, é fácil de localizar. Mas acenda aos poucos a luz do teto, e observe como se torna cada vez mais difícil ver o raio. Sob céus poluídos de luz, torna-se difícil ou impossível detectar objetos vagos como os cometas, as nebulosas e as galáxias. Em toda a minha vida, nunca vi a Via Láctea de um lugar dentro dos limites de Nova York, e nasci e fui criado aqui. Se você observar o céu noturno a partir da Times Square encharcada de luz, talvez veja uma dúzia de estrelas, comparadas com as milhares que eram visíveis no mesmo lugar quando Peter Stuyvesant andava mancando pela cidade. Não é de admirar que os povos antigos tivessem em comum uma cultura de sabedoria celeste, enquanto as pessoas modernas, que não sabem nada sobre o céu noturno, têm em comum uma cultura de TV noturna.

A expansão de cidades eletricamente iluminadas durante o século XX criou uma neblina de tecnologia que forçou os astrônomos a deslocarem seus observatórios nos topos de morros, dos arredores das cidades para lugares remotos como as ilhas Canárias, os Andes chilenos e Mauna Kea, no Havaí. Uma exceção notável é o Observatório Nacional de Kitt Peak, no Arizona. Em vez de fugir da expansão e do brilho sempre mais intenso da cidade de Tucson, a uma distância de 80 quilômetros, os astrônomos permaneceram lutando ali. A batalha é mais fácil de vencer do que se poderia imaginar; tudo o que se tem de fazer é convencer as pessoas de que sua escolha de iluminação pública é um desperdício de dinheiro. No final, a cidade ganha postes de luz eficientes e os astrônomos ganham um céu escuro. O Regulamento Nº 8210 do Código de Iluminação Pública do Condado de Tucson/Pima passa a impressão de que o prefeito, o chefe de polícia e o guarda da prisão eram todos astrônomos à época em que o código foi aprovado. A Seção 1 identifica o objetivo do regulamento:

> O objetivo deste Código é fornecer padrões para a iluminação pública de modo que seu uso não interfira imoderadamente nas observações astronômicas. É intenção deste Código estimular, por meio da regulação de todos os tipos, espécies, construção, instalação e usos dos dispositivos de iluminação pública alimentados por energia elétrica, práticas e sistemas de iluminação que conservem a energia sem diminuir a proteção, utilidade, segurança e produtividade ao reforçarem o desfrute noturno da propriedade dentro da jurisdição.

E, depois de treze outras seções que apresentam regras e regulamentos rigorosos que devem reger a escolha de iluminação pública pelos cidadãos, chegamos à melhor parte, a seção 15:

Será uma infração civil para qualquer pessoa violar qualquer uma das cláusulas deste Código. Todo e qualquer dia em que perdurar a violação deverá constituir um delito separado.

Como se pode ver, ao derramar luz sobre o telescópio de um astrônomo, você pode transformar um cidadão pacífico num Rambo. Acham que estou brincando? A Associação Internacional do Céu Escuro (IDA) é uma organização que luta contra a luz apontada para o alto em qualquer lugar no mundo. Com uma declaração inicial que lembra aquela pintada nas viaturas do Departamento de Polícia de Los Angeles, o lema da IDA diz tudo: "Preservar e proteger o ambiente noturno e nossa herança de céus escuros por meio de uma iluminação pública de qualidade". E, como a polícia, a IDA vai atrás de você, se transgredir as regras.

Sei disso. Eles vieram atrás de mim. Menos de uma semana depois que o Centro Rose para a Terra e o Espaço abriu pela primeira vez suas portas ao público, recebi uma carta do diretor executivo da IDA ralhando comigo pelas luzes apontadas para o alto que estão engastadas no piso de nosso pátio de entrada. A acusação era justa – o pátio tem realmente quarenta lâmpadas (de potência muito baixa) que ajudam a delinear e iluminar a entrada arqueada revestida de granito do Centro Rose. Essas luzes são em parte funcionais e em parte decorativas. A questão da carta não era culpar essas lâmpadas minúsculas pelas más condições de visibilidade em toda a cidade de Nova York, mas lembrar ao Planetário Hayden sua responsabilidade de dar bom exemplo para o resto do mundo. Sinto vergonha de dizer que as lâmpadas ainda estão no mesmo lugar.

Mas nem tudo o que é ruim é artificial. Uma lua cheia brilha o suficiente para reduzir, de milhares para centenas, o número de estrelas visíveis a olho nu. Na verdade, a lua cheia é mais de 100 mil vezes mais brilhante que as mais brilhantes estrelas noturnas. E a física dos ângulos de reflexão confere à lua cheia mais de dez vezes o brilho de uma meia-lua. Esse luar também reduz enormemente o número de meteoros visíveis durante uma chuva de meteoros (embora as nuvens ainda sejam piores), independentemente de onde se está sobre a Terra. Por isso, jamais deseje uma lua cheia para um astrônomo que está a caminho de um grande telescópio. É verdade que a força de maré da Lua criou poças de maré e outros habitats dinâmicos que contribuíram para a transição da vida marinha para a terrestre, e, por fim, tornaram possível o desenvolvimento dos humanos. À parte esse detalhe, a maioria dos astrônomos que dependem da observação, especialmente os cosmólogos, ficaria feliz se a Lua nunca tivesse existido.

Alguns anos atrás recebi um telefonema de uma executiva publicitária que queria iluminar a Lua com o logo de sua companhia. Ela queria saber como deveria proceder. Depois de bater o fone, liguei para ela e expliquei polidamente por que era uma ideia ruim. Outros executivos de empresas me perguntam como colocar em órbita bandeiras luminosas com 1 quilômetro de largura e *slogans* atraentes escritos em toda a sua extensão, algo semelhante aos aeroplanos que escrevem no céu ou arrastam bandeiras que vemos nos eventos esportivos ou sobre o oceano diante de uma praia apinhada de gente. Eu sempre ameaço colocar a polícia da luz no encalço deles.

A ligação insidiosa da vida moderna com a poluição luminosa se estende a outras partes do espectro eletromagnético. A próxima que está em risco é a janela do astrônomo para o cosmos por ondas de rádio, inclusive as micro-ondas. Nos tempos modernos, vivemos inundados pelos sinais de dispositivos emissores de ondas de rádio como telefones celulares, abridores de porta de garagem, chaves que emitem sons "boip" ao trancar e destrancar as portas do carro por controle remoto, estações transmissoras de ondas de rádio, emissoras de rádio e televisão, *walkie-talkies,* pistolas de radar da polícia, GPS (sistemas de posicionamento global) e redes de comunicações por satélite. A janela da Terra para o universo por meio de ondas de rádio fica encoberta nessa neblina induzida pela tecnologia. E as poucas bandas em claro que permanecem dentro do espectro do rádio estão se tornando progressivamente mais estreitas, à medida que as ciladas da vida com alta tecnologia roubam cada vez mais terreno das ondas de rádio. A detecção e o estudo de objetos celestes extremamente tênues estão sendo comprometidos como nunca antes.

No último meio século, os radioastrônomos descobriram coisas extraordinárias, como pulsares, quasares, moléculas no espaço e a radiação cósmica de fundo em micro-ondas, a primeira evidência a sustentar a tese do próprio *big bang*. Mas até uma conversa sem fio pode abafar esses sinais de rádio fracos: os radiotelescópios modernos são tão sensíveis que uma comunicação por telefone celular entre dois astronautas sobre a Lua seria uma das fontes mais brilhantes no céu do rádio. E, se um marciano usasse telefones celulares, nossos radiotelescópios mais potentes também os captariam com facilidade.

A Comissão Federal de Comunicações (FCC, na sigla em inglês) não deixa de estar atenta às demandas pesadas e muitas vezes conflitantes que vários segmentos da sociedade colocam sobre o espectro do rádio. A Força-Tarefa em Políticas de Espectro, da FCC, pretende revisar as políticas que regem o uso do espectro eletromagnético, com a meta de melhorar sua eficiência e flexibilidade. O presidente da FCC, Michael K. Powell, disse ao *Washington Post* (19 de junho de 2002) que desejava que a filosofia da FCC passasse de uma abordagem "comando e controle" para outra "orientada para o mercado". A comissão vai também rever como aloca e designa as bandas do espectro de rádio, e como uma alocação pode interferir em outra.

Por sua parte, a Sociedade Astronômica Americana, a organização profissional dos astrofísicos dos EUA, tem solicitado a seus membros que sejam tão vigilantes quanto o pessoal da IDA – uma postura que endosso – para tentar convencer os elaboradores de políticas de que algumas frequências de rádio especialmente identificadas devem ficar livres para uso dos astrônomos. Tomando emprestado o vocabulário e os conceitos do irreprimível Movimento verde, essas bandas devem ser consideradas uma espécie de "selva eletromagnética" ou "parque nacional eletromagnético". Para eliminar interferências, as áreas geográficas ao redor dos observatórios protegidos também devem ficar livres de qualquer tipo de sinais de rádio gerados por seres humanos.

O problema mais desafiador talvez seja o seguinte: quanto mais longe da Via Láctea estiver um objeto, mais longo o comprimento da onda e mais baixa a frequência de seus sinais de rádio. Esse fenômeno, que é um efeito Doppler cosmológico, constitui a principal assinatura de nosso universo em expansão. Por isso, não é realmente possível isolar uma única gama de frequências "astrais" e afirmar que o cosmos inteiro, desde as galáxias próximas até a beirada do universo observável, possa ser apresentado através dessa janela. A luta continua.

Hoje, o melhor lugar para construir telescópios com o objetivo de explorar todas as partes do espectro eletromagnético é a Lua. Mas não no lado virado para a Terra. Colocá-los ali poderia ser pior que olhar para o espaço a partir da superfície da Terra. Quando vista do lado próximo da Lua, a Terra parece treze vezes maior, e brilha umas cinquenta vezes mais do que a Lua quando vista da Terra. E a Terra nunca se põe. Como se poderia suspeitar, os sinais de comunicações vibrantes da civilização também tornam a Terra o objeto mais brilhante no céu das ondas de rádio. O paraíso do astrônomo é o outro lado da Lua, onde a Terra nunca nasce, permanecendo para sempre enterrada abaixo do horizonte.

Sem a visão da Terra, os telescópios construídos sobre a Lua poderiam apontar para qualquer direção do céu sem o risco de contaminação pelas emanações eletromagnéticas da Terra. E não só isso, a noite na Lua dura quase quinze dias da Terra, o que possibilitaria que os astrônomos monitorassem objetos no céu por dias a fio, que é muito mais tempo do que conseguem fazê-lo na Terra. E, como não existe uma atmosfera lunar, as observações realizadas a partir da superfície da Lua seriam tão boas quanto as observações do cosmos a partir da órbita da Terra. O *Telescópio Espacial Hubble* perderia o direito de vangloriar-se que ora desfruta.

Além disso, sem uma atmosfera para espalhar a luz solar, o céu diurno da Lua é quase tão escuro quanto sua noite, por isso as estrelas favoritas de todo mundo pairam visíveis no céu mesmo quando bem ao lado do disco do Sol. Ainda está para ser encontrado um lugar mais livre de poluição.

Pensando duas vezes, retiro meus duros comentários anteriores sobre a Lua. Afinal, a nossa vizinha no espaço talvez se torne um dia a melhor amiga do astrônomo.

TRINTA E NOVE

NOITES DE HOLLYWOOD

Poucas coisas incomodam mais os amantes do cinema do que ver um filme na companhia de amigos muito enfronhados em literatura que não resistem a comentar por que o livro era melhor. Essas pessoas se põem a tagarelar que os personagens eram mais plenamente desenvolvidos no romance ou que a linha narrativa original era concebida com mais profundidade. Na minha opinião, elas deveriam ficar em casa e deixar o resto dos mortais ver o filme com prazer. Para mim, é meramente uma questão de economia: ver um filme é mais barato e mais rápido que comprar e ler o livro que lhe serviu de base. Com essa atitude anti-intelectual, eu deveria ficar mudo cada vez que percebo transgressões científicas na história ou no cenário de um filme. Mas não me calo. De vez em quando posso ser tão chato quanto as traças dos livros para os outros amantes do cinema. Com o passar dos anos, tenho colecionado erros flagrantes das tentativas hollywoodianas de mostrar ou captar o cosmos. E já não consigo guardá-los para mim mesmo.

A minha lista, por sinal, não consiste em mancadas. Uma mancada é um erro que os produtores ou os editores de continuidade por acaso deixam passar, mas acabam em geral percebendo e corrigindo. Os astroerros de que estou falando foram introduzidos de propósito e indicam profunda falta de atenção a detalhes facilmente verificáveis.

Eu ainda afirmaria que nenhum desses roteiristas, produtores ou diretores estudou Astronomia 101 na universidade.

Vamos começar pelo fim da lista.

O buraco negro, filme da Disney de 1977, que está na lista dos dez piores filmes de muita gente (inclusive na minha), uma nave espacial no estilo de H. G. Wells perde o controle de seus motores e mergulha num buraco negro. O que mais os artistas dos efeitos especiais poderiam pedir? A nave e sua tripulação foram rasgados em pedaços pelas sempre crescentes forças de maré da gravidade – algo que um buraco negro real lhes faria? Não. Houve alguma tentativa de retratar a dilatação de tempo relativista, conforme predito por Einstein, quando o universo ao redor da tripulação condenada evolui rapidamente através de bilhões de anos, enquanto eles envelhecem apenas alguns tiques de seus relógios? Não. A cena mostrou realmente um disco de gás acrescido redemoinhando ao redor do buraco negro. Ponto para eles. Os buracos negros fazem esse tipo de coisa com o gás que cai na sua direção. Mas jatos elongados de matéria e energia espirraram de cada lado do disco de acreção? Não. A nave passou pelo buraco negro e foi cuspida em outro tempo? Em outra parte do universo? Ou em outro universo totalmente diferente? Não. Em vez de captar essas ideias férteis do ponto de vista cinematográfico e cientificamente inspiradas, os narradores delinearam as entranhas do buraco negro como uma caverna escura, com estalagmites e estalactites flamejantes, como se estivéssemos visitando o porão quente e fumegante das cavernas de Carlsbad.

Algumas pessoas talvez considerem essas cenas como expressões da licença artística ou poética do diretor, aceitando que ele invente imagens cósmicas extravagantes sem levar em conta o universo real. Mas, visto como as cenas são capengas, é mais provável que tenham sido expressão da ignorância científica do diretor. Vamos supor que houvesse uma "licença científica", pela qual um cientista, ao realizar uma obra de arte, optasse por ignorar certos elementos fundamentais da expressão artística. Vamos supor que os cientistas, sempre que desenhassem uma mulher, dessem à figura três seios, sete dedos em cada pé e uma orelha no meio do rosto. Num exemplo menos extremo, vamos supor que os cientistas desenhassem as pessoas com joelhos que se dobram para trás, ou com proporções estranhas entre os ossos longos do corpo. Se isso não iniciasse um novo movimento de expressão artística – semelhante às representações perturbadas da face humana realizadas por Picasso –, os artistas nos mandariam todos imediatamente de volta para a escola, para termos algumas aulas de arte sobre anatomia básica.

Foi licença artística ou ignorância o que levou o pintor de uma obra de arte no Louvre a desenhar um beco circundado por árvores eretas, cada uma com uma sombra feita pelo Sol apontando na direção do centro do círculo? O artista nunca percebeu que todas as sombras lançadas pelo Sol sobre objetos verticais são paralelas? É licença artística ou ignorância que quase toda Lua já pintada por artistas seja um crescente ou uma lua cheia? Durante metade de qualquer mês, a fase da Lua não é nem crescente nem cheia. Os artistas pintavam o que viam ou o que desejavam ter visto? Quando *O poderoso chefão III* de Francis Ford Coppola estava sendo filmado, em 1990, seu cinegrafista telefonou para meu escritório e perguntou quando e onde era a melhor ocasião para filmar a lua cheia elevando-se sobre a linha do horizonte de Manhattan. Quando lhe ofereci o quarto crescente ou uma lua crescente, ele não quis saber. Só servia a lua cheia.

Apesar da minha ira, não há dúvida de que as contribuições criativas dos artistas mundiais seriam mais pobres na ausência da licença artística. Entre outras perdas, não teria havido impressionismo, nem cubismo. Mas o que distingue a boa licença artística da má é o artista ter adquirido acesso a todas as informações relevantes antes de a criatividade se instalar. Talvez Mark Twain tenha se expressado da melhor maneira:

Obtenha os fatos primeiro, depois você pode distorcê-los o quanto quiser.
(1899, Vol. 2, Cap. XXXVII)

Em *Titanic*, filme de grande sucesso de 1997, o produtor e diretor James Cameron investiu pesado não só em efeitos especiais, mas também em recriar os interiores luxuosos do navio. Dos candeeiros nas paredes aos padrões na cerâmica e na prataria, nenhum detalhe da decoração foi pequeno demais para atrair a atenção do senhor Cameron, que fez questão de se referir aos últimos artefatos resgatados pelas missões ao navio afundado, a mais de 3,5 quilômetros de profundidade. Além disso, ele pesquisou cuidadosamente a história da moda e dos costumes sociais, para garantir que os personagens se vestissem e se comportassem de modo coerente com o ano de 1912. Consciente de que o navio tinha apenas três de suas quatro chaminés conectadas às máquinas, Cameron mostra acuradamente a fumaça saindo apenas de três chaminés. Sabemos, por registros precisos dessa primeira viagem de Southampton à cidade de Nova York, a data e a hora em que o navio naufragou, bem como a longitude e a latitude terrestres do local em que afundou. Cameron também capta esses dados.

Com toda essa atenção aos detalhes, seria de pensar que James Cameron tivesse prestado um pouquinho mais de atenção às estrelas e constelações que eram visíveis naquela noite fatal.

Ele não prestou atenção.

No filme, as estrelas acima do navio não têm nenhuma correspondência com quaisquer constelações num céu real. Pior ainda, enquanto a heroína vem à tona e cantarola algo agarrada a uma prancha de madeira nas águas geladas do Atlântico Norte, ela olha bem para o alto e somos brindados com sua visão desse céu hollywoodiano – um céu em que as estrelas na metade direita da cena delineiam a imagem espelhada das estrelas na metade esquerda. Até que ponto a preguiça pode nos levar? Conseguir o céu correto não teria exigido um grande reajuste do orçamento do filme.

O estranho é que ninguém teria percebido se Cameron não houvesse captado acuradamente os padrões da cerâmica dos pratos e da prataria. Enquanto, por uns 50 dólares, qualquer um pode comprar para seu computador pessoal uma dúzia de programas que mostram o céu real para qualquer hora do dia, qualquer dia do ano, qualquer ano do milênio, e para qualquer lugar sobre a Terra.

Numa ocasião, entretanto, Cameron exerceu louvavelmente a licença artística. Depois do afundamento do *Titanic*, vemos inúmeras pessoas (mortas e vivas) flutuando na água. Claro, naquela noite sem lua no meio do oceano, mal se veria a mão na frente do rosto. Cameron teve de acrescentar iluminação para que o espectador pudesse acompanhar o resto da história. A iluminação era suave e razoável, sem sombras óbvias indicando uma embaraçosa (e inexistente) fonte de luz.

Essa história tem realmente um final feliz. Como muitas pessoas sabem, James Cameron é um explorador moderno, que valoriza de fato o empreendimento científico. Sua expedição submarina ao *Titanic* foi uma das muitas que lançou, e ele trabalhou por muitos anos no Conselho Consultivo de alto nível da NASA. Durante uma ocasião recente na cidade de Nova York, quando ele foi homenageado pela revista *Wired* por seu espírito aventureiro, fui convidado para um jantar com os editores e o próprio Cameron. Que melhor ocasião para lhe falar de seus erros com o céu de *Titanic*? Assim, depois que choraminguei por dez minutos sobre a questão, ele respondeu: "O filme, em todo o mundo, arrecadou mais de 1 bilhão de dólares. Imagine quanto mais eu não teria recebido se tivesse apresentado o céu correto!"

Nunca antes eu tinha sido silenciado de um modo tão polido, ainda que cabal. Retornei humildemente ao meu aperitivo, um pouco envergonhado de ter abordado a questão. Dois meses mais tarde, recebi um telefonema no meu escritório no planetário. Era um especialista em visualização computacional de uma unidade de pós-produção para James Cameron. Ele disse que, para a reedição do filme *Titanic*, numa Edição Especial de Colecionador, eles restaurariam algumas cenas, e que ele tinha sido informado de que eu poderia ter um céu noturno acurado que eles talvez quisessem usar nessa nova edição. Sem problemas, gerei a imagem correta do céu noturno para toda direção possível em que Kate Winslet e Leonardo DiCaprio pudessem virar a cabeça enquanto o navio afundava.

A única vez em que me dei ao trabalho de escrever uma carta reclamando de um erro cósmico foi depois de ter visto L. A. *Story*, comédia romântica de 1991, escrita e produzida por Steve Martin. Nesse filme, Martin usa a Lua para marcar o tempo, mostrando sua fase que passa de crescente a cheia. Não se faz nenhum escarcéu desse fato. A Lua apenas está lá no céu, noite após noite. Aplaudo o empenho de Martin em envolver o universo na sua linha narrativa, mas essa lua hollywoodiana crescia na direção errada. Vista de qualquer localização ao norte do equador da Terra (Los Angeles tem essa característica), a superfície iluminada da Lua cresce da direita para a esquerda.

Quando a Lua é um crescente fino, você pode encontrar o Sol 20 ou 30 graus à sua direita. Quando a Lua orbita a Terra, o ângulo entre ela e o Sol aumenta, permitindo que uma parte cada vez maior de sua superfície visível seja iluminada, chegando a uma iluminação frontal de 100 por cento a 180 graus. (Essa configuração Sol-Terra-Lua mensal é conhecida como sizígia, que propicia com certeza uma lua cheia e, de vez em quando, um eclipse lunar.)

A lua de Steve Martin crescia da esquerda para a direita. Crescia para trás. A minha carta para o senhor Martin era polida e respeitosa, escrita com a suposição de que ele gostaria de conhecer a verdade cósmica. Ai de mim, não recebi resposta, mas é que eu estava apenas na pós-graduação à época, sem um timbre de peso para atrair sua atenção.

Mesmo o épico do piloto de teste machista de 1983, *Os eleitos – Onde o futuro começa*, tinha muita coisa errada. Na minha transgressão favorita, Chuck Yeager, o primeiro a voar além da velocidade do som, é apresentado ascendendo a 24.384 metros, estabelecendo com isso mais outro recorde de altitude e velocidade. Ignorando o fato de que a cena se passa no deserto de Mojave, na Califórnia, onde nuvens de qualquer espécie são raras, quando Yeager dispara através do ar, vemos passar zunindo altos-cúmulos brancos e gordos. Esse erro certamente incomodaria os meteorologistas, porque, na atmosfera real da Terra, essas nuvens jamais seriam apanhadas acima de 6.096 metros.

Sem esses acessórios visuais, suponho que o espectador não teria uma noção instintiva da enorme velocidade do avião. Assim, compreendo o motivo. Mas o diretor do filme, Philip Kaufman, tinha outras alternativas: outros tipos de nuvens, como os cirros e as especialmente belas nuvens noctilucentes, existem realmente em altitudes muito elevadas. Em algum ponto da vida, temos de aprender que elas existem.

O filme *Contato*, de 1997, inspirado pelo romance de mesmo nome escrito por Carl Sagan em 1983, contém uma astrogafe especialmente vexaminosa. (Vi o filme e nunca li o livro. Mas todo mundo que leu o livro diz, claro, que é melhor que o filme.) *Contato* explora o que poderia acontecer quando os humanos encontrassem vida inteligente na galáxia e entrassem em contato com ela. A heroína astrofísica e caçadora de alienígenas é a atriz Jodie Foster. Ela recita uma fala fundamental que contém informações matematicamente impossíveis. Assim que declara seu interesse amoroso pelo ex-padre Matthew McConaughey, sentados com o maior radiotelescópio do mundo atrás deles, ela lhe diz com paixão: "Se houvesse 400 bilhões de estrelas na galáxia, e apenas uma em 1 milhão tivesse planetas, e apenas um em 1 milhão desses tivesse vida, e apenas um em 1 milhão desses tivesse vida inteligente, isso ainda nos deixaria com milhões de planetas a explorar". Errado. Segundo seus números, isso nos deixaria com 0,0000004 planeta com vida inteligente, um número um tanto inferior a "milhões". Não há dúvida de que "um em 1 milhão" soa melhor na tela do que "um em dez", mas não dá para falsear a matemática.

A fala da senhora Foster não era uma expressão gratuita de matemática; era um reconhecimento explícito da famosa equação de Drake, nomeada em referência ao astrônomo Frank Drake, que calculou pela primeira vez a probabilidade de se encontrar vida inteligente na galáxia com base numa sequência de fatores, a começar pelo número total de estrelas numa galáxia. Por essa razão, era uma das cenas mais importantes do filme. A quem atribuir a culpa pelo erro crasso? Não aos roteiristas, mesmo que as palavras tenham sido repetidas *ipsis litteris*. Eu culpo Jodie. Como atriz principal, ela forma a última linha de defesa contra erros que se insinuam entre as linhas que profere. Por isso, ela tem alguma responsabilidade. E não é só, na última vez que verifiquei os dados, ela havia cursado a pós-graduação na Universidade de Yale. Eles certamente ensinam aritmética ali.

Durante as décadas de 1970 e 1980, a popular telenovela *As The World Turns* [Enquanto o mundo gira] apresentava o nascer do sol durante os créditos iniciais, e o ocaso durante os créditos finais, o que, dado o título do espetáculo, era um gesto cinematográfico adequado. Infelizmente, o alvorocer era um ocaso filmado de trás para a frente. Ninguém se deu ao trabalho de notar que, em cada dia do ano no hemisfério Norte, o Sol se levanta num ângulo para cima e para a direita do lugar no horizonte em que ele nasce. Ao final do dia, ele desce através do céu num ângulo para baixo e para a direita. O nascente na novela mostrava o Sol se movendo para a esquerda ao se levantar. Eles obviamente tinham um filme que mostrava um pôr do sol e passaram a cena de trás para a frente na abertura da novela. Ou os produtores tinham sono demais para acordar cedo e filmar o nascer do sol, ou o nascer do sol foi filmado no hemisfério Sul – e depois a equipe de filmagem correu para o hemisfério Norte a fim de filmar o pôr do sol. Se tivessem falado com os astrofísicos locais, qualquer um de nós teria recomendado que, se precisavam economizar, eles poderiam ter projetado o ocaso num espelho, antes de projetá-lo de trás para a frente. Isso teria atendido às necessidades de todo mundo.

É claro que um inescusável astroanalfabetismo se estende além da televisão, dos filmes e das pinturas no Louvre. O famoso teto crivado de estrelas da estação Grand Central Terminal, em Nova York, se eleva bem acima do rebuliço dos incontáveis passageiros diários. Eu não teria objeções se os projetistas não tivessem a pretensão de retratar um céu autêntico. Mas essa tela de 3 acres contém, entre suas várias centenas de estrelas, uma dúzia de constelações reais, cada uma traçada em seu esplendor clássico, com a Via Láctea fluindo pela cena, exatamente onde se deveria encontrá-la. Deixando de lado a cor esverdeada, que lembra muito a dos utensílios domésticos da Sears na década de 1950, o céu está disposto para trás. Sim, para trás. Acontece que essa era uma prática comum durante a Renascença, no tempo em que os fabricantes de globos faziam esferas celestes. Mas, nesses casos, você, o espectador, estava num lugar mítico "fora" do céu, olhando para baixo, pois imaginava-se que a Terra ocupasse o centro do globo. Esse argumento funciona bem para esferas menores que você, mas falha miseravelmente para tetos de 40 metros. E no meio desse arranjo para trás, por razões que ainda tenho de adivinhar, as estrelas da constelação de Órion estão posicionadas para a frente, com Betelgeuse e Rigel corretamente orientadas.

A astrofísica não é certamente a única ciência pisoteada por artistas pouco informados. Os naturalistas têm provavelmente registrado mais reclamações do que nós. Posso escutá-los: "Essa é a canção de baleia errada para a espécie de baleia que mostraram no filme". "Aquelas plantas não são nativas dessa região." "Aquelas formações de rocha não têm relação com esse terreno." "Os sons produzidos por aqueles gansos são de uma espécie que não voa para nenhum lugar perto desse local." "Eles queriam que acreditássemos que está no meio do inverno, mas aquele bordo ainda tem todas as folhas."

Na minha próxima vida, o que planejo fazer é abrir uma escola de ciência artística, onde as pessoas criativas possam ser reconhecidas pelo seu conhecimento do mundo natural. Depois de se formarem, elas teriam a permissão de distorcer a natureza apenas de maneiras informadas que expandissem suas necessidades artísticas. Enquanto os créditos rolassem na tela, o diretor, o produtor, o cenógrafo, o cinegrafista e quem quer que recebesse algum crédito listaria orgulhosamente sua condição de membro da SCIPAL, a Sociedade para a Infusão de Credibilidade na Licença Artística e Poética.

SEÇÃO 7

CIÊNCIA E DEUS

QUANDO AS MANEIRAS DE CONHECER COLIDEM

QUARENTA

NO INÍCIO[7]

A física descreve o comportamento da matéria, da energia, do espaço e do tempo, bem como a interação entre eles no universo. Daquilo que os cientistas têm sido capazes de determinar, todos os fenômenos químicos e biológicos são regidos pelo que esses quatro personagens de nosso drama cósmico fazem uns para os outros. Assim, tudo o que é fundamental e familiar para nós, terráqueos, começa com as leis da física.

Em quase toda área de investigação científica, mas especialmente na física, a fronteira da descoberta reside nos extremos da medição. Nos extremos da matéria, como a vizinhança de um buraco negro, encontramos a gravidade deformando enormemente o contínuo espaço-tempo circundante. Nos extremos da energia, sustenta-se a fusão termonuclear nos núcleos das estrelas a 10 milhões de graus. E, em cada extremo imaginável, descobrimos as condições extravagantemente densas e extravagantemente quentes que prevaleceram durante os primeiros momentos do universo.

A vida cotidiana, alegro-me em informar, é inteiramente desprovida da física extrema. Numa manhã normal, você se levanta da cama, anda pela casa, come alguma coisa, sai em disparada pela porta da frente.

---

[7] Este ensaio foi o vencedor do Prêmio de Escrita Científica de 2005 concedido pelo Instituto Americano de Física. (N. T.)

E, ao final do dia, seus entes queridos esperam de todo coração que você não pareça diferente do que era quando saiu, e que retorne para casa inteiro. Mas imagine chegar ao escritório, entrar numa sala de conferências superaquecida para uma reunião importante às 10h da manhã e, de repente, perder todos os seus elétrons – ou, pior ainda, ver todos os átomos de seu corpo saírem voando cada um para um lado. Ou suponha que você está sentado em seu escritório tentando fazer algum trabalho à luz da lâmpada da escrivaninha, e alguém acende a luz do teto, levando seu corpo a ricochetear aleatoriamente de parede a parede até ser atirado pela janela como um boneco de caixa de surpresas. Ou, e se você fosse assistir a uma luta de sumô depois do trabalho e visse os dois cavalheiros esféricos colidirem, desaparecerem e depois se tornarem espontaneamente dois raios de luz?

Se essas cenas se desenrolassem todos os dias, a física moderna não pareceria tão bizarra, o conhecimento de seus fundamentos fluiria naturalmente a partir de nossa experiência de vida, e nossos entes queridos provavelmente nunca nos deixariam ir trabalhar. Naqueles primeiros minutos do universo, entretanto, esse tipo de coisa acontecia o tempo todo. Para imaginar e compreender esse panorama, não temos alternativa senão estabelecer uma nova forma de senso comum, uma intuição alterada sobre como as leis físicas se aplicam a extremos de temperatura, densidade e pressão.

Aqui entra o mundo de $E = mc^2$.

Albert Einstein publicou pela primeira vez uma versão dessa famosa equação em 1905, num artigo científico seminal intitulado "Sobre a eletrodinâmica dos corpos em movimento". Mais conhecidos como teoria da relatividade especial, os conceitos apresentados nesse estudo mudaram para sempre nossas noções de espaço e tempo. Einstein, então com apenas 26 anos, propôs mais detalhes sobre sua equação cristalina num artigo separado extraordinariamente curto, publicado mais tarde no mesmo ano: "A inércia de um corpo depende de seu conteúdo de energia?". Para lhe poupar o esforço de desenterrar o artigo original, projetar um experimento e testar a teoria, a resposta é "sim". Como Einstein escreveu:

> Se um corpo emite a energia E na forma de radiação, sua massa diminui por E/c^2 [...] A massa de um corpo é uma medida de seu conteúdo de energia; se a energia muda por E, a massa muda no mesmo sentido. (1952, p.71)

Incerto quanto à verdade de sua afirmação, ele então sugeriu:

> Não é impossível que, com os corpos cujo conteúdo-energia é variável em alto grau (p. ex., com os sais de rádio), a teoria possa ser testada com sucesso. (1952, p. 71)

Está aí – a receita algébrica para todas as ocasiões em que se desejar converter matéria em energia ou energia em matéria. Nessas frases simples, Einstein sem querer deu aos astrofísicos uma ferramenta computacional, $E = mc^2$, que estende seu alcance desde o universo como é hoje em dia até as frações infinitesimais de um segundo depois de seu nascimento.

A forma mais familiar de energia é o fóton, uma partícula de luz irredutível, sem massa. Você está banhado em fótons para sempre: desde o Sol, a Lua e as estrelas até seu fogão, seu lustre e seu abajur. Então por que você não experimenta $E = mc^2$ todo dia? A energia dos fótons da luz visível fica muito abaixo da energia das partículas subatômicas menos massivas. Não há nada mais que esses fótons possam se tornar, e, assim, eles levam vidas felizes, relativamente sem acontecimentos.

Quer ver alguma ação? Comece a andar por perto dos fótons dos raios gama que têm bastante energia real – no mínimo 200 mil vezes mais do que a dos fótons visíveis. Você logo vai ficar doente e morrer de câncer, mas antes que isso aconteça vai ver pares de elétrons – um de matéria, o outro de antimatéria; um dos muitos duos dinâmicos no universo das partículas – pipocarem onde antes vagavam fótons. Enquanto observa, você também verá pares matéria-antimatéria de elétrons colidirem, aniquilando-se uns aos outros e criando de novo fótons de raios gama. Aumente a energia da luz por um fator de outros 2.000, e você agora tem raios gama com energia suficiente para transformar pessoas suscetíveis no Hulk. Mas pares desses fótons têm agora bastante energia para criar espontaneamente os mais massivos nêutrons, prótons e seus parceiros na antimatéria.

Os fótons de alta energia não erram por qualquer lugar. Mas o lugar não precisa ser imaginário. Para os raios gama, quase todo ambiente mais quente que alguns bilhões de graus servirá perfeitamente.

A importância cosmológica dos pacotes de partículas e de energia, uma transmutando-se na outra, é assombrosa. Atualmente a temperatura de nosso universo em expansão, calculada a partir de medições do banho de micro-onda da luz que permeia todo o espaço, são meros 2,73 Kelvin. Como os fótons da luz visível, os fótons da micro-onda são frios demais para ter quaisquer ambições realistas de se transformarem em partícula por meio de $E = mc^2$; na verdade, não há partículas conhecidas em que eles possam espontaneamente se transformar. Ontem, entretanto, o universo era um pouquinho menor e um pouquinho mais quente. No dia anterior, era ainda menor e mais quente. Retroceda os relógios ainda mais um pouco – digamos, 13,7 bilhões de anos – e você aterrissa em cheio na sopa primordial do *big bang*, um tempo em que a temperatura do cosmos era alta o suficiente para ser astrofisicamente interessante.

A maneira como o espaço, o tempo, a matéria e a energia se comportavam desde o início, enquanto o universo se expandia e esfriava, é uma das maiores histórias já contadas. Mas, para explicar o que se passou nesse cadinho cósmico, você deve encontrar um meio de mesclar as quatro forças da natureza numa só, e encontrar um meio de conciliar dois ramos incompatíveis da física: a mecânica quântica (a ciência do pequeno) e a relatividade geral (a ciência do grande).

Incitados pelo casamento bem-sucedido da mecânica quântica com o eletromagnetismo em meados do século XX, os físicos dispararam numa corrida para combinar a mecânica quântica e a relatividade geral (numa teoria da gravidade quântica). Embora ainda não tenhamos atingido a linha de chegada, sabemos exatamente onde estão os obstáculos altos: durante a "era Planck". Essa é a fase até 10^{-43} segundos (um décimo de milionésimo de trilionésimo de trilionésimo de trilionésimo de segundo) depois do início, e antes que o universo crescesse a 10^{-35} metros (um centésimo de bilionésimo de trilionésimo de trilionésimo de 1 metro) de extensão. O físico alemão Max Planck, em cuja homenagem essas quantidades inimaginavelmente pequenas foram nomeadas, introduziu a ideia da energia quantizada em 1900, sendo-lhe geralmente atribuído o título de pai da mecânica quântica.

Nada que nos preocupe, entretanto. O choque entre a gravidade e a mecânica quântica não propõe nenhum problema prático para o universo contemporâneo. Os astrofísicos aplicam os princípios e as ferramentas da relatividade geral e da mecânica quântica a classes muito diferentes de problemas. Mas no início, durante a era de Planck, o grande era pequeno, e deve ter ocorrido uma espécie de casamento forçado entre os dois. Pena que os votos trocados durante essa cerimônia continuam a nos eludir, e, assim, nenhuma lei (conhecida) da física descreve com segurança o comportamento do universo durante o breve interregno.

Ao final da era Planck, entretanto, a gravidade se contorceu e se soltou das outras forças ainda unificadas da natureza, alcançando uma identidade independente muito bem descrita pelas nossas teorias atuais. Ao envelhecer ao longo dos 10^{-35} segundos, o universo continuou a se expandir e esfriar, e o que restou das forças unificadas se dividiu na força eletrofraca e na força nuclear forte. Ainda mais tarde, a força eletrofraca se dividiu na força eletromagnética e na força nuclear fraca, deixando à mostra as quatro forças distintas que viemos a conhecer e amar: a força fraca que controla o decaimento radioativo, a força forte que liga o núcleo, a força eletromagnética que liga as moléculas e a gravidade que liga a matéria volumosa. A essa altura, o universo existia há um mero trilionésimo de segundo. Mas suas forças transformadoras e outros episódios críticos já haviam imbuído nosso universo de propriedades fundamentais, cada uma digna de seu próprio livro.

Enquanto o universo se arrastava pelo seu primeiro trilionésimo de segundo, a interação de matéria e energia era incessante. Pouco antes, durante e depois que as forças forte e eletrofraca se separaram, o universo era um oceano fervilhante de quarks, léptons e seus irmãos de antimatéria, além de bósons, as partículas que permitem suas interações. Nenhuma dessas famílias de partículas é considerada divisível em algo menor e mais básico. Por mais fundamentais que sejam, cada uma aparece em várias espécies. O fóton comum da luz visível é um membro da família bóson. Os léptons mais familiares aos não físicos são o elétron e talvez o neutrino; e os quarks mais familiares são... bem, não há quarks familiares. Cada espécie recebeu um nome abstrato que não cumpre nenhum propósito filológico, filosófico ou pedagógico real, a não ser o de distingui-la das outras: alto e baixo, estranho e charme, topo e fundo.

Os bósons, por sinal, receberam seu nome em referência ao cientista indiano Satyendranath Bose. A palavra "lépton" vem do grego *leptos*, que significa "luz" ou "pequeno". "Quark", entretanto, tem uma origem literária muito mais imaginativa. O físico Murray Gell-Mann, que em 1964 propôs a existência dos quarks, e que à época achava que a família quark tinha apenas três membros, tirou o nome de uma frase caracteristicamente elusiva do *Finnegans Wake* de James Joyce: "Três quarks para Muster Mark!" Uma coisa que os quarks têm a seu favor: todos os seus nomes são simples – algo que os químicos, biólogos e geólogos parecem incapazes de fazer quando nomeiam seu material.

Os quarks são bichos excêntricos. Ao contrário dos bósons, cada um com uma carga elétrica de +1, e dos elétrons, com uma carga de -1, os quarks têm cargas fracionárias que aparecem em terços. E você nunca vai pegar um quark sozinho; ele estará sempre agarrado a outros quarks por perto. Na verdade, a força que mantém dois (ou mais) quarks juntos torna-se mais forte quanto mais você os separa – como se estivessem ligados por uma espécie de tira de borracha. Se você separa bem os quarks, a tira de borracha arrebenta e a energia armazenada recruta $E = mc^2$ para criar um novo quark em cada ponta, deixando você de volta ao ponto de partida.

Mas durante a era quark-lépton o universo era denso o suficiente para que a separação média entre quarks desligados competisse com a separação entre quarks ligados. Nessas condições, a aliança entre os quarks adjacentes não podia ser estabelecida sem ambiguidade, e eles se moviam livremente entre si, apesar de estarem coletivamente ligados um ao outro. A descoberta desse estado da matéria, uma espécie de sopa de quarks, foi relatada pela primeira vez em 2002 por uma equipe de físicos dos Laboratórios Nacionais de Brookhaven.

Uma forte evidência teórica leva a crer que um episódio bem no início do universo, talvez durante uma das divisões das forças, dotou o universo de uma assimetria notável, na qual as partículas de matéria superavam as partículas de antimatéria por "1 bilhão mais um" a "1 bilhão". Essa pequena diferença em população mal se fazia notar entre a contínua criação, aniquilação e recriação de quarks e antiquarks, elétrons e antielétrons (mais conhecidos como pósitrons), neutrinos e antineutrinos. A partícula diferente tinha muitas oportunidades de encontrar algo com que se aniquilar, assim como todas as demais.

Mas não por muito tempo. À medida que continuava a se expandir e esfriar, o cosmos se tornou do tamanho do sistema solar, com a temperatura caindo rapidamente além de 1 trilhão de Kelvin.

Um milionésimo de segundo tinha se passado desde o início.

Esse universo tépido já não era quente ou denso o suficiente para cozinhar quarks; assim, todos os quarks agarraram seus pares, criando uma nova família permanente de partículas pesadas chamadas hádrons (do grego *hadros*, que significa "grosso"). Essa transição de quark para hádron logo resultou no aparecimento de prótons e nêutrons, bem como de outras partículas pesadas menos familiares, todas compostas de várias combinações da espécie quark. A leve assimetria matéria-antimatéria que afligia a sopa quark-lépton passou então para os hádrons, mas com extraordinárias consequências.

À medida que o universo esfriava, a quantidade de energia disponível para a criação espontânea de partículas básicas despencou. Durante a era hádron, os fótons no ambiente já não podiam recorrer a $E = mc^2$ para fabricar pares quark-antiquark. Não só isso, os fótons que emergiam de todas as aniquilações restantes perdiam energia para o universo sempre em expansão e caíam abaixo do limiar requerido para criar pares hádron/anti-hádron. Em cada bilhão de aniquilações – que deixavam 1 bilhão de fótons atrás de si – sobrevivia um único hádron. Essas partículas solitárias é que acabariam por se divertir: serviram de fonte de galáxias, estrelas, planetas e pessoas.

Sem o desequilíbrio "1 bilhão e um" para "1 bilhão" entre a matéria e a antimatéria, toda a massa do universo teria sido aniquilada, deixando um cosmos feito de fótons *e nada mais* – o supremo roteiro "que se faça a luz".

A essa altura, um segundo de tempo tinha se passado.

O universo cresceu e atingiu a extensão de uns poucos anos-luz, aproximadamente a distância entre o Sol e suas estrelas mais próximas. A 1 bilhão de graus, ele ainda era muito quente – e ainda capaz de cozinhar elétrons, que, com suas contrapartes pósitrons, continuavam a pipocar e desaparecer. Mas, no universo sempre em expansão e sempre mais frio, os seus dias (segundos, na verdade) estavam contados. O que valia para os hádrons vale para os elétrons: por fim apenas um elétron em 1 bilhão sobrevive. O resto é aniquilado, juntamente com seus parceiros antimatéria, os pósitrons, num mar de fótons.

Nesse período, um elétron para cada próton foi "congelado" e passou a existir. À medida que o cosmos continuou a esfriar – caindo abaixo de 100 milhões de graus –, os prótons se fundiram com prótons e também com nêutrons, formando núcleos atômicos e incubando um universo em que 90 por cento desses núcleos eram hidrogênio e 10 por cento eram hélio, juntamente com muitos vestígios de deutério, trítio e lítio.

Dois minutos já se passaram desde o início.

Ao longo dos 380 mil anos seguintes não acontece muita coisa para nossa sopa de partículas. Durante todos esses milênios, a temperatura continua quente o suficiente para que os elétrons passeiem livres entre os fótons, batendo-os para lá e para cá.

Mas toda essa liberdade chega a um fim abrupto, quando a temperatura do universo cai abaixo de 3.000 Kelvin (aproximadamente a metade da temperatura da superfície do Sol), e todos os elétrons se combinam com os núcleos livres. O casamento deixa para trás um banho ubíquo de fótons da luz visível, completando a formação de partículas e átomos no universo primordial.

Enquanto o universo continua a se expandir, seus fótons continuam a perder energia, caindo da luz visível para o infravermelho e para as micro-ondas.

Como logo discutiremos com mais detalhes, em todo lugar esquadrinhado pelos astrofísicos encontramos uma impressão digital indelével de fótons de micro-onda a 2,73 graus, cujo padrão no céu retém uma lembrança da distribuição da matéria pouco antes de os átomos se formarem. Disso podemos deduzir muitas coisas, inclusive a idade e a forma do universo. E, embora os átomos façam agora parte da vida diária, a equação de equilíbrio de Einstein ainda tem muito que fazer – nos aceleradores de partículas, onde pares de partículas matéria-antimatéria são criados rotineiramente a partir de campos de energia; no núcleo do Sol, onde 4,4 milhões de toneladas de matéria são convertidos em energia a cada segundo; e nos núcleos de todas as outras estrelas.

Ela também consegue ter serventia perto dos buracos negros, na área imediatamente fora dos horizontes de eventos, onde pares partícula-antipartícula podem pipocar à custa da formidável energia gravitacional do buraco negro. Stephen Hawking foi o primeiro a descrever esse processo em 1975, mostrando que a massa de um buraco negro pode se evaporar lentamente por meio desse mecanismo. Em outras palavras, os buracos negros não são totalmente negros. Hoje o fenômeno é conhecido como radiação de Hawking e serve como lembrete da continuada fertilidade de $E = mc^2$.

Mas o que aconteceu antes de tudo isso? O que aconteceu antes do início?

Os astrofísicos não fazem ideia. Ou, melhor, nossas ideias mais criativas têm pouca ou nenhuma base na ciência experimental. Mas certos tipos de pessoas religiosas tendem a afirmar, com um quê de presunção, que *alguma coisa* deve ter começado tudo: uma força maior que todas as outras, uma força da qual tudo sai. Um empreendedor supremo.

Na mente dessas pessoas, essa alguma coisa é, óbvio, Deus.

Mas, e se o universo sempre existiu, num estado ou condição que ainda temos de identificar – um multiverso, por exemplo? E se o universo, como suas partículas, apenas surgiu do nada?

Essas respostas em geral não satisfazem ninguém. Ainda assim, elas nos lembram que a ignorância é o estado natural da mente para um cientista pesquisador na fronteira sempre móvel do conhecimento. As pessoas que acreditam saber tudo nunca procuraram, nem tropeçaram no limite entre o que é conhecido e desconhecido no cosmos. E nisso reside uma dicotomia fascinante. "O universo sempre existiu" não é reconhecido como uma resposta legítima para: "O que existia antes do início?". Entretanto, para muitas pessoas religiosas, a resposta

"Deus sempre existiu" é a resposta óbvia e agradável para: "O que existia antes de Deus?".

Independentemente de quem você seja, engajar-se na busca para descobrir onde e como as coisas começaram tende a induzir um fervor emocional – como se o fato de conhecer o início lhe concedesse alguma forma de participação, ou talvez controle, em tudo o que vem depois. Assim, o que vale para a própria vida não é menos verdade para o universo: saber de onde você veio não é menos importante que saber para onde está indo.

QUARENTA E UM

GUERRAS SANTAS

Em quase toda palestra pública que dou sobre o universo, tento reservar um tempo adequado no final para perguntas. A sucessão de assuntos é previsível. Primeiro, as perguntas têm relação direta com a palestra. A seguir, elas migram para assuntos astrofísicos excitantes como buracos negros, quasares e o *big bang.* Se me sobra tempo suficiente para responder a todas as perguntas, e se a conversa é nos Estados Unidos, o assunto acaba chegando a Deus. Entre as perguntas típicas estão: "Os cientistas acreditam em Deus?", "Você acredita em Deus?", "Seus estudos de astrofísica tornam você mais ou menos religioso?".

As editoras aprenderam que ganham muito dinheiro com livros sobre Deus, especialmente quando o autor é um cientista e quando o título do livro inclui uma justaposição direta de temas científicos e religiosos. Entre os livros de sucesso estão: *God and the Astronomers* [Deus e os astrônomos] de Robert Jastrow, *The God Particle* [A partícula de Deus] de Leon M. Lederman, *A física da imortalidade,* de Frank J. Tipler, e duas obras de Paul Davies, *Deus e a nova física* e *A mente de Deus.* Cada autor é um bem-sucedido físico ou astrofísico, e, embora os livros não sejam estritamente religiosos, eles estimulam o leitor a introduzir Deus nas conversas sobre astrofísica. Até o falecido Stephen Jay Gould, um *pit bull* darwiniano e agnóstico devoto, entrou na parada de títulos com seu livro *Pilares do tempo: ciência e religião na plenitude da vida.*

O sucesso financeiro dessas obras publicadas indica que você ganhará dólares bônus do público norte-americano se for um cientista que fala abertamente sobre Deus.

Depois da publicação de A *física da imortalidade*, que insinuava que a lei da física poderia permitir que você e sua alma existissem muito tempo depois de você já ter partido deste mundo, a turnê do livro de Tipler incluiu muitas palestras bem pagas a grupos religiosos protestantes. Essa subindústria lucrativa floresceu ainda mais em anos recentes em virtude do empenho do fundador abastado do fundo de investimento Templeton, Sir John Templeton, em encontrar harmonia e conciliação entre a ciência e a religião. Além de patrocinar oficinas e conferências sobre o tema, a Fundação Templeton busca atrair cientistas amigos da religião com obras publicadas de ampla divulgação por meio de um prêmio anual, cujo valor pecuniário supera o do Prêmio Nobel.

Que não haja dúvida de que, na forma como são atualmente praticadas, não há concordância entre ciência e religião. Como foi cuidadosamente documentado no tomo do século XIX, *A History of the Warfare of Science with Theology in Christendom* [História da guerra entre ciência e religião na cristandade], de Andrew D. White, historiador e outrora presidente da Universidade Cornell, a história revela uma relação longa e combativa entre a religião e a ciência, dependendo de quem estava no controle da sociedade à época. As afirmações da ciência se baseiam na verificação experimental, enquanto as afirmações das religiões se baseiam na fé. São abordagens inconciliáveis do conhecimento, o que assegura uma eternidade de debates onde quer que – e sempre que – os dois campos se defrontem. Embora, como nas negociações com reféns, seja provavelmente melhor manter o diálogo entre os dois lados.

O desacordo não aconteceu por falta de tentativas anteriores de reunir os dois lados. Grandes pensadores científicos, de Cláudio Ptolomeu, do século II, a Isaac Newton, do XVII, investiram seus formidáveis intelectos em tentativas de deduzir a natureza do universo das declarações e filosofias contidas em escritos religiosos. Na verdade, na época de sua morte Newton tinha escrito mais palavras sobre Deus e religião do que sobre as leis da física, o que incluía tentativas vãs de invocar a cronologia bíblica para compreender e predizer eventos do mundo natural. Se qualquer um desses empenhos tivesse sido bem-sucedido, a ciência e a religião seriam indistinguíveis hoje em dia.

O argumento é simples. Ainda estou para ver uma predição bem-sucedida sobre o mundo físico que tenha sido inferida ou extrapolada do conteúdo de qualquer documento religioso. Na verdade, posso fazer uma afirmação até mais forte. Sempre que tentaram fazer predições acuradas sobre o mundo físico usando documentos religiosos, as pessoas cometeram erros retumbantes. Por uma predição, quero dizer uma afirmação precisa sobre o comportamento não testado de objetos ou fenômenos do mundo natural registrada *antes* de o evento ocorrer. Quando o modelo prediz algo só depois da sua ocorrência, temos antes uma "posdição". As posdições são a espinha dorsal da maioria dos mitos da criação e, claro, de *Histórias assim!*, de Rudyard Kipling, nos quais as explicações dos fenômenos cotidianos esclarecem o que já é conhecido. Na atividade da ciência, uma centena de posdições não valem uma única predição bem-sucedida.

No topo da lista de predições religiosas estão as perenes afirmações sobre quando o mundo vai acabar, nenhuma das quais até agora se revelou verdadeira. Um exercício bastante inofensivo. Mas outras afirmações e predições têm bloqueado ou anulado o progresso da ciência. Encontramos um exemplo capital no julgamento de Galileu (que ganha meu voto para o julgamento do milênio), no qual ele mostrou que o universo é fundamentalmente diferente das visões então dominantes na Igreja Católica. Para sermos bem justos com a Inquisição, entretanto, um universo centrado na Terra fazia muito sentido em termos de observações. Com um complemento detalhado de epiciclos para explicar os movimentos peculiares dos planetas contra as estrelas no pano de fundo, o modelo tradicional centrado na Terra não tinha entrado em conflito com nenhuma observação conhecida. Isso continuou verdade muito depois de Copérnico ter introduzido no século anterior seu modelo do universo centrado no Sol. O modelo com a Terra no centro estava também alinhado com os ensinamentos da Igreja Católica e as interpretações predominantes da Bíblia, nas quais a Terra é inequivocamente criada antes do Sol e da Lua, conforme descrito nos primeiros versículos do Gênesis. Se criada em primeiro lugar, ela deveria estar no centro de todo o movimento. Onde mais poderia estar? Além disso, presumia-se também que o Sol e a Lua fossem mundos perfeitos. Por que uma deidade onisciente e perfeita criaria qualquer outra coisa?

Tudo isso mudou, claro, com a invenção do telescópio e as observações dos céus feitas por Galileu. O novo dispositivo óptico revelou aspectos do cosmos que conflitavam fortemente com as concepções das pessoas de um universo divino, sem defeitos, centrado na Terra. A superfície da Lua era cheia de buracos e rochas; a superfície do Sol tinha manchas que se moviam de um lado para o outro; Júpiter tinha luas próprias que orbitavam Júpiter, e não a Terra; e Vênus passava por fases, exatamente como a Lua. Por suas descobertas radicais, que abalaram a cristandade – e por alardeá-las estúpida e pedantemente –, Galileu foi julgado, considerado culpado de heresia e condenado à prisão domiciliar. Uma punição branda, quando se considera o que aconteceu ao monge Giordano Bruno. Algumas décadas antes, Bruno tinha sido considerado culpado de heresia e, então, queimado na fogueira, por sugerir que a Terra talvez não fosse o único lugar no universo a abrigar vida.

Não tenho a intenção de afirmar que cientistas competentes, ao seguir de forma sensata o método científico, não tenham igualmente cometido erros espetaculares. Eles os cometeram. A maioria das afirmações científicas feitas na fronteira do conhecimento acabará não sendo confirmada, em função principalmente de dados ruins ou incompletos, e de vez em quando por erros crassos. Mas o método científico, que admite incursões por becos sem saída intelectuais, promove também ideias, modelos e teorias preditivas que podem estar espetacularmente corretas. Nenhum outro empreendimento na história do pensamento humano tem sido tão bem-sucedido em decodificar as maneiras e os meios do universo.

A ciência é, por vezes, acusada de ser um empreendimento obstinado e de mente fechada. As pessoas fazem essa acusação com frequência quando veem os cientistas desconsiderarem rapidamente a astrologia, o paranormal, as visões do abominável homem das neves e outras áreas de interesse humano que fracassam rotineiramente nos testes duplo-cego ou que não possuem evidências seguras. Mas não se ofenda. Os cientistas aplicam esse mesmo nível de ceticismo a afirmações comuns nas revistas de pesquisas profissionais. Os padrões são idênticos. Veja o que aconteceu quando B. Stanley Pons e Martin Fleischmann, químicos de Utah, afirmaram numa entrevista coletiva que haviam criado a fusão nuclear "fria" sobre a mesa de seu laboratório. Os cientistas agiram com rapidez e ceticismo. Poucos dias depois do anúncio da descoberta, estava claro que ninguém conseguia replicar os resultados de fusão fria que Pons e Fleischmann apresentaram. O seu trabalho foi sumariamente descartado. Enredos semelhantes se desenrolam quase todos os dias (menos em entrevistas coletivas) para quase toda nova afirmação científica. Aqueles de que você escuta falar tendem a ser apenas os que podem afetar a economia.

Com os cientistas exibindo níveis tão fortes de ceticismo, muitas pessoas talvez se surpreendam ao saber que eles empilham seus maiores prêmios e elogios sobre aqueles que realmente descobrem falhas em paradigmas estabelecidos. Esses mesmos prêmios também prestigiam aqueles que criam novas maneiras de compreender o universo. Quase todos os cientistas famosos, escolha o seu favorito, foram louvados dessa maneira em seus períodos de vida. Esse caminho para o sucesso na carreira profissional é antitético a quase todo outro sistema humano – especialmente a religião.

Nada disso quer dizer que o mundo não contenha cientistas religiosos. Num recente levantamento de crenças religiosas entre matemáticos e profissionais da ciência (Larson e Witham, 1998), 65 por cento dos matemáticos (a taxa mais alta) se declararam religiosos, assim como 22 por cento dos físicos e astrônomos (a taxa mais baixa). A média nacional entre todos os cientistas ficou em torno de 40 por cento e continuou em grande parte inalterada no último século. Como referência, aproximadamente 90 por cento dos americanos afirmam ser religiosos (entre as mais altas taxas na sociedade ocidental), por isso das duas uma: ou os não religiosos são atraídos para a ciência, ou estudar ciência torna as pessoas menos religiosas.

Então, o que dizer daqueles cientistas que são religiosos? Os pesquisadores bem-sucedidos não obtêm sua ciência de suas crenças religiosas. Por outro lado, os métodos da ciência têm atualmente pouco ou nada a oferecer à ética, inspiração, moral, beleza, amor, ódio ou estética. Esses são elementos vitais da vida civilizada e centrais para os interesses de quase toda religião. Tudo isso quer dizer que para muitos cientistas não há nenhum conflito de interesse.

Como logo veremos com mais detalhes, quando os cientistas realmente falam sobre Deus, eles costumam invocá-lo nos limites do conhecimento, nos quais devemos ser muito humildes e onde nosso senso de espanto é enorme.

Podemos nos cansar do espanto?

No século XIII, Alfonso, o Sábio, (Alfonso X), rei da Espanha, que era também um consumado acadêmico, ficou frustrado com a complexidade dos epiciclos de Ptolomeu que explicavam o universo geocêntrico. Sendo menos humilde que outros na fronteira, Alfonso refletiu certa vez: "Se tivesse presenciado a Criação, eu teria dado algumas dicas úteis para um melhor ordenamento do universo" (Carlyle, 2004, Livro II, Capítulo VII).

De pleno acordo com as frustrações do rei Alfonso em relação ao universo, Albert Einstein observou numa carta a um colega: "Se Deus criou o mundo, sua principal preocupação foi certamente não facilitar sua compreensão para nós" (1954). Quando não conseguiu entender como ou por que um universo determinista exigiria os formalismos probabilísticos da mecânica quântica, Einstein refletiu: "É difícil dar uma espiada nas cartas de Deus. Mas que Ele tenha decidido jogar dados com o mundo [...] é algo em que não posso acreditar nem por um único momento" (Frank, 2002, p. 208). Quando foi mostrado a Einstein um resultado experimental que, se correto, teria invalidado sua nova teoria da gravidade, ele comentou: "O Senhor é sutil, mas malicioso Ele não é" (Frank, 2002, p. 285). O físico dinamarquês Niels Bohr, contemporâneo de Einstein, escutou muitos dos comentários de Einstein sobre Deus e declarou que Einstein devia parar de dizer a Deus o que fazer! (Gleick, 1999)

Hoje você escuta um astrofísico ocasional (talvez um em cem) invocar publicamente Deus quando lhe perguntam de onde vieram todas as nossas leis da física ou o que existia antes do *big bang*. Como antecipamos, essas perguntas compreendem a fronteira moderna da descoberta cósmica e, no momento, transcendem as respostas que nossos dados e teorias existentes podem fornecer. Já existem algumas ideias promissoras, como a cosmologia inflacionária e a teoria das cordas. Essas poderiam finalmente dar repostas a essas perguntas, além de empurrar para trás nosso limite de admiração reverente.

Minhas visões pessoais são inteiramente pragmáticas e ressoam em parte as de Galileu, a quem atribuem, durante seu julgamento, o seguinte dito: "A Bíblia ensina a ir para o céu, não como os céus se movem" (Drake, 1957, p. 186). Galileu ainda observou, numa carta de 1615 à grão-duquesa da Toscana: "Na minha opinião Deus escreveu dois livros. O primeiro livro é a Bíblia, no qual os seres humanos podem encontrar as respostas para suas questões sobre valores e morais. O segundo livro de Deus é o livro da natureza, que permite aos seres humanos usar a observação e o experimento para responder às nossas próprias questões sobre o universo" (Drake, 1957, p. 173).

Eu simplesmente acompanho o que funciona. E o que funciona é o ceticismo sadio incorporado ao método científico. Acredite-me, se a Bíblia tivesse se revelado uma rica fonte de respostas e compreensão científicas, nós a exploraríamos todos os dias em busca da descoberta cósmica. Entretanto, meu vocabulário de inspiração científica coincide em grande parte com o dos entusiastas da religião. Como muitos outros, eu me sinto apequenado na presença dos objetos e fenômenos de nosso universo. E me sinto ofuscado com a admiração pelo seu esplendor. Mas, ao fazê-lo sabendo e aceitando que proponho um Deus que honra nosso vale do desconhecido, virá talvez o dia em que, com o poder do avanço da ciência, já não restará vale nenhum.

QUARENTA E DOIS

O PERÍMETRO DA IGNORÂNCIA

Ao escrever em séculos passados, muitos cientistas se sentiram compelidos a se tornar poéticos sobre os mistérios cósmicos e a obra de Deus. Talvez não se deva ficar surpreso com isso: a maioria dos cientistas do passado, bem como muitos cientistas do presente, se identificam como espiritualmente devotos.

Mas uma leitura cuidadosa de textos mais antigos, particularmente daqueles que dizem respeito ao próprio universo, mostra que os autores só invocam a divindade quando atingem os limites de sua compreensão. Só apelam a um poder mais elevado quando contemplam o oceano de sua própria ignorância. Só chamam Deus na margem solitária e precária da incompreensão. Nas áreas em que se sentem seguros de suas explicações, entretanto, Deus mal recebe uma menção.

Vamos começar pelo topo. Isaac Newton foi um dos maiores intelectos que o mundo já conheceu. Suas leis do movimento e sua lei universal da gravitação, concebidas em meados do século XVII, explicam fenômenos cósmicos que tinham desafiado os filósofos durante milênios. Por meio dessas leis, foi possível compreender a atração gravitacional dos corpos num sistema, e com isso chegar a compreender as órbitas.

A lei da gravidade de Newton permite que se calcule a força de atração entre dois objetos quaisquer. Se um terceiro objeto é introduzido, então cada um atrai os outros dois, e as órbitas que traçam se tornam muito mais difíceis de calcular. Acrescente-se outro objeto, e mais outro, e mais outro, e logo se chegará aos planetas em nosso sistema solar. A Terra e o Sol se atraem mutuamente, mas Júpiter também atrai a Terra, Saturno atrai a Terra, Marte atrai a Terra, Júpiter atrai Saturno, Saturno atrai Marte, e assim por diante.

Newton temia que todas essas atrações tornassem as órbitas no sistema solar instáveis. Suas equações indicavam que os planetas deveriam ter caído no Sol ou escapado do sistema há muito tempo – deixando o Sol, em qualquer um dos casos, sem nenhum planeta. No entanto, o sistema solar, bem como o cosmos mais amplo, pareciam o próprio modelo da ordem e durabilidade. Por isso Newton, em sua obra maior, *Principia*, conclui que Deus deve intervir de vez em quando para consertar as coisas:

> Os seis Planetas primários são levados a girar em torno do Sol, em círculos concêntricos com o Sol, e com movimentos dirigidos para as mesmas partes, e quase no mesmo plano [...] Mas é impossível conceber que meras causas mecânicas poderiam dar origem a tantos movimentos regulares [...] Esse Sistema muito belo do Sol, Planetas e Cometas só poderia proceder da orientação e comando de um Ser inteligente e poderoso. (1992, p. 544)

Em *Principia*, Newton distingue entre hipóteses e filosofia experimental, e declara: "As hipóteses, metafísicas ou físicas, de qualidades ocultas ou mecânicas, não têm lugar na filosofia experimental" (p. 547). O que ele quer são dados, "inferidos dos fenômenos". Mas, na ausência de dados, na fronteira entre o que podia explicar e o que só podia honrar – as causas que ele podia identificar e as que ele não podia conhecer –, Newton invoca arrebatadamente Deus:

> Eterno e Infinito, Onipotente e Onisciente; [...] ele governa todas as coisas, e conhece todas as coisas que são ou podem ser feitas [...] Nós

só o conhecemos pelas suas muito sábias e excelentes invenções das coisas, e causas finais; nós o admiramos pelas suas perfeições; mas o reverenciamos e adoramos por causa de seu domínio. (p. 545)

Um século mais tarde, o astrônomo e matemático francês Pierre-Simon Laplace enfrentou de cabeça o dilema das órbitas instáveis de Newton. Em vez de ver a estabilidade misteriosa do sistema solar como a obra incognoscível de Deus, Laplace a considerou um desafio científico. Em sua obra-prima de muitas partes, *Traité de mécanique céleste* [Tratado da mecânica celeste], cujo primeiro volume apareceu em 1799, Laplace demonstra que o sistema solar é estável durante períodos de tempo mais longos do que Newton poderia predizer. Para essa demonstração, Laplace utilizou uma nova forma de matemática chamada teoria da perturbação, que lhe permitia examinar os efeitos cumulativos de muitas forças pequenas. Segundo um relato muito repetido, mas provavelmente exagerado, quando Laplace deu um exemplar de *Traité de mécanique céleste* a seu amigo conhecedor de física Napoleão Bonaparte, este lhe perguntou que papel Deus desempenhava na construção e regulação dos céus. "Majestade", respondeu Laplace, "não tenho necessidade dessa hipótese." (DeMorgan, 1872)

Apesar de Laplace, muitos cientistas além de Newton têm invocado Deus – ou os deuses – sempre que sua compreensão definha até a ignorância. Considere Ptolomeu, astrônomo alexandrino do século II. Armado com uma descrição, mas nenhuma compreensão real, do que os planetas estavam fazendo lá no alto, ele não conseguiu conter seu fervor religioso e rabiscou esta nota na margem de seu *Almagesto*:

> Sei que sou mortal por natureza, e efêmero; mas quando traço, a meu bel-prazer, os movimentos sinuosos dos corpos celestes para lá e para cá, já não sinto a Terra debaixo dos pés: estou na presença do próprio Zeus e tomo minha cota de ambrosia.

Ou considere Christiaan Huygens, astrônomo holandês do século XVII, cujas realizações incluem a construção do primeiro relógio operado por um pêndulo e a descoberta dos anéis de Saturno. Em seu livro encantador *The Celestial Worlds Discover'd* [Os mundos celestiais descobertos], publicado postumamente em 1698, a maior parte do primeiro capítulo celebra tudo o que era então conhecido sobre as órbitas, formas e tamanhos planetários, bem como o brilho relativo e o suposto caráter rochoso dos planetas. O livro até inclui mapas desdobráveis que ilustram a estrutura do sistema solar. Deus está ausente dessa discussão – ainda que no século anterior, antes das realizações de Newton, as órbitas planetárias fossem mistérios supremos.

Celestial Worlds está também repleto de especulações sobre a vida no sistema solar, e é nessa área que Huygens propõe questões para as quais não há resposta. É nessa área que ele menciona os enigmas biológicos da época, como a origem da complexidade da vida. E, sem dúvida, como a física do século XVII era mais avançada que a biologia do século XVII, Huygens invoca a mão de Deus somente quando fala sobre biologia:

> Suponho que ninguém negará que existe um tanto mais de Invenção, um tanto mais de Milagre na produção e crescimento das Plantas e Animais do que em montes sem vida de Corpos inanimados [...] Pois o dedo de Deus, e a Sabedoria da Divina Providência, neles se manifestam muito mais claramente do que nos outros. (p. 20)

Hoje os filósofos seculares chamam esse tipo de invocação divina de "o Deus das lacunas" – o que vem a calhar, porque nunca houve falta de lacunas no conhecimento humano.

Por mais reverentes que possam ter sido Newton, Huygens e outros grandes cientistas de séculos anteriores, eles eram também empiristas.

Não recuavam das conclusões que as evidências os forçavam a tirar, e, quando suas descobertas entravam em conflito com artigos predominantes da fé, eles defendiam as descobertas. Isso não significa que fosse fácil: às vezes enfrentavam feroz oposição, como aconteceu com Galileu, que teve de defender suas evidências telescópicas contra formidáveis objeções tiradas tanto das Escrituras como do senso "comum".

Galileu traçava uma distinção clara entre o papel da religião e o papel da ciência. Para ele, a religião era o serviço de Deus e a salvação das almas, enquanto a ciência era a fonte de observações exatas e verdades demonstradas. Em sua carta de 1615 para a grã-duquesa Cristina da Toscana, ele não deixa dúvidas sobre sua posição a respeito do sentido literal das Sagradas Escrituras:

> Ao apresentar e explicar a Bíblia, se fôssemos sempre nos ater ao significado gramatical sem adorno, poderíamos cair em erro [...]
>
> Nada físico que [...] as demonstrações nos provem deve ser questionado (muito menos condenado) com base no testemunho de passagens bíblicas que podem ter um significado diferente por baixo de suas palavras [...]
>
> Não me sinto obrigado a acreditar que o mesmo Deus que nos dotou de sentidos, razão e intelecto tenha pretendido que nos abstivéssemos de seu uso. (Venturi, 1818, p. 222)

Exceção rara entre os cientistas, Galileu via o desconhecido antes como um lugar a explorar que como um eterno mistério controlado pela mão de Deus.

Uma vez que a esfera celeste era geralmente considerada o domínio do divino, o fato de que os meros mortais não conseguiam explicar seu funcionamento podia ser citado sem problema como prova da sabedoria mais elevada e do poder de Deus. Entretanto, a partir do século XVI, a obra de Copérnico, Kepler, Galileu e Newton – para não mencionar

Maxwell, Heisenberg, Einstein e todos os outros que descobriram leis fundamentais da física – forneceu explicações racionais para uma crescente variedade de fenômenos. Pouco a pouco, o universo foi submetido aos métodos e ferramentas da ciência, e tornou-se um lugar demonstravelmente cognoscível.

Então, no que equivale a uma inversão filosófica assombrosa, mas inesperada, multidões de eclesiásticos e eruditos começaram a declarar que as próprias leis da física é que serviam como prova da sabedoria e poder de Deus.

Um tema popular dos séculos XVII e XVIII era o "universo mecânico" – um mecanismo ordenado, racional e previsível, modelado e operado por Deus e suas leis físicas. Os primeiros telescópios, que se apoiavam todos na luz visível, pouco fizeram para boicotar essa imagem de um sistema ordenado. A Lua girava ao redor da Terra, a Terra e os outros planetas rodavam sobre seus eixos e giravam ao redor do Sol. As estrelas brilhavam. As nebulosas flutuavam livremente no espaço.

Foi só no século XIX que se tornou evidente que a luz visível é apenas uma faixa de um amplo espectro de radiação eletromagnética – a faixa que os seres humanos conseguem ver. O infravermelho foi descoberto em 1800, o ultravioleta em 1801, as ondas de rádio em 1888, os raios X em 1895 e os raios gama em 1900. Década por década, no século seguinte, novos tipos de telescópio passaram a ser usados, equipados com detectores que podiam "ver" essas partes antes invisíveis do espectro eletromagnético. Foi então que os astrofísicos começaram a revelar o verdadeiro caráter do universo.

Acontece que alguns corpos celestes emitem mais luz nas faixas invisíveis do espectro do que na visível. E a luz invisível captada pelos novos telescópios mostrou que a desordem é abundante no cosmos: explosões monstruosas de raios gama, pulsares mortais, campos gravitacionais esmagadores de matéria, buracos negros famintos de matéria que esfolam seus vizinhos estelares inchados de gás, estrelas recém-nascidas que se inflamam dentro de bolsões de gás em colapso. Quando nossos telescópios ópticos comuns se tornaram maiores e melhores, apareceu ainda mais desordem: galáxias que colidem e se devoram uma à outra, explosões de estrelas supermassivas, órbitas planetárias e estelares caóticas. E, como observado antes, nossa própria vizinhança cósmica – o sistema solar interior – revelou-se uma barraca de tiro ao alvo, cheia de asteroides e cometas patifes que colidem com os planetas de tempos em tempos. De vez em quando chegaram até a eliminar massas estupendas da flora e fauna da Terra. Todas as evidências apontam para o fato de que não ocupamos um universo mecânico bem-comportado, mas um zoo hostil, violento e destrutivo.

Claro, a Terra também pode fazer mal à saúde. No solo, ursos-pardos querem nos destroçar; nos oceanos, tubarões querem nos devorar. Montes de neve podem nos congelar, desertos podem nos desidratar, terremotos podem nos soterrar, vulcões podem nos incinerar. Os vírus podem nos infectar, parasitas podem sugar nossos fluidos vitais, cânceres podem tomar conta de nosso corpo, doenças congênitas podem forçar uma morte prematura. E, mesmo se tivermos a sorte de sermos saudáveis, uma nuvem de gafanhotos pode devorar nossa safra, um tsunami pode arrastar nossa família, ou um furacão pode desbaratar nossa cidade.

Assim, o universo quer nos matar a todos. Mas, como dissemos antes, vamos ignorar essa complicação por enquanto.

Muitas, talvez incontáveis, questões pairam nas linhas de frente da ciência. Em alguns casos, as respostas têm se esquivado das melhores inteligências de nossa espécie por décadas ou até séculos. E, nos Estados Unidos contemporâneos, a noção de que uma inteligência mais elevada é a única resposta para todos os enigmas tem logrado um ressurgimento. Essa versão moderna do Deus das lacunas atende por outro nome: "desenho inteligente". O termo sugere que alguma entidade, dotada de uma capacidade mental muito maior do que a mente humana pode conter, criou ou tornou possíveis todas as coisas no mundo físico que não conseguimos explicar por meio dos métodos científicos.

Uma hipótese interessante!

Mas por que nos ater a coisas demasiado maravilhosas ou intrincadas para nossa compreensão, cuja existência e atributos então atribuímos a uma superinteligência? Em vez disso, por que não enumerar todas aquelas coisas que têm um desenho tão desajeitado, pateta, pouco prático ou inviável que refletem a ausência de inteligência?

Considere a forma humana. Comemos, bebemos e respiramos pelo mesmo orifício na cabeça, e assim, apesar da manobra epônima de Henry J. Heimlich, engasgar-se é a quarta principal causa de "morte por lesão involuntária" nos Estados Unidos. E que dizer do afogamento, a quinta causa principal? A água cobre quase três quartos da superfície da Terra, mas somos criaturas terrestres – se submergirmos a cabeça apenas por alguns minutos, morremos.

Ou, então, considere nossa coleção de partes corporais inúteis. Para que servem as unhas dos artelhos? E que dizer do apêndice, que para de funcionar depois da infância e daí em diante serve apenas como motivo de apendicite? As partes úteis também podem ser problemáticas. Eu gosto de meus joelhos, mas ninguém jamais os acusou de serem bem protegidos contra encontrões e batidas. Nos dias de hoje, as pessoas com problemas no joelho podem se submeter a uma cirurgia para substituí--los. Quanto à nossa coluna vertebral propensa a dores, talvez ainda demore algum tempo para que alguém encontre um modo de trocá-la.

E que dizer dos assassinos silenciosos? Hipertensão, câncer de cólon e diabetes, cada um causa dezenas de milhares de mortes nos Estados Unidos todos os anos, mas é possível não saber do mal até a confirmação do laudo do médico-legista. Não seria bom se tivéssemos biomedidores embutidos para nos alertar de antemão sobre esses perigos? Afinal, até carros baratos têm calibradores de motor.

E que comediante configurou a região entre as pernas – um complexo de entretenimento construído ao redor de um sistema de esgoto?

O olho é frequentemente considerado uma maravilha da engenharia biológica. Para o astrofísico, entretanto, é apenas um detector mediano. Um olho melhor seria muito mais sensível às coisas escuras no céu e a todas as partes invisíveis do espectro. Como os poros do sol seriam mais sensacionais, se pudéssemos ver o ultravioleta e o infravermelho! E como seria útil se, num relance, pudéssemos ver toda fonte de micro-ondas no ambiente, ou saber quais transmissores de estação de rádio estão ativos! E como ajudaria se pudéssemos localizar os radares da polícia à noite!

Imagine como seria fácil andar por uma cidade desconhecida, se pudéssemos, como os pássaros, saber onde está o norte por causa da magnetita em nossas cabeças. Pense em como estaríamos em melhor situação, se tivéssemos guelras além de pulmões, ou em como seríamos mais produtivos, se tivéssemos seis braços em vez de dois. E, se tivéssemos oito, poderíamos dirigir um carro com segurança e ao mesmo tempo falar no celular, mudar a estação de rádio, aplicar maquiagem, bebericar um drinque e coçar a orelha esquerda.

O desenho estúpido poderia alimentar um movimento dele próprio. Ele talvez não seja o padrão da natureza, mas é ubíquo. No entanto, as pessoas parecem gostar de pensar que nossos corpos, nossas mentes e até nosso universo representam pináculos de forma e razão. Talvez seja um bom antidepressivo pensar assim. Mas não é ciência – não é agora, não foi no passado, jamais será.

Outra prática que não constitui ciência é *adotar* a ignorância. No entanto, é fundamental para a filosofia do desenho inteligente: não sei o que é isso. Não sei como funciona. É complicado demais para que eu o decifre. É complicado demais para que qualquer ser humano o decifre. Por isso, deve ser o produto de uma inteligência mais elevada.

O que se faz com essa linha de raciocínio? Apenas se transfere a solução de problemas a alguém mais esperto, alguém que nem sequer é humano? Você manda os estudantes procurarem apenas questões com respostas fáceis?

Talvez haja um limite para o que a mente humana consegue compreender sobre nosso universo. Mas seria presunçoso afirmar que, se não consigo resolver um problema, qualquer outra pessoa que já viveu, ou que ainda nascerá, também não consegue. E se Galileu e Laplace tivessem pensado dessa maneira? Melhor ainda, e se Newton *não* tivesse pensado assim? Ele poderia ter resolvido o problema de Laplace um século antes, tornando possível a Laplace cruzar a fronteira seguinte da ignorância.

A ciência é uma filosofia da descoberta. O desenho inteligente é uma filosofia da ignorância. Não é possível construir um programa de descoberta assentado sobre a pressuposição de que ninguém é suficientemente inteligente para encontrar a resposta para um problema. Em épocas passadas, as pessoas identificavam o deus Netuno como a fonte de tempestades no mar. Hoje chamamos essas tempestades de furacões. Sabemos quando e onde elas têm início. Sabemos o que as impele. Sabemos o que mitiga seu poder destrutivo. E qualquer um que tenha estudado o aquecimento global pode lhe dizer o que as torna piores. As únicas pessoas para quem os furacões são "atos de Deus" são as que preenchem os formulários de seguros.

Negar ou apagar a rica e colorida história dos cientistas e de outros pensadores que têm invocado a divindade em seu trabalho seria intelectualmente desonesto. Há, por certo, um lugar apropriado para o desenho inteligente na paisagem acadêmica. Que lhes parece a história da religião? Filosofia ou psicologia? O único lugar que não lhe convém é a sala de aula de ciências.

Se você não está convencido pelos argumentos acadêmicos, considere as consequências financeiras. Se permitido o desenho inteligente nos livros didáticos de ciência, nas salas de conferências e nos laboratórios, o custo para a fronteira da descoberta científica – a fronteira que impulsiona as economias do futuro – seria incalculável. Não quero que se ensine a estudantes, que poderiam realizar o próximo grande avanço em fontes de energia renovável ou nas viagens espaciais, que qualquer coisa que eles não compreendem, e que ninguém ainda compreende, é uma construção divina e está, portanto, além de sua capacidade intelectual. No dia em que isso acontecer, nós, norte-americanos, vamos apenas reverenciar deslumbrados o que não compreendemos, enquanto observamos o resto do mundo seguir ousadamente para onde nenhum mortal ainda se aventurou.

REFERÊNCIAS

Publicações modernas de textos históricos são listadas quando disponíveis.

ARISTÓTELES. *On Man in the Universe*. Nova York: Walter J. Black, 1943.

ARONSON, A. e LUDLAM, T. (eds.).. *Hunting the Quark Gluon Plasma: Results from the First 3 Years at the Relativistic Heavy Ion Collider (RHIC)*. Upton, NY: Brookhaven National Laboratory, 2005. Tese: BNL-73847.

ATKINSON, R. Atomic Synthesis and Stellar Energy. *Astrophysical Journal* 73: 250-295, 1931.

AVENI, Anthony. *Empires of Time*. Nova York: Basic Books, 1989.

BALDRY, K. e GLAZEBROOK, K. The 2dF Galaxy Redshift Survey: Constraints on Cosmic Star-Formation History from the Cosmic Spectrum. *Astrophysical Journal* 569: 582, 2002.

BARROW, John D. *The World within the World*. Oxford: Clarendon Press, 1988.

BÍBLIA [excertos]. *The Holy Bible*. Trad. patrocinada pelo rei Jaime, 1611.

BRAUN, Wernher von. *Space Frontier* [1963]. Nova York: Holt, Rinehart and Winston, 1971.

BREWSTER, David. *Memoirs of the Life, Writings, and Discoveries of Sir Isaac Newton*, vol. 2. Edinburgo: Edrnonston, 1860.

[BRUNO, Giordano] SINGER, Dorothea Waley. *Giordano Bruno* (contém *On the Infinite Universe and Worlds [1584]*). Nova York: Henry Schuman, 1950.

BURBIDGE, E. M., BURBIDGE, Geoffrey R.,; FOWLER, William e HOYLE, Fred. The Synthesis of the Elements in Stars. *Reviews of Modern Physics* 29:15, 1957.

CARLYLE, Thomas. *History of Frederick the Great* [1858]. Kila, MT: Kessinger Publishing, 2004.

[CENTRAL BUREAU FOR ASTRONOMICAL TELEGRAMS] MARSDEN, Brian. (ed.). Cambridge, MA: Center for Astrophysics, 11 mar. 1998.

CHAUCER, Geoffrey. Prologue. *The Canterbury Tales* [1387]. Nova York: Modern Library, 1964.

CLARKE, Arthur C. *A Fall of Moondust*. Nova York: Harcourt, 1961.

Clerke, Agnes M. *The System of the Stars*. Londres: Longmans, Green, & Co, 1890.

COMTE, Auguste. *Cours de philosophie positive*, vol. 2. Paris: Bailliere, 1842.

_____. *The Positive Philosophy of Auguste Comte*, Londres: J. Chapman, 1853.

COPERNICUS, Nicolaus. *De Revolutionibus Orbium Coelestium* [1617]., 3. ed. Amsterdam: Wilheumus Iansonius.

_____. *On the Revolutions of the Heavenly Sphere*. Norwalk, CT: Easton Press, 1999.

1. DARWIN, Charles. 1959. Carta a J. D. Hooker, 8 fev. 1874. In: *The Life and Letters of Charles Darwin*. Nova York: Basic Books.

_____. *The Origin of Species*. Edison, NJ: Castle Books, 2004.

DeMORGAN, A. *Budget of Paradoxes* [1872]. Londres: Longmans Green & Co. de Vaucouleurs, Gerard, 1983. Comunicação pessoal.

DOPPLER, Christian. On the Coloured Light of the Double Stars and Certain Other Stars of the Heavens. Trabalho entregue à Royal Bohemian Society, 25 mai. 1842. *Abhandlungen der Königlich Böhmischen Gesellschaft der Wissenschaften*, Praga, 2: 465.

2. EDDINGTON, Sir Arthur Stanley. *Nature* 106:14, 1920.

_____. 1926. *The Internal Constitution of the Stars*. Oxford, RU: Oxford Press.

EINSTEIN, Albert. *The Principle of Relativity* [1923]. Nova York: Dover Publications, 1952.

3. _____. Carta a David Bohm. 10 fev. 1954. Einstein Archive 8-041.

[EINSTEIN, Albert] GLEICK, James. Einstein, *Time*, 31 dez. 1999.

[EINSTEIN, Albert] FRANK, Phillipp. *Einstein, His Life and Times* [1947]. Trad. George Rosen. Nova York: Da Capo Press, 2002.

FARADAY, Michael. *Experimental Researches in Electricity* [1855] .Londres: Taylor.

FERGUSON, James.. *Astronomy Explained on Sir Isaac Newton's Principles* [1757], 2. ed. Londres: Globe.

FEYNMAN, Richard. What Is Science. *The Physics Teacher* 7, no. 6: 313-320, 1968.

_____. *The Character of Physical Law*. Nova York: The Modern Library, 1994.

FORBES, George. *History of Astronomy*. Londres: Watts & Co., 1909.

FRAUNHOFER, Joseph von. *Prismatic and Diffraction Spectra*. Trad. J. S. Ames. Nova York: Harper & Brothers, 1898.

[FROST, Robert] LATHEM, Edward Connery (ed.) 1969. *The Poetry of Robert Frost: The Collected Poems, Complete and Unabridged*. Nova York: Henry Holt and Co.

GALEN. *On the Natural Faculties* [c. 180]. Trad. J. Brock. Cambridge, MA: Harvard University Press, 1916.

[GALILEU GALILEI] DRAKE, Stillman. *Discoveries and Opinions of Galileo*. Nova York: Doubleday Anchor Books, 1957.

GALILEU GALILEI. Opera. Padova: Nella Stamperia, 1744.

_____. *Dialogues Concerning Two New Sciences*. Nova York: Dover Publications, 1954.

_____. *Sidereus Nuncius* [1610]. Chicago: University of Chicago Press, 1989.

GEHRELS, Tom (ed.). *Hazards Due to Comets and Asteroids*. Tucson: University of Arizona Press, 1994.

GILLET, J. A. e ROLFE, W. J.. *The Heavens Above*. Nova York: Potter Ainsworth & Co, 1882.

GREGORY, Richard. *The Vault of Heaven*. Londres: Methuen & Co., 1923

[HARRISON, John] Dava SOBEL. *Longitude*. Nova York: Walker & Co., 2005

HASSAN, Z. e LAI, C. H. (eds.). *Ideas and Realities: Selected Essays of Abdus Salaam*. Hackensack, NJ: World Scientific, 1984.

HERON DE ALEXANDRIA. *Pneumatica* [c. 60].

HERTZ, Heinrich. *Electric Waves*. Londres: Macmillan and Co., 1900.

EQUIPE HUBBLE HERITAGE. *Hubble Heritage Images*. http://heritage.stsci.edu.

HUBBLE, Edwin P. *Realm of the Nebulae*. New Haven, CT: Yale University Press, 1936.

_____. *The Nature of Science*. San Marino, CA: Huntington Library, 1954.

Huygens, Christiaan. *Systema Saturnium* [1659]. Hagae-Comitis: Adriani Vlacq.

_____. [*Cosmotheoros,*] *The Celestial Worlds Discover'd* [1698]. Londres: Timothy Childe.

IMPEY, Chris e HARTMANN, William K. *The Universe Revealed*. Nova York: Brooks Cole, 2000.

JOHNSON, David. *V-1, V-2: Hitler's Vengeance on London*. Londres: Scarborough House,m 1991.

KANT, Immanuel. *Universal Natural History and Theory of the Heavens* [1755]. Ann Arbor: University of Michigan, 1969.

KAPTEYN, J. C. On the Absorption of Light in Space. *Contrib. from the Mt. Wilson Solar Observatory*, no. 42, *Astrophysical Journal* (separata), Chicago: University of Chicago Press, 1909.

KELVIN, Lorde. Nineteenth Century Clouds over the Dynamical Theory of Heat and Light. *London Philosophical Magazine and Journal of Science 2*, 6th Series, p. 1. Newcastle, RU: Literary and Philosophical Society, 1901.–. Baltimore Lectures. Cambridge, RU: C. J. Clay and Sons, 1904.

KEPLER, Johannes. Astronomia Nova [1609]. Trad. W. H. Donahue. Cambridge, RU: Cambridge University Press, 1992.

_____. 1997. *The Harmonies of the World* [1619]. Trad. Juliet Field. Philadelphia: American Philosophical Society.

LANG, K. R. e GINGERICH, O. (eds.). *A Source Book in Astronomy & Astrophysics*. Cambridge: Harvard University Press, 1979.

LAPLACE, Pierre-Simon. *Philosophical Essays on Probability* [1814]. Nova York: Springer Verlag, 1995.

LARSON, Edward J. e WITHAM, Larry. Leading Scientists Still Reject God. *Nature* 394: 313, 1998.

LEWIS, John L. *Physics & Chemistry of the Solar System*. Burlington, MA: Acadelnic Press, 1997.

LOOMIS, Elias. *An Introduction to Practical Astronomy*. Nova York: Harper & Brothers, 1860.

LOWELL, Percival. *Mars*. Cambridge, MA: Riverside Press, 1895.

_____. *Mars and Its Canals*. Nova York: Macmillan and Co., 1906.

_____. *Mars as the Abode of Life*. Nova York: Macmillan and Co., 1909.

_____. *The Evolution of Worlds*. Nova York: Macmillan and Co., 1909.

LIAPUNOV, A. M. *The General Problem of the Stability of Motion*. Tese PhD, Universidade de Moscou, 1892.

MANDELBROT, Benoit. *Fractals: Form, Chance, and Dimension*. Nova York: W. H. Freeman & Co., 1977

MAXWELL, James Clerke. *A Treatise on Electricity and Magnetism*. Oxford, RU: Oxford University Press,, 1873.

MCKAY, D. S. *et al* Search for Past Life on Mars. *Science* 273, no. 5277, 1996.

MICHELSON, Albert A. Discurso proferido na inauguração do Ryerson Physics Lab, Universidade de Chicago, 1894.

MICHELSON, Albert A. e MORLEY, Edward W.. On the Relative Motion of Earth and the Luminiferous Aether. *London Philosophical Magazine and Journal of Science* 24, 5th Series. Newcastle, RU: Literary and Philosophical Society, 1887.

MORRISON, David. The Spaceguard Survey: Protecting the Earth from Cosmic Impacts. *Mercury* 21, no. 3: 103, 1992.

NASR, Seyyed Hossein. *Islamic Science: An Illustrated Study.* Kent: World of Islam Festival Publishing Co., 1976.

NEWCOMB, Simon. *Sidereal Messenger* 7: 65, 1888.

_____. *The Reminiscences of an Astronomer.* Boston: Houghton Mifflin Co., 1903.

[NEWTON, Isaac] David BREWSTER. *Memoirs of the Life, Writings, and Discoveries of Sir Isaac Newton.* Londres: T. Constable and Co., 1855.

NEWTON, Isaac. *Optice* [1706], 2. ed. Londres: Sam Smith & Benjamin Walford.

_____. *Principia Mathematica* [1726], 3. ed. Londres: William & John Innys.

_____. *Chronologies* [1728]. Londres: Pater-noster Row.

_____. *Opticks* [1730], 4. ed. Londres: West-End of St. Pauls.

_____. *The Prophesies of Daniel* [1733]. Londres: Pater-noster Row.

_____. *Papers and Letters on Natural Philosophy.* Ed. Bernard Cohen. Cambridge, MA: Harvard University Press, 1958.

_____. *Principia Vol. II: The System of the World* [1687]. Berkeley: University of California Press, 1962.

_____. *Principia Mathematica* [1729]. Norwalk, CT: Easton Press, 1992.

NORRIS, Christopher. *Deconstruction: Theory & Practice.* Nova York: Routledge, 1991.

O'NEILL, Gerard K. *The High Frontier: Human Colonies in Space.* Nova York: William Morrow & Co., 1976.

PLANCK, Max. *The Universe in the Light of Modern Physics.* Londres: Allen & Unwin Ltd., 1931.

_____. *A Scientific Autobiography (inglês).* Londres: Williams & Norgate, Ltd., 1950.

[PLANCK, Max] 1996. Cit. por Friedrich Katscher in The Endless Frontier. *Scientific American*, fev., p. 10.

PTOLOMEU, Cláudio, 1551. *Almagest* [c. 150]. Basilieae, Basel.

SALAAM, Abdus. The Future of Science in Islamic Countries. Discurso proferido na Quinta Cúpula Islâmica no Kuwait, http://www.alislatn.org/library/salam-2, 1987.

SCHWIPPELL, J. Christian Doppler and the Royal Bohemian Society of Sciences. *The Phenomenon of Doppler*. Praga, 1992.

SCIAMA, Dennis. *Modern Cosmology*. Cambridge, RU: Cambridge University Press, 1971.

SHAMOS, Morris H. (ed.). *Great Experiments in Physics*. Nova York: Dover, 1959.

SHAPLEY, Harlow e CURTIS, Heber D. *The Scale of the Universe*. Washington, DC: National Academy of Sciences, 1921.

SULLIVAN III, W. T. e COHEN, B. J. (eds.). *Preserving the Astronomical Sky*. San Francisco: Astronomical Society of the Pacific, 1999.

TAYLOR, Jane. *Prose and Poetry*. Londres: H. Milford, 1925.

TIPLER, Frank J. *The Physics of Immortality*. Nova York: Anchor, 1997.

TUCSON CITY COUNCIL. *Tucson/Pima County Outdoor Lighting Code*, Ordinance No. 8210. Tucson, AZ: International Dark Sky Association, 1994.

[TWAIN, Mark] KIPLING, Rudyard. An Interview with Mark Twain. *From Sea to Sea*. Nova York: Doubleday & McClure Company, 1899.

TWAIN, Mark. *Mark Twain's Notebook*, 1935.

VAN HELDEN, Albert. Trad. 1989. *Sidereus Nuncius*. Chicago: University of Chicago Press.

VENTURI, C. G. (ed.). *Memoire e lettere*, vol. 1. Modena: G. Vincenzi, 1818.

WELLS, David A. (ed.). *Annual of Scientific Discovery*. Boston: Gould and Lincoln, 1852.

WHITE, Andrew Dickerson. *A History of the Warfare of Science with Theology in Christendom* [1896]. Buffalo, NY: Prometheus Books, 1993.

WILFORD, J. N. Rarely Bested Astronomers Are Stumped by a Tiny Light. *The New York Times*, 17 ago. 1999.

WRIGHT, Thomas. *An Original Theory of the Universe* [1750]. Londres: H. Chapelle.

ÍNDICE DE NOMES

Alfonso X, rei da Espanha, 399
Ampère, André-Marie, 358
Anderson, Carl David, 113
Aristarco de Samos, 43, 255
Aristóteles, 54, 57, 255, 327-28
Arquimedes de Siracusa, 123
Atkinson, Robert d'Escourt, 215

Baldry, Ivan, 184
Balzac, Honoré de, 91
Beethoven, Ludwig van, 35
Berry, Chuck, 35
Bessel, Friedrich Wilhelm, 44
Bode, Johann Elert, 94
Bohr, Niels, 400
Bose, Satyendranath, 388
Bradley, James, 132-33
Braun, Wernher von, 140
Bruno, Giordano, 91-2, 397
Bunsen, Robert, 160
Burbidge, E. Margaret, 213, 218
Burbidge, Geoffrey R., 213, 218

Cameron, James, 373-74
Cassini, Giovanni, 60
Cavendish, Henry, 126-27
Celsius, Anders, 199
César, Júlio, 356
Chadwick, James, 216
Chapman, Clark R., 288
Chevreul, M. E., 181
Clarke, Arthur C., 109
Comstock, George Cary, 206
Comte, Auguste, 160
Copérnico, Nicolau, 44-5, 57-58, 82-3, 140, 144, 255, 397, 406
Coppola, Francis Ford, 372
Costner, Kevin, 341
Cristina, grã-duquesa da Toscana, 401, 406

Darwin, Charles, 250
Davies, Paul, 394
de Vaucouleurs, Gerard, 304
Demócrito de Abdera, 91
Dirac, Paul Adrien Maurice, 114-16, 129
Doppler, Christian, 161-62
Drake, Frank, 231, 263, 377, 400-01

Eddington, Sir Arthur Stanley, 77-8, 214-16
Einstein, Albert, 38, 49, 115, 125, 134-36, 371, 384-85, 400, 407
Ellis, Bret Easton, 339
Empédocles de Acragas, 131
Eötvös, Loránd, 127
Eratóstenes de Cirene, 68

Fahrenheit, Daniel Gabriel, 199
Faraday, Michael, 358
Feynman, Richard, 17, 344
Flamsteed, John, 84
Fleischmann, Martin, 398
Foster, Jodie, 376-77
Foucault, Jean Bernard Léon, 70
Fowler, William, 213, 218
Franklin, Benjamin, 358
Fraunhofer, Joseph von, 159-60

Gagarin, Yuri, 139
Galileu Galilei, 43, 45, 59, 60, 83, 131-32, 198, 205, 396-97, 400, 406, 411
Gates, Bill, 340
Gauss, Carl Friedrich, 95
Gell-Mann, Murray, 388
George III, rei da Inglaterra, 84
Glazebrook, Karl, 184
Gould, Stephen Jay, 14, 394
Gregório XIII, papa, 356
Gundlach, Jens H., 127

Haldane, J. B. S., 5
Halley, Edmond, 42
Harkins, William D., 216
Harrison, John, 355
Hawking, Stephen, 179, 392
Heimlich, Henry J., 409
Heisenberg, Werner, 129, 347, 407
Henson, Keith e Carolyn, 108
Heródoto de Halicarnasso, 54
Heron de Alexandria, 198
Herschel, Sir John, 93, 95, 185
Herschel, Sir William, 45, 84
Hertz, Heinrich, 168, 358
Hiparco, 42
Hitler, Adolf, 265, 359
Hoyle, Sir Fred, 213, 218, 311
Hubble, Edwin P., 20, 25, 28, 48, 49, 50, 296, 347
Huygens, Christiaan, 60, 90, 248, 405

Jansky, Karl, 169
Jastrow, Robert, 394
Jolly, Philipp von, 16
Joule, James Prescott, 303, 358
Joyce, James, 388

Kant, Immanuel, 47, 91
Kapteyn, Jacobus Cornelius, 45-6, 206
Kaufman, Philip, 376
Kelvin, William Thomson, Lorde, 16, 195, 200
Kennedy, John F., 265
Kepler, Johannes, 57, 122, 140, 277, 406
Ketterle, Wolfgang, 195
Khwarizmi, Muhammad ibn Musa al-, 124, 352
King, Martin Luther, Jr., 265-66
Kipling, Rudyard, 396
Kirchhoff, Gustav, 160
Kirk, Capitão James T. (pers.), 117, 259
Lagrange, Joseph-Louis, 107, 111
Lamarck, Jean-Baptiste, 21
Laplace, Pierre-Simon, 144, 278, 404, 411
Lavoisier, Antoine-Laurent, 197
Lawrence, Ernest O., 360
Lederman, Leon M., 394
Levy, David H., 96
Lippershey, Hans, 45
Lovelock, James, 233
Lowell, Percival, 85-8, 180-1, 240-41
Liapunov, Alexandr Mikhailovitch, 279-80

Mandelbrot, Benoit B., 52-3
Margulis, Lynn, 233
Martin, Steve, 375
Maxwell, James Clerk, 60, 407
McKay, David, 345-46
Melott, Adrian, 315
Merkowitz, Stephen M., 127
Michelson, Albert A., 15-6, 133-4
Morley, Edward W., 133-34
Morrison, David, 287-88

Napoleão I, imperador da França, 404
Newcomb, Simon, 16
Newton, Sir Isaac, 18, 32, 38, 55, 100, 124-26, 138-39, 144-45, 159, 198, 277-78, 280, 395-96, 402-06, 411
Nicolau de Cusa, 91

O'Neill, Gerard K., 109
Oelert, Walter, 113-14
Oort, Jan, 102
Osiander, Andreas, 44

Paczynski, Bohdan, 314
Paulo III, papa, 44, 50
Penzias, Arno, 172
Perlmutter, Saul, 348
Piazzi, Giuseppe, 95
Pitágoras, 54
Planck, Max, 16-7, 30, 127-28, 347, 387

Pons, B. Stanley, 398
Porco, Carolyn C., 62-3
Porter, Cole, 194
Powell, Michael K., 367
Ptolomeu, Cláudio, 42, 44, 255, 352, 395, 399, 404

Roche, Édouard Albert, 62
Rodriguez, Alex, 139
Rømer, Ole, 131-32, 198-99
Röntgen, Wilhelm C., 174
Roosevelt, Franklin D., 265

Sagan, Carl, 14, 346, 376
Salam, Abdus, 354
Salomão, rei, 123
Schiaparelli, Giovanni, 85
Schultz, Sherman, 86
Sciama, Dennis, 307
Seaborg, Glenn T., 360
Shapley, Harlow, 46-7
Shepard, Alan B., 139
Shoemaker, Eugene M., 101 308-09
Shovell, Sir Clowdesley, 355
Slovic, Paul, 288
Standish, E. Myles, Jr., 87
Stuyvesant, Peter, 363
Swedenborg, Emanuel, 47

Templeton, Sir John, 395
Tipler, Frank J., 394-95
Titius, Johann Daniel, 94
Twain, Mark, 372

Volta, Alessandro, 358

Watt, James, 357
Webb, James, 110
Wheeler, John A., 318
Whipple, Fred, 154
White, Andrew D., 395
Wickramasinghe, Chandra, 311
Wilford, John Noble, 343
Wilkinson, David, 110
Wilson, Robert, 172
Witt, Adolf N., 225
Wollaston, William Hyde, 159
Woods, Tiger, 139
Wright, Thomas, 47-8

Yeager, Chuck, 376

Zohner, Nathan, 244
Zwicky, Fritz, 347-48

ÍNDICE DE ASSUNTOS

34 Tauri, 84
51 Pegasus, 150
1744 Harriet, asteroide, 96, 98
2316 Jo-Ann, asteroide, 96
5051 Ralph, asteroide, 96
13123 Tyson, asteroide, 96
"A inércia de um corpo depende de seu conteúdo de energia?"(Einstein), 385-86
"A síntese dos elementos nas estrelas" (Burbidge, Burbidge, Fowler, Hoyle), 213
Abaixo de zero (Ellis), 339
Academia de Ciências Francesa, 55
aceleradores de partículas, 28, 113-14, 192, 329, 360-61, 391
acetileno, 225
ácido fórmico, 225
adenina, 247
Administração Nacional da Aeronáutica e Espaço (NASA), 35, 90, 101, 103, 110, 139-40, 167, 287-89, 341, 374
aerogel, 103
Agência Espacial Europeia, 90, 103, 252
Aglomerado de Virgem, 323
aglomerados globulares, 46 -7
água, 236
    como base da vida, 91, 241, 244, 251, 261, 285-87
    como solvente universal, 242
    congelada (gelo), 61, 151, 237-38, 243, 252
    densidade da, 149, 243
    estado líquido da, 91, 230, 233, 234, 241, 252, 262
    estrutura molecular da, 171, 246
    evaporação da, 236
    fontes de, 249
    gama de temperatura da, 247, 249
    originária dos cometas, 100, 230, 237-38, 249, 285
    ponto de congelamento da, 196, 199, 230, 243
    ponto de ebulição da, 199, 230
    sobre a Terra, 229, 236, 239-40, 249, 297, 308, 409
    sobre Marte, 85, 89, 181, 232, 240-41, 249, 286, 299
Al'Aziziyah, Líbia, 196
albedo, 98
álcool etílico, 171, 225-26, 243
aleatoriedade, 76-80, 181, 221, 232, 271
Alemanha nazista, 265, 359
álgebra, 352
Algol, 353
algoritmo, 124, 271, 352
ALH-84001, meteorito, 286
alienígenas, 34-5, 123, 254, 256-61, 268-70, 272-73, 346, 376
Almagesto (Ptolomeu), 42, 44, 352, 404
Alpha Centauri, 266

Altair, 353
Alumínio-26, isótopo, 234
amarelo, 159, 168, 178, 181, 330
amerício, 360
aminoácidos, 225, 253
amônia, 99, 149, 171, 225, 226, 243, 246, 252
amplificação de micro-onda pela emissão estimulada de radiação (MASER), 244
ampulhetas, 66
analema, 67
analfabetismo matemático, 200
análise espectrográfica, 162
Andrômeda, galáxia, 201, 294, 296, 297, 311, 323
Antártica, 196, 237, 286, 332, 345
Antártico, círculo polar,333
antielétrons (pósitrons), 114, 389
antimatéria, 113-15, 117-18, 157, 175, 329, 386, 388-91
antineutrinos, 389
antipartículas, 113, 116, 118
antiquarks, 389
antraceno, 225
Apófis, asteroide, 292
Apollo 11, missão espacial, 290
Apollo 8, missão espacial, 105
Apollo, programa espacial, 225, 331
aquecimento global, 232, 411
Aquila, 353
Arcturo, 42
Arecibo, telescópio, 269, 272
armas nucleares, 313
arqueias, 196
Ártico, 55, 196, 237, 243, 333
"as sete do arco-íris", 159, 168
As The World Turns [Enquanto o mundo gira], 377
Associação Internacional do Céu Escuro (IDA),
Asteroides, 32, 87, 143, 280
    análise espectral dos, 98
    cinturão de, 95-101, 103, 154
    colisões da Terra com ("asteroides assassinos"), 100, 101, 235, 238, 281, 283, 284, 285, 288, 291, 292, 294, 408
    cometas comparados com, 93, 100
    como "pilhas de entulho", 62, 99
    composição dos, 96-9, 100, 149
    de rocha, 96, 98
    densidade dos, 99, 149
    descobertas de, 93, 95, 96, 111
    diâmetros dos, 99, 287
    energia de impacto dos, 287, 288-89

famílias de, 101, 111
formação dos, 97
Júpiter e os,101
luas (satélites) dos, 99
luas planetárias comparadas com, 102
luz refletida pelos, 98
massa dos, 96, 99
metálicos, 98, 99
meteoritos comparados com, 100
moléculas nos, 247
nomes dos, 96
órbitas dos, 93, 96, 100, 101
sondas espaciais para, 102, 351
tipo C, 98
tipo M, 98
tipo S, 98
troianos, 101, 111, 143
asteroides tipo C, 98
asteroides tipo M, 98
asteroides tipo S, 98
asteroides troianos, 101, 111, 143
astrobiologia, 257
astrofísica, 13, 19, 110, 149, 159, 162, 164, 171, 174, 178, 219, 225, 253, 260, 263, 294, 321, 344, 362, 376, 378, 394
astrolábios, 353
astronomia: 16
    baseada na Lua, 368
    contribuição islâmica para, 352, 354
    descoberta científica na, 162, 170, 175, 407, 408
    espectrografia na,162
    instrumentos da, 353
    métodos primitivos da, 71
    observação visual na, 25
    poluição luminosa na, 366
    telescópios usados na, 82, 84, 86, 95, 162, 170, 175, 177, 183, 207, 226, 347, 407
Astrophysical Journal, 162
astropoluição, 362
atmosfera:
    da Terra, 84, 139, 140, 145, 152, 155, 174, 189, 190, 201, 231, 238, 239, 252, 284, 286, 295, 297, 303, 313, 333, 345, 363, 376
    de estrelas, 210, 219
    de Júpiter, 37, 290
    de Io, 91
    de Marte, 181, 249, 252, 286, 341
    de Titã, 90, 252, 253
    de Vênus, 87, 88, 233, 239-40, 252, 262
    do Sol, 155, 190
    densidade e pressão da, 152, 239
    planetária, 189
átomos:
    anti-, 113, 117
    colisões de, 34, 158, 208, 223, 224
    estrutura de, 35, 220
    física e química dos, 19
    fusão de, 215, 220, 224, 226, 245, 246, 251, 295, 296, 313
    núcleos de, 215, 217
    partículas de, 115, 319, 388, 391
auroras, 153, 189, 190
azul, 159, 168, 177-83, 206, 321, 330

Babilônia, babilônico, babilônios, 54, 123, 334
bactéria, bacteriano, 29, 127, 196, 235, 286
Bagdá, 352
balístico, movimento, 138, 144, 286
baricentros, 57
barreira de plasma, 188
Base Vostok, Antártica, 196
Bayeux, Tapeçaria, 328
Bell Telephone Laboratories, 169, 172
benzeno, 225
berílio, 222

berquélio, 360
Betelgeuse, 177, 353, 378
Bíblia, 42, 123, 328, 397, 400, 401, 406
biologia, 20, 228, 253, 263, 405
biomassa, 253, 316
bioquímica, 52
bismuto, 257
blocos de arenito, 70
bolha assassina, A, 256
bolha de plasma, 191
bolha visual, 271
Bolsa de valores de Nova York, 277, 339
bomba atômica, 225, 287, 359
bomba de hidrogênio, 225
bombas de nêutron, 291
bombardeio em Hiroshima (1945), 287
bósons, 388-89
branco, 177, 178, 330
"buraco da fechadura", 292
Buraco Negro, O, filme, 371
buracos de minhoca, 30
buracos negros, 29, 30, 38, 146, 149, 174, 178-79, 192, 219, 299, 301-04, 306-07, 312, 317-22, 350, 371, 392, 394, 407
    antimatéria perto dos, 392
    campo gravitacional dos, 149, 174, 302, 304, 306, 312, 317, 319, 321, 322, 371
    centros de, 151, 318, 319, 320
    como "motores galácticos", 300
    descoberta dos, 29, 30, 146, 174, 307, 350
    energia liberada por, 174, 179, 192, 302, 304, 321-22
    estrelas companheiras de, 174, 321
    horizonte de eventos dos, 151, 179, 302, 304, 306, 312, 318, 319, 320, 321, 392
    localização dos, 29, 322, 323
    luz apanhada pelos, 174, 302, 318, 319
    massa dos, 151, 179, 306, 322-23, 392
    matéria consumida pelos, 29, 149, 174, 192, 302, 305, 306, 319, 321, 322, 407
    morte pelos, 312, 318, 319, 323
    temperatura dos, 174
busca por inteligência extraterrestre (SETI), 263
bússola, 29, 66, 329, 331

cálcio, 33 245
calendário gregoriano, 357
calendário juliano, 356
calendários, 357
calendários baseados na Lua, 356-57
calendários baseados no Sol, 356
califas abássidas, 352
califórnio, 360
Calisto, 83
calor, 88, 97, 99, 141, 171, 172, 188, 196, 197, 198, 201, 209, 210, 226, 227, 228, 234, 242, 252, 299, 302, 303, 304, 306, 349
camada de ozônio, 289, 312-13
camada gelada do solo, 196
campos magnéticos, 186, 187, 189, 191, 207
Capella, 160
carbono, 33, 97, 98, 155, 206, 211, 217, 222, 223, 224, 225, 228, 245, 246, 248, 249, 251, 257, 295
carga elétrica, 37, 115, 358, 389
Caronte, 102
cartografia, 52, 53, 55, 56, 170
cataratas do Niágara, 303
catastrofismo, 309
Celestial Worlds Discover'd, The (Huygens), 405
células, 206
Centro Rose para a Terra e o Espaço, 87, 94, 96, 192, 365
Ceres, 95, 96
césio, 160
Charlie Rose, 345
chimpanzés, 17, 18
China, 141, 351

chumbo, 126-27, 148, 150, 262
chuva ácida, 244
chuva de meteoros, 291, 366
cianeto de hidrogênio, 171, 224
cianodiacetileno, 171
cianogênio, 155
ciência:
    astronômica, ver astronomia
    concepções errôneas sobre, 330
    dados na, 19, 21, 38, 46, 49, 58-9, 63, 64, 76, 86, 88,
        93, 96, 99, 102, 110, 146, 150, 152, 162, 182, 226,
        255, 287, 322, 328, 343, 347, 354, 362, 373, 377,
        398, 400, 403
    descobertas na, 15, 17, 21, 30, 48, 77, 170, 213, 350, 383
    hipóteses na, 44, 403
    liderança nacional em, 352-61
    medição tecnológica na, 27, 58, 64, 126, 135, 352, 383
    método experimental da, 25, 27, 29, 68-70, 76, 90, 114,
        116, 127, 131, 162, 168, 175, 244, 252-53, 303,
        327, 385
    previsibilidade na, 124
    religião e, 394-96, 399, 401, 406
    ver também astronomia; biologia; química; física
Cinemática, 37
Cinturão de Kuiper, 87, 100, 101, 102
Cinturão de Órion, 211
civilização grega, 43, 54, 217, 352
clarões solares, 95, 190, 271, 306
Clementine, orbitador lunar, 236
clima, 37, 56, 60, 233, 234, 239, 283, 289, 308, 309
coma (nuvem de poeira), 102
combustão, 197, 198, 301
cometa Halley, 155, 328
cometas:
    água dos, 230, 237, 238, 249, 285
    asteroides comparados com, 93, 100
    caçadores de, 96
    caudas dos, 100, 154-56, 189
    comas (nuvens de poeira) dos, 102
    como entulho, 62
    composição dos, 100, 149, 238
    densidade dos, 154
    descoberta dos, 84, 102, 292
    duplos, 102
    impactos dos, 102, 103, 237, 238, 284-85, 287-88, 290-92
    moléculas nos, 103, 228, 247
    na órbita da Terra, 100, 101, 102, 155, 284, 287
    órbitas dos, 32, 100, 102, 141, 142, 280, 292, 297
    planetas comparados com, 141
    sondas espaciais enviadas aos, 102-03, 111
Comissão Federal de Comunicações (FCC), 367
compostos orgânicos, 90, 103, 191, 227, 247-48, 319
computadores, 19, 36, 124, 168, 208, 260, 278, 282
condução elétrica, 186
Conferência Geral sobre Pesos e Medidas (1983), 136
Conselho de Longitude, britânico, 355
constante de estrutura fina, 137
constante de Planck («h»), 121, 127, 128, 137
constelações,181, 333, 334, 373, 378; ver também constelações específicas
consumo de combustível, 112, 136, 211
contadores Geiger, 29
Contato, 256, 265, 266, 376
Contatos imediatos do terceiro grau, 259
convecção, 78, 150, 243
convecção turbulenta, 80
cores, 64, 159, 177, 179, 180, 184
    da aurora, 189
    das galáxias, 179, 184, 185
    de estrela, 177, 206
    do Sol, 178, 330, 332
    espectro de, 28, 32, 153, 159
    filtros para, 180
    moleculares, 184, 206, 226
    percepção das, 167, 177, 178, 180, 181, 182, 184, 330
    ver também cores específicas
cores RGB (red-vermelho, green-verde e blue-azul), 180, 184
coroa solar, 154, 190
corônio, 154
cosmologia inflacionária, 400
Cosmotheoros (Huygens), 248
Cours de la Philosophie Positive (Comte), 160
cratera Chicxulub, 288, 289, 290, 309
Cratera do Meteoro Barringer, 101, 308
crateras, 101, 237-39, 241, 250, 285, 287-90, 308-10
criacionismo, 396, 400
cronômetros, 66, 67, 355
Cruz do Norte, 334
Cruzeiro do Sul, 332-34
Cygnus, 334

2001: Uma odisseia no espaço, 256
Dactyl, 99
Dark Side of the Moon, 237
De l'Infinito universo e mondi (Acerca do infinito, do universo e dos mundos) (Bruno), 91
De Revolutionibus (Copérnico), 44, 57, 140
decaimento radioativo, 242, 388
decimais, 123, 124, 127, 130, 199, 339, 340, 359
Deimos, 102
densidade, 39, 56, 61, 76, 99, 100, 114, 148-52, 154-57, 187, 188, 212, 214, 216, 243, 244, 298, 348, 384
densidade zero, 157
Departamento de Energia norte-americano, 360
Deriva do Atlântico Norte, corrente, 173
desenho inteligente, 408, 410, 411
deserto de Mojave, 376
desvios Doppler para o azul e para o vermelho, 179
determinação do tempo, 66, 67, 68, 129, 176, 305, 310, 352-53, 355-57, 371, 375
Deus, 42, 144, 255, 278, 381, 392-93, 394-96, 399, 400-08, 411
Deus e a nova física (Davies), 394
deutério, 238, 391
dia sideral, 67
dia solar, 66, 67
Diálogos concernentes a duas novas ciências (Galileu), 131
dias extras, 356
difererenciação, 97
dilatação de tempo, 371
dinossauros, 96, 284, 290, 293, 308-09
dióxido de carbono, 87, 88, 99, 149, 224, 233, 239, 246, 262
dióxido de enxofre, 224
dióxido de nitrogênio, 313
distância, 281, 282
divisão Cassini, 60, 63
DNA, 162, 225, 247, 249, 250, 346
doenças, 29, 88, 294, 308, 311, 408

$E = mc^2$, 116, 209, 384, 385, 386, 389, 390, 392
eclipses, 327, 332
eclipses lunares, 54
eclipses solares, 190, 329, 332
ecossistemas, 284
efeito de catapulta, 44
efeito Doppler, 161, 268, 269, 368
efeito estilingue gravitacional, 146
efeito estufa, 88, 231, 233, 239, 241
Egito, 123, 292
elementos químicos:
    análise espectral de, 33-4, 98, 156, 158, 160
    descoberta de, 160, 360
    em nuvens de gás, 177, 206, 243-44
    isótopos de, 136, 217, 234
    nas estrelas, 29, 33, 97, 165, 211-12, 213-16, 218, 220-23, 245
    pesados, 34, 164, 170, 211-12, 213, 216-18, 220-23, 242, 272, 295

tabela periódica de, 34, 156, 196, 213-14, 221, 248, 251
  ver também elementos específicos
elementos, quatro, 152, 257
eletricidade, 186, 191, 301, 358
eletromagnetismo, 387
elétrons:
    anti- (pósitrons), 113-15, 117, 389, 390-91
    captura de, 78, 220,
    carga de, 113, 115, 137, 187, 389
    comportamento dos, 34, 188, 189
    ligados, 187, 191, 192, 226
    livres, 76, 154, 189, 192
    luz absorvida e emitida por, 158
    no plasma, 186-89, 192
    no vento solar, 189, 190
    número de, 187, 251
    partilhados, 248
energia:
    absorção da, 153, 201, 208, 214, 215, 218, 222, 230
    cinética, 128, 188
    conversão, 113, 115, 118, 209, 280, 302, 304, 306, 357, 385, 392
    escura, 20
    extremos da, 383
    geotérmica, 234
    gravitacional, 209, 210, 302, 304, 306, 392
    impacto, 287
    incidente, 230
    leis da (termodinâmica), 37-8, 194
    liberação de, 174, 191, 221, 217, 221
    irradiação (torna a ocorrer) da, 88, 173, 208, 262
    potencial, 302-04, 306
    radiante, 201
    radioativa, 29, 234, 242
    solar, 92, 229, 239
    terminologia, 357-58
    termonuclear, 75, 77, 155
    vácuo, 157
energia cinética, 128, 188
energia do vácuo, 157
energia escura, 20
energia geotérmica, 234
energia nuclear, 291
Ensaio filosófico sobre as probabilidades (Laplace), 278
escala sísmica, 26
equação de Drake, 231, 232, 235, 263, 377
equador, 55, 56, 66, 67, 69, 136, 189, 333, 359, 375
equinócio da primavera, 65, 333
equinócio de outono, 65, 333
equinócios, 332, 333, 356
era Planck, 387
Eros, asteriode, 102, 351
escala Celsius, 199, 249
escala decibel, 26
escala de magnitude estelar, 26
escala Fahrenheit, 199
escala Kelvin, 16, 171, 195-96, 200, 298
escala Rømer, 198-99
escala sísmica, 26
Escritório Internacional de Pesos e Medidas, 136, 359
esferas celestes, 378
esferoide oblato, 55, 56, 358
espaço:
    densidade do, 298
    infinitude do, 47
    interplanetário, 75, 79, 148, 152, 154, 156, 272, 281, 282, 295, 297, 333, 345
    temperatura do, 201
    vazio, 99, 100, 134, 201, 291
espaço interplanetário, 75, 79, 148, 152, 154, 156, 272, 281, 282, 295, 297, 333, 345
espaço-tempo, 19, 50, 312, 383
espaçonave orbitadora *Cassini*, 61, 90

espectro eletromagnético, 28, 168, 172, 175, 225, 261, 267, 366, 367, 368, 407
espelho parabólico, 314
Estação Espacial Internacional, 109, 145, 350
estação espacial, 108, 130
estratosfera, 289, 309, 313
Estrela Polar, 329-30, 332
estrelas:
    aberração da luz vinda das, 132
    aglomerado, 205, 211, 272
    aglomerados globulares de, 46-7, 272
    anã branca, 149, 299
    anã marrom, 210
    análise espectrográfica das, 160, 162-64, 166, 174, 219
    "assassinas", 310
    binárias, 33, 262, 280
    cadentes, 187, 188, 327
    campos gravitacionais das, 272, 284, 297, 306
    companheiras, 174, 310, 321
    constelações de, 181, 333, 334, 373, 378; *ver também*
        constelações específicas
    cores das, 177, 184, 206
    de alta massa, 164, 209, 210, 211-12, 213, 217, 221, 245, 262
    de baixa massa, 210, 211
    de massa intermediária, 211
    de nêutron (pulsares), 148, 149, 299, 367, 407
    elementos produzidos por, 29, 33, 97, 165, 211-12, 213-16, 218, 220-23, 245
    formação das, 149, 184, 207, 211, 227, 269
    fusão termonuclear nas, 75, 77, 208, 215, 227, 383
    gigantes vermelhas, 211, 219, 235, 321
    luminosidade das, 35, 41, 210, 211, 218, 232
    magnitude das, 26, 41
    morte de, 211, 212, 245, 312, 315
    nomes das, 334, 353-54
    núcleos de, 75, 222, 223, 383
    planetas das, 91, 231, 241, 252, 261, 306
    posições das, 43, 355
    supergigantes, 68, 177, 195
    temperatura das, 33, 161, 165, 177, 195, 221-23
    velocidade das, 163, 306
estrelas anãs brancas, 149, 299
estrelas anãs marrons, 210
estrelas binárias, 33, 262, 280
estrelas cadentes, 187, 188, 327
estrelas companheiras, 174, 310, 321
estrelas de nêutrons (pulsares), 148, 149, 299, 367, 407
estrelas gigantes vermelhas, 211, 219, 235, 321
estrondos sônicos, 284
etanol, 252
éter, 77, 78, 134
éter luminífero, 16, 133, 134
etilenoglicol, 225
Europa, lua de Júpiter, 19, 83, 91, 233, 234, 242, 262
Europa, continente, 70, 328, 351, 352, 361
evolução do sistema solar, 103, 277-79, 282
evolução, do universo, 19, 162, 215, 262
evolução estelar, 13, 78, 231, 232, 295
evolução darwiniana, 21, 233
excentricidade (*e*), 141, 142, 282
Explorer 1, satélite, 140
explosão de meteoro no rio Tunguska (1908), 287
extremófilos, 92, 196, 234, 250

$F = ma$, 125
Fall of Moondust (A queda da poeira lunar), A (Clarke), 109
fermento, 196, 197, 247
ferro, 33, 97, 98, 141, 149, 154, 180, 212, 217, 218, 222, 223, 250, 288, 289
ficção científica, 27, 113, 143, 145, 178, 260
filme Kodak, 182
Finnegans Wake (Joyce), 388

física:
    da relatividade, 17, 20, 30, 38, 125, 134, 175, 298, 317, 384
    de partículas, 30, 37, 113, 114, 360, 361
    descobertas científicas na, 30, 213
    leis da, 17, 32, 33, 34, 36, 38, 144, 155, 247, 266, 344, 359, 383, 396, 400, 407; *ver* leis físicas
    newtoniana, 125, 142
    quântica, 115, 121, 160, 215
*física da imortalidade,*A (Tipler), 394, 395
física de partículas, 30, 37, 113, 114, 360, 361
flogístico, 197
flutuações quânticas, 50
fluxos de lava, 239
Fobos, 102
foguetes, 89, 112, 238, 291
"força nuclear forte", 209, 387
Força-tarefa em Políticas de Espectro, 367
forças centrífugas, 106, 107, 108
forças de maré, 56, 61, 233, 304, 306, 312, 318, 319, 322, 371
formaldeído, 171, 225
fornos de micro-ondas, 226
fósforo, 26, 245
fósseis, 163
fótons, 75-6, 78-81, 172, 363, 385-86, 390-91
frações, 123, 198, 337, 339, 385
fractais, 53
Freedom 7, nave espacial, 139
fricção, 198, 284, 299, 321, 322
Fundação Templeton, 395
furacões, 411
fusão nuclear, 116, 216, 296
fusão nuclear "fria" 398
fusão termonuclear, 75, 77, 175, 191, 208, 209, 215, 217, 227, 280, 383

"G" (constante gravitacional de Newton), 121, 122, 126
galáxias binárias, 33
galáxias:
    aglomerado de, 122, 300, 323
    anti-, 118
    ativas, 300, 302, 304, 306
    binárias, 33
    campo gravitacional das, 300
    centros das, 169, 280, 300, 320, 322
    colisões de, 311, 408
    cor das, 305
    descoberta de, 350
    elípticas, 300, 323
    espirais, 300
    irregulares, 300
    luminosidade das, 300
    mapeamento das, 170
    "motores" das (buracos negros), 300
    ondas de rádio provenientes das, 28, 47, 170
    recessão das, 296
    rotação das, 179
    terminologia das, 300, 304
    velocidade das, 307
    ver também galáxias específicas
Galileu, sonda espacial, 99, 242
Gamma Draconis, 132
Ganimedes, 83
gelo, 19, 61, 92, 99, 100, 136, 151, 194, 199, 234, 237, 238, 241, 242, 243, 252, 262, 284, 308, 345
gás radônio, 29
Gênesis, livro de, 42, 397
Genesis, satélite, 110-11
geoide, 56
geologia, 253, 290
geometria, 16, 68, 101
geometria euclidiana, 53
geometria não euclidiana, 40
Georgium Sidus, 84

gigantes de gás, 61, 254, 281, 282
glicina, 171, 247
glicoaldeído, 225, 247
Global Oscillation Network Group [Rede de Grupo Global de Oscilação] (GONG), 80
glúons, 192
gnômon, vareta de, 65
God and the Astronomers [Deus e os astrônomos](Jastrow), 394
God Particle, The[A partícula de Deus] (Lederman),
Grã-Bretanha, 52-3, 114, 132, 354-55
grade coletora de aerogel, 103
Grand Central Terminal, 378
Grande Carro, 329
Grande Colisor de Hádrons, 361
Grande Mancha Vermelha (de Júpiter), 37, 84, 183
Grande Nebulosa de Órion, 211
gravidade:
    aceleração da, 69
    anti-, 20, 117, 157
    centro comum de, 106
    constante de Newton para ("G"), 121, 122, 126
    da antimatéria, 117
    da Lua, 105-07, 331
    da matéria escura, 37, 348
    da Terra, 69, 105, 107, 145, 238, 286, 330, 331
    das nuvens de gás, 207, 208
    de Júpiter, 143, 146, 233
    de Saturno, 61
    do Sol, 143
    dos buracos negros, 149, 174, 204, 302, 304, 306, 312, 317, 319, 321, 322, 371
    em sistemas de múltiplas partículas, 61
    energia da, 209, 210, 392
    equilíbrio da, 101, 107
    força da, 32, 49, 56, 105, 117, 126, 141, 318, 320, 331
    lei da, 32, 37, 38, 139, 402
    massa e, 46, 126
    na teoria da relatividade, 20, 38, 175, 317
    nas forças de maré, 62, 233, 304, 306, 371
    nas órbitas, 139
    no problema dos três corpos, 142-43
    ondas de, 175
    simulação de, 280
    sondas espaciais auxiliadas pela, 90, 146
    total, 306, 321
    zero, 108
gravidade zero, 108
Gravity Recovery and Climate Experiment [Experimento da Recuperação da Gravidade e do Clima] (GRACE), missão, 56
GRB 970228, explosão de raios gama, 314
Greenwich, Inglaterra, 259, 354, 355, 356
grupos de elevadores, 338

"h" (constante de Planck), 121, 127, 128, 137
hádrons, 390
Hayden, Planetário, 14, 350, 365
hélio, 33, 98, 206, 214, 218, 222, 223, 245, 246, 257
    descoberta do, 33, 34, 160
    estrutura do, 189, 214, 216
    formação do, 75, 192, 209, 211, 220, 221, 391
    formação de carbono a partir do, 222, 295
    hidrogênio como base do, 75, 155, 191, 215, 217, 295
hemisfério Norte, 65, 334, 377
Herança do Hubble, série, 182-83
Hércules, constelação de, 272
hidrido de lítio (LiH), 220
hidrocarbonetos policíclicos aromáticos (HPA),
hidrogênio:
    anti-, 113, 114, 117
    em moléculas de água, 238, 258
    estrutura do átomo de, 35
    formação do, 192, 211, 215, 220, 245
    hélio formado a partir do, 75, 191, 215, 217, 295
    nas nuvens de gás, 98, 206, 220, 223, 224

hidroxila, 226
High Frontier: Human Colonies in Space, The(A fronteira alta: colônias humanas no espaço) (O'Neill), 109
hipérbole, 142
hipernovas, 315
hipertermia, 196
hipotermia, 196
hipótese Gaia, 233
história de "Cachinhos de Ouro", 229, 230, 232, 241, 261, 297
Histórias assim! (Kipling), 396
History of the Warfare of Science with Theology in Christendom, A (White), 395
Hollywood, 101, 256, 258, 260, 370, 373, 375
horizontes de evento, 320, 392
Hotel du Rhone, 339
Hotel Nacional (Moscou), 339
Huygens,sonda espacial, 90, 252-53
Hyakutake, cometa, 292

Ida, asteroide, 99
Idade das Trevas, 193, 328
Igreja Católica, 83, 91, 255, 328, 356, 357, 396, 397
ilhas Kerguelen, 141
iluminação pública (nas ruas), 364-65
ilusões ópticas, 181
incrementos lineares, 26
incrementos logarítmicos, 26
Independence Day, 260
indeterminação, 129
índigo, 159, 168
infecção pós-operatória, 29
Instituto de Ciência Espacial, 62
Instituto de Ciência Planetária, 288
Instituto Norte-americano de Física, 383
Instituto para a Pesquisa de Física Nuclear, 113
Instituto de Tecnologia da Califórnia, 175
instrumento de trânsito, 355
interferômetro, 133, 134, 175
Internal Constitution the Stars, The (A constituição interna das estrelas) (Eddington), 77
Io, 83, 91, 131, 132, 242
íon mono-hidrido de dinitrogênio, 171
ionização, 154, 188, 193
ionosfera, 190, 266-67
irídio, 136, 309, 359
irradiação (torna a ocorrer), 88, 173, 208, 262

isótopos, 234

James Webb, Telescópio, 110
jogo da velha, 18
Jornada nas estrelas, a série, 27, 117, 191, 358
Jornada nas estrelas: o filme, 259
Juno, 95
Júpiter:
    anéis de, 61-2
    asteroides perto de, 101
    atmosfera de, 37
    campo gravitacional de, 101, 111, 143, 146, 233, 403
    distância entre o Sol e, 242
    Grande Mancha Vermelha de, 37, 84, 183
    hidrogênio em, 258
    impactos de cometas em, 290
    luas de, 19, 45, 83, 90, 91, 102, 131, 132, 143, 233, 242, 262, 397
    nome de, 82
    órbita de, 100, 140
    rotação de, 55
    sondas espaciais para, 89, 90, 350

Kiss Me Kate, 194

L.A. Story, 375
Laboratório Cavendish, 214-16
Laboratório de Propulsão a Jato, 242
Laboratórios Nacionais de Brookhaven, 192, 360, 389
lago Erie, 237
laranja, 159, 168, 178, 181, 330
latitude, 55, 70, 240, 241, 259, 332, 333, 373
laurêncio, 360
Legislativo do estado de Indiana, 124
lei de Titius-Bode, 94, 96
lei do inverso do quadrado, 42, 48
leis da causalidade, 39
leis físicas:
    constantes nas, 35, 125-29, 137
    da gravidade, 32, 37, 38, 139, 402
    da termodinâmica, 37
    para a antimatéria, 118
    predição baseada nas, 15
    universalidade das, 32, 34, 35, 38, 39
    violações das, 118
léptons, 388
levitação, 39
Libra, constelação de, 353
limite de Roche, 62
linha internacional da data, 356
linhas da costa, 52-3
lítio, 220, 245, 391
lixo espacial, 111
longitude, 55, 136, 259, 354-55, 373
Lua:
    água na, 237-38
    campo gravitacional da, 105-07, 331
    cheia, 330, 356, 365, 366, 372, 375
    crateras sobre, 237-39, 241, 285, 287
    crescente, 372
    eclipse da, 54, 375
    fases da, 56, 57
    "lado escuro" da, 201, 237
    massa da, 96, 154, 260
    meia-, 366
    missões espaciais com humanos para, 105, 225, 236, 331
    nascer e ocaso da, 70
    observação astronômica da, 353, 397
    órbita da, 32, 54, 187
    orbitador da, 236
    polos da, 237
    sondas espaciais enviadas para, 167
    temperatura da, 201
luas planetárias, 84, 93, 100, 102
luas pastoras, 61
luz:
    aberração da, 132
    absorção da, 46, 206, 226
    como ondas, 133, 161
    como partículas, 385
    comprimentos de onda da, 79, 183, 189, 226
    cores da, 28, 32, 330
    espectro da, 28, 32, 33, 79, 128, 163
    frequências da, 128
    invisível, 407
    movimento e, 123-124
    natureza da, 131
    nos buracos negros, 174, 179, 317-18
    irradiação (torna a ocorrer) da, 88, 173, 208, 262
    poluição causada por (astropoluição), 363-65
    propagação da, 16, 134
    raios divididos da, 134
    reflexão da, 98, 154, 201, 330
    refração da, 333
    solar, 98, 154, 232, 235, 237, 262, 333, 369
    ultravioleta, 174, 192, 227
    velocidade da, 36, 76, 77, 116, 121, 125, 130, 132, 134-37, 146, 209, 272, 302

visível, 79, 88, 98, 164, 168, 170, 172, 173, 178, 179, 184, 185, 190, 208, 244, 268, 271, 301, 385, 386, 388, 391, 407
luz ultravioleta, 174, 192, 227

M13, aglomerado de estrelas globular, 272
M87, galáxia, 323
magnésio, 222
magnetita, 410
magneto-hidrodinâmica, 165
mamíferos, 260, 288, 308, 313
manchas solares, 189
mapas, 42, 52, 405
máquina do tempo, 137
Mariner 4, espaçonave, 88
Marlborough Downs, 70
Mars as the Abode of Life (Marte como o domicílio da água) (Lowell), 240
Mars Observer, sonda espacial, 341
Marte:
    água em, 229, 232, 240, 241, 244, 249, 286
    atmosfera de, 252, 341
    calotas polares glaciais, 84, 240
    "canais" de, 85
    cor vermelha de, 82, 177, 180-81
    distância entre o Sol e, 94
    luas de, 102
    meteoritos de, 286, 345, 348
    nome de, 82
    núcleo de, 97
    órbita de, 140
    sondas espaciais para, 88-9, 182, 341, 351
    temperatura de,
    vida em, 19, 86, 240, 286, 345
massa:
    aceleração e, 124-25
    combinada, 113
    conservação de, 37
    de buracos negros, 151, 179, 306, 322-23, 392
    de partículas subatômicas, 121
    distância e, 126
    espaço-tempo deformado pela, 49
    força e, 124-25
    gravidade e, 46, 126
    idêntica, 143
    na teoria da relatividade, 49, 116, 209
    solar, 77, 210, 281
    velocidade e, 125
    volume e, 150-51
matemática, 53, 93, 95, 121, 122, 123, 143-44, 232, 318, 336-37, 352, 377 404; *ver também* números
matéria:
    anti-, 113-15, 117-18, 157, 175, 329, 386, 388-91
    buracos negros e o consumo de, 29, 149, 174, 192, 302, 305, 306, 319, 321, 322, 407
    densidade da, 56, 76
    energia convertida a partir da, 118, 385
    escura, 21, 37, 347, 348
    organização da, 20, 300
    peso da, 69
matéria escura, 21, 37, 347, 348
Mauna Kea, 89, 153, 364
McDonald›s, cadeia de restaurantes, 340
mecânica dos fluidos, 37
mecânica quântica, 16-20, 30, 77, 127, 156, 215, 218, 347, 387, 400
Medusa, 353
mente de Deus, A (Davies), 394
meio-dia, 66, 68
"meio-dia em ponto", 66, 178, 332
"meio-dia local", 65, 66
Mercúrio:
    crateras sobre, 290
    distância entre o Sol e, 94, 233

nome de, 82
órbita de, 16, 140
sondas espaciais para, 350
meridiano principal, 259, 354, 355, 356
metano, 87, 149, 225, 243, 252-53
meteoritos, 100, 309, 315
meteorologia, 179, 279
meteoros, 281, 291, 303, 308, 366
micróbios, 29
micro-ondas, 28, 110, 161, 168, 170, 172, 174, 176, 225, 226, 244, 269, 350, 366, 367, 391
microrganismos extremófilos, 92, 196, 234, 250
microrganismos psicrofílicos, 196
microrganismos termofílicos, 196, 234-35
microscópios, 28, 29
mísseis balísticos, 139, 140, 225
modulações de frequência, 268-69
moléculas:
    complexas, 170, 207, 245, 247, 285
    "cores" de, 184, 206, 226
    diatômicas *vs*. triatômicas, 224
    em asteroides, 247
    em cometas, 103, 228, 247
    em nuvens de gás, 183, 206, 209, 220, 223, 224, 246
    estabilidade das,
    estrutura das, 225-26
    formação das, 224-25
    ionização das, 154, 188
    ligação de, 248, 251
    movimento das, 52
    orgânicas, 227, 247, 248, 319
    temperatura e, 224, 244, 245, 246
moléculas diatômicas, 224
moléculas triatômicas, 224
molibdênio, 257
momentum, 37, 39
monóxido de carbono, 31, 171, 224, 226, 246
monóxido de di-hidrogênio, 244
montanhas Preseli, 70
Monte Chimborazo, 56
Monte Everest, 56
morcegos, 25, 167
movimento, leis do, 19, 57, 140, 402
movimento contínuo, 38
mudanças sazonais, 44
multiverso, 50, 255, 392

nanossegundos, 114, 130
National Space Institute (Instituto Nacional do Espaço), 109
National Space Society (Sociedade Nacional do Espaço), 109
Nature of Science, The (Hubble), 25
NEAR Shoemaker, sonda espacial, 102
neblina com fumaça, 313
nebúlio, 34, 156, 184
Nebulosa do Retângulo Vermelho, 225
nebulosa solar, 111
nebulosas, 29, 34, 47, 48, 50, 188, 205, 215, 363, 407; *ver* galáxias; nuvens de gás
Nêmesis, 310
neon, 189, 217, 271
Netuno:
    anéis de, 61
    atmosfera de, 252
    campo gravitacional de, 146
    descoberta de, 84, 94
    distância do Sol, 196
    luas de, 196
    órbita de, 94, 141
    sondas espaciais para, 146, 350
    temperatura de, 196
Netuno (deus), 411
neurologia, 344
neutrinos, 175, 389
nêutrons:

anti-, 115
captura de, 217
como partícula subatômica, 391
carga dos, 115
New York Times, 343
Newsletter of Chemically Peculiar Red Giant Stars, 219
níquel, 97, 149
nitrogênio, 33, 153, 196, 211, 222, 223, 246, 248, 297, 313
nível do mar, 55-6, 87, 153
norte-americanos nativos, 328
Nova Era, movimento, 233
núcleos atômicos, 195, 220, 391
nucleotídeos, 247
numeração dos assentos em avião de passageiros, 337
numerais arábicos, 123, 353
numerais romanos, 353
números:
    decimais, 339-40
    grandes, 340
    irracionais, 123
    negativos, 195, 337-39
Nuvem de Oort, 102
nuvens de gás,
    colapso gravitacional das, 208, 224
    colisões de, 208
    cores das, 177, 188
    densidade das, 156, 188, 208, 209
    elementos químicos nas, 98, 177, 221
    formação de estrelas nas, 149, 207, 208-10, 220-21
    formação dos planetas nas, 98
    formação molecular nas, 183, 206, 209, 220, 223, 224, 246
    localização das, 207
    massa das, 207
    microrganismos nas, 311
    moléculas de água nas, 243-44
    ondas de rádio e, 267
    perto de buracos negros, 304, 321
    temperatura das, 209
    visibilidade das, 46, 48
nuvens noctilucentes, 376

objetos perto da Terra, 102, 292
Observatório de Ondas Gravitacionais por Interferômetro Laser (LIGO), 175
Observatório do Vaticano, 356
Observatório Lowell, 85-7, 180
Observatório Mount Wilson, 48
Observatório Nacional Kitt Peak, 364
Observatório Real de Greenwich, 355
oceano Índico, 141
oceanos, 54, 56, 66, 155, 230, 234-35, 238-39, 242, 258, 262, 295, 304, 408
olho humano, 159, 167, 169, 170, 184
ondas de choque, 284, 285, 291
ondas de densidade, 61
ondas de pressão, 80
ondas de rádio, 28, 47, 87, 128, 164, 168, 169, 170, 180, 190, 261, 267, 268, 301, 366, 367, 368, 407
ondas infravermelhas, 79, 88, 168, 173, 207, 208
ondas sonoras, 80, 133, 150, 161, 169
ônibus espacial, 141, 145, 152, 187, 265, 341, 350
Opportunity, robô explorador de Marte, 286
Opticks (Newton), 278
órbita terrestre baixa (LEO), 109, 110, 139
órbitas:
    de cometas, 32, 100, 102, 141, 142, 280, 292, 297
    dinâmica das, 58, 230
    especiais, 109
    excêntricas, 141-42
    gravidade nas, 32, 57-8, 402
    inclinação das, 279, 282, 308
    multidimensionais, 57
    perto da Terra, 100, 101, 139, 287

planetárias, 262, 272, 301, 405, 408
Organização Europeia para a Pesquisa Nuclear (CERN), 114, 361
Original Theory of the Universe, An (Wright), 47
Os eleitos – onde o futuro começa, 375
oxigênio:
    cor verde e o, 184
    em compostos orgânicos, 248, 257
    em moléculas da água, 236, 238
    estrutura do, 312
    formação do, 211, 217, 222

padrões semelhantes entre si, 53
paleontologia, 253
Palas, 95
pandemia, 311
panspermia, 286
parábola, 142
parapsicologia, 27
partículas subatômicas, 53, 115, 121, 127, 175, 214, 359, 360, 385
partículas virtuais, 157
Páscoa, 356
pássaros, 43, 313, 410
pêndulos, 123
percepção sensorial, 19, 30
período cretáceo, 309, 310
período de blecaute, 188
período devoniano, 310
período ordoviciano, 310
período permiano, 310
período triássico, 310
Perseus, 353
peso, 69, 77, 150, 152, 207, 216, 217, 222, 227, 327
ausência de, 141, 145, 198, 318
pesos e medidas, 136, 359
pi, valor de, 123
picokelvins, 195
Pilares do tempo (Gould), 394
"pilhagem de sobrevoo", 297
Pink Floyd, 237
Pioneer 10, nave espacial, 35, 89, 90, 272
Pioneer 11, nave espacial, 35, 89, 90, 272
pireno, 225
Planeta X, 85, 87
planetas:
    atmosfera dos, 189
    campos gravitacionais dos, 57
    cometas comparados com, 141
    exteriores, 90
    formação dos, 98
    formação molecular nos, 224-25
    interiores (terrestres), 149, 311
    luas dos, 84, 93, 100, 102
    marés dos, 242
    "migração" de, 230
    núcleos dos, 97, 149
    órbitas dos, 262, 272, 301, 405, 408
    proto-, 97, 211
    sondas espaciais enviadas para, 83, 89, 167, 340, 350
    temperatura dos, 87, 261-62
    ver também planetas específicos
planetes ("errantes"), 43, 82
plasma, 34, 186-93, 266
plasma de quark-glúon, 192, 194
platina, 136, 359
Plutão:
    como cometa, 87
    como planeta, 94
    descoberta de, 87
    luas de, 102
    órbita de, 101, 284
    temperatura de, 196

plutônio, 257
Pneumatica (Heron de Alexandria), 198
*Poderoso Chefão III, O,*372
poeira cósmica, 188, 207, 247
poeira de meteoro, 281
Polo Norte, 56, 69, 136, 331, 359
Polo Sul, 56, 69
polos magnéticos, 189, 331
pontos de Lagrange, 105, 107
"posdição", 396
pósitrons (antielétrons), 117, 389, 390, 391
Possible Worlds (Haldane), 5
potássio-40, isótopo, 234
pragas, 29
Prêmio de Escrita Científica, 383
Prêmio Nobel, 15, 172, 174, 354, 360, 395
Principia (Newton), 55, 124, 126, 138, 277, 403
princípio da incerteza, 121, 128, 129
princípio copernicano, 45, 47, 255, 257
prismas, 32, 159
probabilidade, 48, 101, 127, 141, 254, 263, 269, 340, 351, 377
problema de múltiplos corpos, 99
problema dos três corpos, 142, 143
"Problema geral da estabilidade do movimento, O" (Liapunov), 279
programa espacial, 281, 331
programas de compressão, 271
programas de televisão, 267
Projeto Manhattan, 359
proporcionalidade, 126, 128
proteínas, 225
prótons:
    anti-, 113-15, 117, 329
    como partícula subatômica, 175
    gás protossolar, 238
    no plasma, 187, 192
    no vento solar, 110, 153
Psique, 99
pulsares (estrelas de nêutrons), 148, 149, 299, 367, 407

quarks, 388, 389, 390
quasares (fontes de rádio quase estelares), 164, 170, 186, 192, 193, 219, 300, 301, 305, 306, 307, 322, 350, 367, 394
Queen Mary 2, 150
questões ambientais, 89, 244 , 294
química, 19, 20, 28, 33-4, 61, 90, 160, 207-08, 218, 220-23, 226, 227, 228, 245, 247, 248, 250, 251, 252, 253, 256, 257, 263, 284, 285, 286
química nuclear, 213, 214
quinta-essência, 152

radar pistola, 170
radiação:
    de fundo, 110, 174, 176, 179, 350, 367
    espectro eletromagnético da, 168, 172, 175, 225, 261, 267, 366, 367, 368, 407
rádio AM, 190, 267
rádio de ondas curtas, 190
rádio FM, 267
radiotelescópios, 301, 367
radiotransmissões, 109, 265, 266, 267, 269, 272, 366, 410
raios cósmicos, 269, 312
raios gama, 28-9, 75-6, 79, 80, 115-16, 118, 128, 168, 174-75, 179, 217, 313-15, 348, 350, 385-86, 407
raios *laser*, 175, 314
raios X, 28, 29, 79, 164, 168, 174, 190, 305, 314, 321, 407
raiz quadrada, 76
razão logarítmica, 180
Realm of the Nebulae, The (*O reino das nebulosas*) (Hubble), 50
Regulamento N°. 8210, 364
relatividade:
    teoria da, especial, 125, 134, 384
    teoria da, geral, 38, 175, 298, 317

religião, 123, 395-96, 399, 401, 406, 411
relógio sideral, 355
relógios atômicos, 355
relógio de sol, 65
Encontro com asteroide perto da Terra (NEAR), 102
resistência do ar, 138, 139, 286, 303, 327
ressonâncias orbitais, 61
retina, 29, 86, 169, 172-73, 177, 183-84
Reviews of Modern Physics, 213
Rigel, 177, 353, 378
Riscos devidos a cometas e asteroides, 288
Rosetta, nave espacial, 103
"Roy G. Biv", acrônimo em inglês para a sequência de cores do arco-íris, 159
rubídio, 160
ruído cósmico, 263

Sagitário, 28, 47
satélites:
    artificiais, 140, 152
    de comunicação, 109, 292
    geoestacionários, 145
    forma da Terra determinada por, 40, 56
    fotos com infravermelho feitas por, 173
    observatórios de, 189
    órbitas dos, 152
    planetários, 90, 280
    radiação detectada por, 313
Saturday Night Live, 35
Saturn V, foguete, 105 112 140 331
Saturno:
    anéis de, 59, 60, 61, 62 84 90 405
    atmosfera de, 90, 252
    campo gravitacional de, 403
    densidade de, 151
    distância entre o Sol e, 94, 281
    luas de, 61, 90, 252
    nome de, 43, 82, 84
    ondas de rádio vindas de, 169
    órbita de, 61, 62, 140
    satélites de, 61, 90
    sondas espaciais enviadas para, 61, 90, 146, 252, 350
Science, revista, 52
seabórgio, 360
Segunda Guerra Mundial, 140, 288
"sentido horário", 65
série Herança do Hubble, 182-83
sexto sentido, 27
Shoemaker-Levy 9, cometa, 37, 290
Sidereus Nuncius (Galileu), 83, 205
silicato, 98
silício, 97, 103, 206, 222, 224, 251, 252
Simpósio "Preservando o céu astronômico" (1999), 363
sinal de banda larga, 268
sinal portador de vídeo, 268
Sirius, 266
sistemas de dois objetos, 282
Sistema do Mundo, O (Newton), 138
sistema estelar exossolar, 251
sistema gravitacional Sol-Terra, 110, 111, 375
sistema gravitacional Terra-Lua, 57, 106, 107, 108, 109, 110, 142
sistema métrico, 358
sistema solar:
    atividade vulcânica no, 91
    campo gravitacional do, 35, 58, 90, 280
    dinâmica do, 280
    estabilidade do, 278, 404
    exterior, 102, 141, 284, 297, 310
    extinção do, 235
    formação do, 103, 211, 228, 229-30, 282
    interior, 100, 142, 155, 250, 408
    localização do, 45-7
    modelos do, 278, 279, 282

planetas fora do (planetas exossolares), 165, 230
Sol como centro do, 83, 255
teoria geocêntrica do, 44, 45, 352, 399
teoria heliocêntrica do, 83
velocidade de escape do, 272
ver também planetas específicos
Sistemas de posicionamento global (GPS), 366
sizígia, 375
Sky and Telescope, 86
"Sobre a absorção da luz no espaço" (Kapteyn), 206
"Sobre a eletrodinâmica dos corpos em movimento" (Einstein), 384
Sobre as leis da física (Feynman), 17
Sociedade Astronômica Americana, 16, 367
Sociedade L5, 108, 109
sódio, 222, 271
Sol:
    análises do espectro do, 32-3, 159-60
    campo gravitacional do, 295, 306, 403
    campo magnético do, 189
    ciclo de atividade do, 189
    como centro do sistema solar, 43-5, 57, 82-3, 140, 255, 397
    cor "amarela" do, 178, 329-30
    coroa do, 154, 190
    densidade do, 76, 155
    distâncias planetárias do, 85, 94, 196, 230, 262
    eclipse do, 26
    elementos químicos no, 33, 195
    energia do (energia solar), 35, 154, 173, 230, 297, 392
    energia radiante do, 201, 230
    formação do, 111, 238
    fusão termonuclear no, 77
    luz emitida pelo, 155
    massa do, 77, 210
    morte do, 155, 235, 294-96, 311
    nascer e ocaso do, 64, 65, 332-33
    núcleo do, 75, 155, 175
    padrão de vibração do, 80
    raios do, 98
    sistema Sol-Terra, 110
    temperatura do, 75, 79, 195, 391
    trajetória aparente do, 65-7
    zona habitável ao redor do, 229, 232-33
solstício de inverno, 66
solstício de verão, 65, 70
Sonda de Anisotropia de Micro-ondas Wilkinson, 110
sondas espaciais, 61, 83, 89, 167, 196, 270, 330, 340, 350
Spaceguard Survey Report [Relatório do Levantamento para Salvaguarda do Espaço], 289
Spirit, robô explorador de Marte, 286
Sputnik I, satélite, 139
Stardust, sonda espacial, 102, 111
Stonehenge, 70, 71
sulfeto de hidrogênio, 224
Supercolisor Supercondutor, 360
supergigantes, 68
supernovas, 212, 213, 218, 312, 313, 348, 350
Systema Saturnium (Huygens), 60

"13", superstição, 337-38
tabela periódica, 33, 34, 156, 196, 213, 214, 221, 222, 248, 251, 360
tardígrados, 196, 197
tecnécio, 218, 219
tecnologia CCD, 183
Telescópio Espacial Hubble, 48, 109, 110, 152, 164, 182, 183, 184, 188, 211, 296, 350, 369
telescópios de micro-ondas, 170, 207, 226
telescópios de infravermelho, 207
telescópios de ondas de rádio, 170
telescópios de raios gama, 175
telescópios Keck, 162, 343

telescópios, 28, 48, 50, 82, 84, 86, 95, 153, 162, 170, 177, 182, 184, 290, 301, 347, 368, 407, 408
telescópios ultravioleta, 174
televisão a cabo, 270
temperatura,
    da Terra, 196, 230, 231, 239, 250, 295, 297, 299
    de estrelas, 33, 161, 165, 177, 195, 221-23
    do universo, 160, 171, 194, 195, 200, 201-02, 220, 298, 386, 389, 391
    escala Celsius, 199, 249
    escala Fahrenheit para, 199
    escala Kelvin para, 16, 171, 195-96, 200, 298
    extremos de, 196, 234, 384
    gama de, 242, 247
    lunar, 201, 236
    moléculas e, 224, 244, 245, 246
    nos buracos negros, 174, 303
    planetária, 87, 261-62
    solar, 79, 155, 173, 190, 295-96
temperatura do ar, 87, 201, 239, 243, 262
temperatura do corpo, 199
tempestades, 37, 187, 411
tempo meteorológico, 179, 190, 345, 362
teologia, teólogos, 32, 44
teoria da perturbação, 144, 404
teoria das cordas, 20, 30, 349, 400
teoria do *big bang*, 19, 29, 30, 110, 137, 171, 172, 192, 194, 220, 245, 298, 360, 367, 386, 394, 400
teoria geocêntrica, 44, 45, 352, 399
teoria heliocêntrica, 45
termodinâmica, 37, 38, 194, 198
termófilos, 196, 234-35
termômetros de mercúrio, 199
termômetros, 198-99
termoscópio, 198
Terra:
    água na, 229, 236, 239-40, 249, 297, 308, 409
    atmosfera da, 84, 139, 140, 145, 152, 155, 174, 189, 190, 201, 231, 238, 239, 252, 284, 286, 295, 297, 303, 313, 333, 345, 363, 376
    bolha de rádio da, 266, 273
    bolha visual da, 271
    campo gravitacional da, 69, 105, 107, 145, 238, 286, 330, 331
    campo magnético da, 29
    circunferência da, 68, 138, 140
    colisões de asteroides com a, 100, 101, 235, 238, 281, 283, 284, 285, 288, 291, 292, 294, 408
    cometas e a órbita da, 100, 101, 102, 155, 284, 287
    como "chata", 40, 54, 68
    como esfera, 54-5, 238
    crateras na, 250
    densidade da, 136, 150
    distância entre o Sol e a, 230
    ecossistema da, 288
    eixo da, 308
    extinção da vida na, 96, 235, 281, 287-89, 290, 309-10, 315
    formação da, 250-51
    impactos, 103, 238, 251, 283
    massa da, 127
    núcleo da, 97, 141, 150
    órbita da, 67, 105, 132, 174
    polos magnéticos da, 331
    rotação da, 66, 67, 109, 145, 269, 355
    temperatura da, 196, 230, 231, 239, 250, 295, 297, 299
    trajetórias orbitais para, 100, 101, 139, 287
    vida na, 17, 104, 250, 346, 347, *ver* vida
terremotos, 80, 408
testes duplo-cego, 27
tipos de nuvens, 376
Tiranossauro rex, 288
Titã, 90, 252-53
Titanic (filme), 373, 374

Titanic (navio), 243, 374
"Too Darn Hot"(Danado de quente), 194
topografia via rádio, 290
Touro, 328
trajetórias suborbitais, 139
trajetórias, 32, 34, 90, 97, 111, 139, 142, 143, 146, 214, 222, 281, 282
Trapézio de Órion, 211
Traité de Mécanique Céleste [Tratado de mecânica celeste] (Laplace), 144, 278, 404
Tratado de proibição parcial de testes nucleares (1963), 313
triângulo equilátero, 101, 108
trigonometria, 18, 69
Tritão, 196
trítio, 391
Trópico de Câncer, 66
Trópico de Capricórnio, 66
tsunami, 292, 408
Tucson, Arizona, 364
tungstênio, 178, 271

unidades astronômicas (UA), 94
universo:
    aceleração do, 20, 348
    caos no, 282
    centro do, 45-7, 49, 140, 255
    cores do, 177, 184
    elementos químicos no, 160, 214, 245, 251, 252
    estrutura de grande escala do, 19, 37-8
    expansão do, 17, 19, 20, 29, 49, 157, 165, 201, 296, 298, 347, 350, 390-91
    galáxias do, 48, 300; *ver* galáxias específicas
    gama de densidades no, 148-49
    gravidade total do, 37, 298, 331, 347
    idade do, 129, 130, 137, 165
    mais de um, 50, 255
    "mecânico", 347, 407-08
    morte do, 294, 299
    nascimento do, 50, 220
    ondas de rádio no, 169-70
    origens do, 19, 172, 298
    paralelo, 113
    primeiros estágios do, 192-93, 360, 387-89
    primitivo, 28, 118, 219, 298, 305
    temperatura do, 160, 171, 194, 195, 200, 201-02, 220, 298, 386, 389, 391
    teoria *big bang* do, 19, 29, 30, 110, 137, 171, 172, 192, 194, 220, 245, 298, 360, 367, 386, 394, 400
urânio, 97, 225, 360
Urano:
    anéis de, 61
    descoberta de, 84, 93-4
    nome de, 84
    sondas espaciais enviadas para, 350

V-2, foguete, 140
vácuo, 116, 121, 130, 133, 134, 136, 137, 148, 152, 156, 157, 175, 238, 268, 317, 333, 348
Vanguard 1, satélite, 56
variáveis, 279, 307
Varredura Celeste do Observatório Palomar, 182
velocidade de escape, 272, 317

velocidades supersônicas, 212
vento solar, 110, 153, 189-90, 280
Vênus:
    água sobre, 229, 240
    atmosfera de, 87, 88, 233, 239-40, 252, 262
    crateras sobre, 239, 290
    distância entre o Sol e, 85, 262
    fases de, 45, 83, 397
    nome de, 82, 87
    núcleo de, 97
    órbita de, 85, 140-41
    "raios" de, 85
    sondas espaciais para, 350
    temperatura de, 88, 196
    zona habitável para, 233
verde, 159, 168, 180, 181, 183, 184
vermelho, 159, 168, 177, 178, 179, 180, 181-83, 314, 330
Vesta, 95
Via Láctea:
    buracos negros na, 146, 323
    centro da, 28, 169
    colisão da galáxia de Andrômeda com, 294, 296, 311
    como galáxia, 29, 32, 35
    luminosidade da, 173, 205, 322
    nuvens de gás da, 226
    ondas de rádio vindas da, 47, 164, 169, 368
    tamanho da, 305
    vida extraterrestre na, 231
viagem espacial, 299, 412
vida:
    água como base da, 91, 241, 244, 251, 261, 285-87
    composição bioquímica da, 223
    diversidade da, 250, 256, 346
    espécies de, 347
    estrutura molecular da, 246
    extinção da, 96, 235, 281, 287-89, 290, 309-10, 315
    extraterrestre, 91, 231, 234, 261, 263-64, 345
    formas inteligentes de, 254, 261, 262, 264, 376-77
    origem da, 242, 287
    zona habitável para, 91-2
Viking, pousos em Marte, 182, 341
violeta, 159, 168
vírus, 29, 311, 315, 408
volume, 97, 117, 118, 123, 148, 150-52, 154-56, 185, 198, 200, 266, 269, 322, 348
Voyager 1, nave espacial, 35, 61, 90, 156, 272, 341
Voyager 2, nave espacial, 35, 61, 90, 156, 272, 341
Voyager 6, nave espacial (*Jornada nas estrelas*), 259-60
vulcões, 89, 196, 242, 249, 250, 308, 315, 408

Waterworld – O segredo das águas, 341
Wired, revista, 374

xadrez, 18, 344

Yucatán, península no México, 288, 309

Zebueneschamali, 354
zero absoluto, 172, 195, 200, 202, 208, 209
zero, conceito de, 195, 353
zona habitável, 91-2, 229, 231-35, 241
Zubenelgenubi, 353

Este livro foi composto em Electra
e impresso pela RR Donnelley
para a Editora Planeta do Brasil
em dezembro de 2018.